스코어

SPURT 스퍼트

단 기 핵 심 공 략 서

SPURT
CORE

마무리는 확실하게!
8+2강, 심화 유형 정복

단기핵심공략서
SPURT CORE

스코어

SPURT 스퍼트

지은이

NE능률 수학교육연구소
NE능률 수학교육연구소는 혁신적이며 효율적인 수학 교재를 개발하고
수학 학습의 질을 한 단계 높이고자 노력하는 NE능률의 연구 조직입니다.

김정배 현대고등학교 교사
이직현 중동고등학교 교사
김형균 중산고등학교 교사
권백일 양정고등학교 교사
강인우 진선여자고등학교 교사
이경진 중동고등학교 교사
박상훈 중산고등학교 교사
박현수 현대고등학교 교사
김상우 신도고등학교 교사

검토진

강수아 (휘경여고)
김명수 (교당학원)
문두열 (조대부고)
박원용 (트리즈수학)
신수연 (김샘학원 동탄캠퍼스)
윤재필 (메가스터디 러셀)
이흥식 (흥샘수학)
정효석 (최상위학원)
편유선 (동대부고)
권승미 (한뜻학원)
나상오 (평촌다수인)
문준호 (파워영수학원)
서정민 (양지메가스터디기숙학원)
양지은 (진수학전문학원)
이봉주 (분당 성지 수학전문학원)
임용원 (산본고)
조승현 (동덕여고)
황선진 (서초메가스터디 기숙학원)
권치영 (지오학원)
나화정 (수리고)
박민경 (한얼학원)
송경섭 (성수고)
양지희 (진주한일고)
이승구 (트임학원)
임채웅 (송원고)
지현우 (이우성학원)
권혁동 (인천청탑학원)
남혁 (남혁학원)
박민식 (위더스 수학전문학원)
송혜숙 (남동정상일등수학)
엄상미 (손곳에듀)
이재영 (신도림 대성학원)
장동식 (가로수학학원)
최문채 (열린학원 운정점)
길승호 (대덕고)
류홍종 (흐름수학)
박용우 (신등용문학원)
신동식 (EM the best)
오광석 (창현고)
이한승 (탑7학원)
장우성 (사람과미래수학원)
최정희 (세화고)

단 기 핵 심 공 략 서

SPURT CORE

스코어

SPURT

스퍼트

고등 수학(하)

구성과 특징

Structure

내신 빈출 유형, 확실하게 마무리하기!

- [8+2]강으로 핵심 **필수 유형** 완성
- 시험에 자주 나오는 심화 **출제 유형** 집중 점검
- 예상 문제와 기출 문제로 **만점 도전**

1 STEP

필수 유형 다지기

ㄱ

교과서 핵심 개념 & 기본 다지기

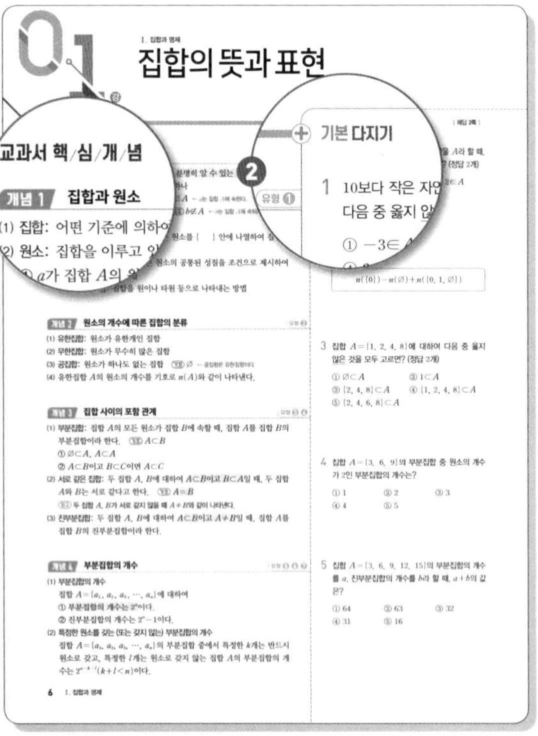

❶ 교과서 핵심 개념

교과서 핵심 개념을 강별로 압축하여 정리하였습니다.
꼭 알아야 할 핵심 개념을 한눈에 파악할 수 있습니다.

❷ 기본 다지기

개념을 확인하는 실전형 문제를 통하여 이해 정도를 확인할 수 있습니다.

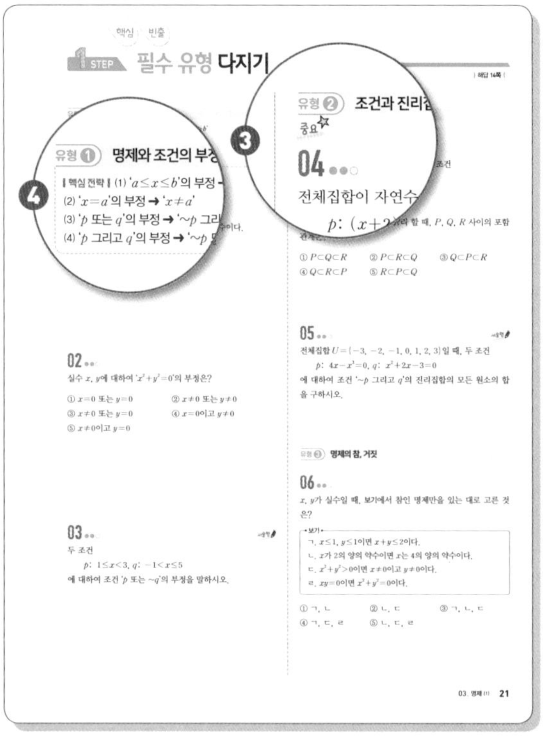

❸ 유형별 문제를 다양한 난이도로 제시하였습니다.
빈출 유형을 확실히 익힐 수 있습니다.

❹ 개념이 문제 해결에 적용되는 과정을 학습할 수 있도록 전략을 제시하였습니다.

2 STEP 출제 유형 PICK

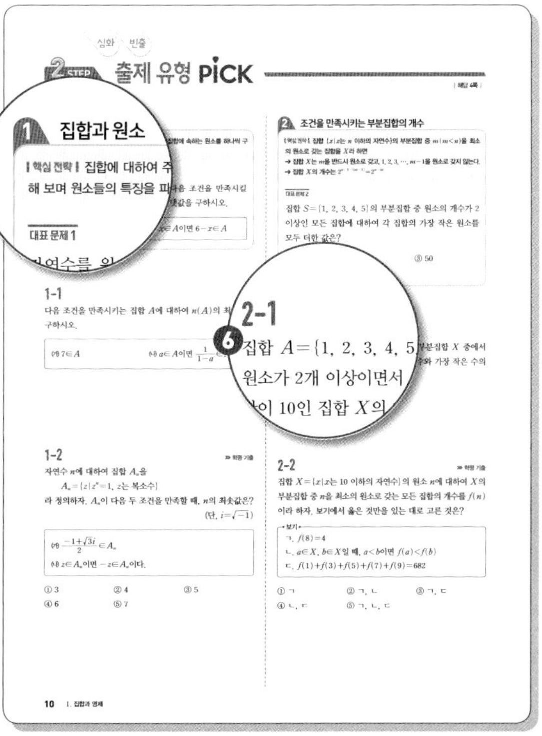

❺ 시험에 자주 나오는 심화 유형을 선별하여 유형별 핵심 전략을 수록하였습니다.

❻ 대표 문제와 유사 문제로 해당 유형에 대한 반복학습이 가능하며, 기출 문제로 실전감각을 기를 수 있습니다.

3 STEP 만점 도전하기

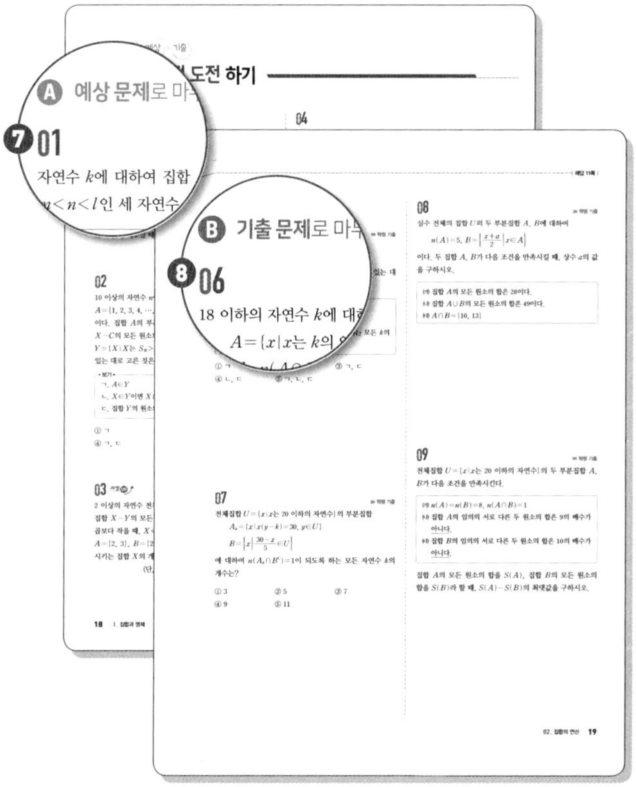

❼ 예상 문제로 마무리

난이도 높은 예상 문제를 수록하였습니다.
시험을 완벽히 대비하여 고득점에 한 걸음 더 가까워질 수 있습니다.

❽ 기출 문제로 마무리

내신, 학력평가, 모의평가, 수능 기출 문제 중 난이도가 높은 문제로 구성하여 고난도 문제에 대비할 수 있도록 하였습니다.

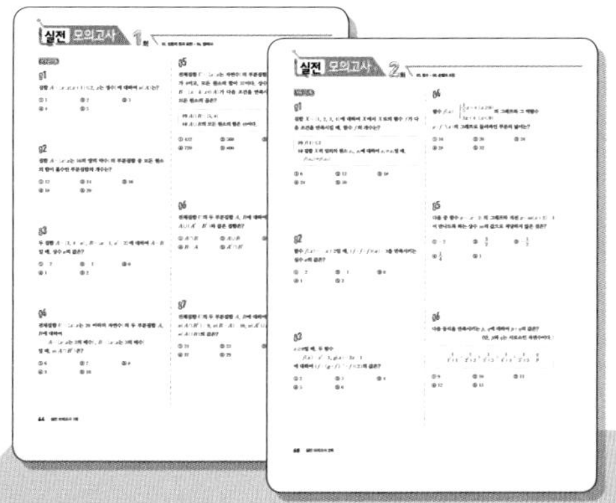

실전 모의고사

실제 시험에 가까운 문제들로 구성된 실전 모의고사를 수록하였습니다. 총 2회에 걸쳐 실전 연습을 할 수 있습니다.

차례

Contents

학습 계획표

Study Plan

※ 스스로 학습 성취도를 체크해 보고, 부족한 강은 복습을 하도록 합니다.

강명	1차 학습일	2차 학습일
01 집합의 뜻과 표현	월 일	월 일
	성취도 ○ △ ×	성취도 ○ △ ×
02 집합의 연산	월 일	월 일
	성취도 ○ △ ×	성취도 ○ △ ×
03 명제 (1)	월 일	월 일
	성취도 ○ △ ×	성취도 ○ △ ×
04 명제 (2)	월 일	월 일
	성취도 ○ △ ×	성취도 ○ △ ×
05 함수	월 일	월 일
	성취도 ○ △ ×	성취도 ○ △ ×
06 유리함수	월 일	월 일
	성취도 ○ △ ×	성취도 ○ △ ×
07 무리함수	월 일	월 일
	성취도 ○ △ ×	성취도 ○ △ ×
08 순열과 조합	월 일	월 일
	성취도 ○ △ ×	성취도 ○ △ ×
● 실전 모의고사 1회	월 일	월 일
	성취도 ○ △ ×	성취도 ○ △ ×
● 실전 모의고사 2회	월 일	월 일
	성취도 ○ △ ×	성취도 ○ △ ×

01 강

집합의 뜻과 표현

교과서 핵/심/개/념

개념 1 집합과 원소 (유형 ❶)

(1) 집합: 어떤 기준에 의하여 그 대상을 분명히 알 수 있는 것들의 모임

(2) 원소: 집합을 이루고 있는 대상 하나하나

① a가 집합 A의 원소이다. (기호) $a\in A$ ← a는 집합 A에 속한다.

② b가 집합 A의 원소가 아니다. (기호) $b\notin A$ ← b는 집합 A에 속하지 않는다.

(3) 집합의 표현

① 원소나열법: 집합에 속하는 모든 원소를 { } 안에 나열하여 집합을 나타내는 방법

② 조건제시법: 집합에 속하는 원소의 공통된 성질을 조건으로 제시하여 집합을 나타내는 방법

③ 벤다이어그램: 집합을 원이나 타원 등으로 나타내는 방법

개념 2 원소의 개수에 따른 집합의 분류 (유형 ❷)

(1) 유한집합: 원소가 유한개인 집합

(2) 무한집합: 원소가 무수히 많은 집합

(3) 공집합: 원소가 하나도 없는 집합 (기호) $\varnothing$ ← 공집합은 유한집합이다.

(4) 유한집합 A의 원소의 개수를 기호로 $n(A)$와 같이 나타낸다.

개념 3 집합 사이의 포함 관계 (유형 ❸, ❹)

(1) 부분집합: 집합 A의 모든 원소가 집합 B에 속할 때, 집합 A를 집합 B의 부분집합이라 한다. (기호) $A\subset B$

① $\varnothing\subset A$, $A\subset A$

② $A\subset B$이고 $B\subset C$이면 $A\subset C$

(2) 서로 같은 집합: 두 집합 A, B에 대하여 $A\subset B$이고 $B\subset A$일 때, 두 집합 A와 B는 서로 같다고 한다. (기호) $A=B$

(참고) 두 집합 A, B가 서로 같지 않을 때 $A\neq B$와 같이 나타낸다.

(3) 진부분집합: 두 집합 A, B에 대하여 $A\subset B$이고 $A\neq B$일 때, 집합 A를 집합 B의 진부분집합이라 한다.

개념 4 부분집합의 개수 (유형 ❺, ❻, ❼)

(1) 부분집합의 개수

집합 $A=\{a_1, a_2, a_3, \cdots, a_n\}$에 대하여

① 부분집합의 개수는 2^n이다.

② 진부분집합의 개수는 2^n-1이다.

(2) 특정한 원소를 갖는 (또는 갖지 않는) 부분집합의 개수

집합 $A=\{a_1, a_2, a_3, \cdots, a_n\}$의 부분집합 중에서 특정한 k개는 반드시 원소로 갖고, 특정한 l개는 원소로 갖지 않는 집합 A의 부분집합의 개수는 2^{n-k-l}($k+l<n$)이다.

기본 다지기

해답 2쪽

1 10보다 작은 자연수 중 홀수의 집합을 A라 할 때, 다음 중 옳지 않은 것을 모두 고르면? (정답 2개)

① $-3\in A$ ② $1\in A$ ③ $2\in A$
④ $6\notin A$ ⑤ $13\notin A$

2 다음을 구하시오.

$$n(\{0\})-n(\varnothing)+n(\{0, 1, \varnothing\})$$

3 집합 $A=\{1, 2, 4, 8\}$에 대하여 다음 중 옳지 않은 것을 모두 고르면? (정답 2개)

① $\varnothing\subset A$ ② $1\subset A$
③ $\{2, 4, 8\}\subset A$ ④ $\{1, 2, 4, 8\}\subset A$
⑤ $\{2, 4, 6, 8\}\subset A$

4 집합 $A=\{3, 6, 9\}$의 부분집합 중 원소의 개수가 2인 부분집합의 개수는?

① 1 ② 2 ③ 3
④ 4 ⑤ 5

5 집합 $A=\{3, 6, 9, 12, 15\}$의 부분집합의 개수를 a, 진부분집합의 개수를 b라 할 때, $a+b$의 값은?

① 64 ② 63 ③ 32
④ 31 ⑤ 16

핵심 빈출

1 STEP 필수 유형 다지기

해답 2쪽

유형 1 집합과 원소

01

다음 중 집합인 것을 모두 고르면? (정답 2개)

① 고등학교 1학년 학생들의 모임
② 1보다 작은 자연수의 모임
③ 수학을 잘하는 학생들의 모임
④ 아름다운 수들의 모임
⑤ 작은 수의 모임

02

집합 $A=\{x\,|\,|x-1|\le 2,\ x$는 정수$\}$의 모든 원소의 합은?

① 1 ② 2 ③ 3
④ 4 ⑤ 5

03

다음 중 집합 $A=\{x\,|\,x=2^a\times 3^b,\ a,\ b$는 자연수$\}$의 원소가 아닌 것은?

① 12 ② 16 ③ 18
④ 24 ⑤ 36

유형 2 유한집합의 원소의 개수

04

다음 중 유한집합인 것을 모두 고르면? (정답 2개)

① $\{x\,|\,x$는 5 이하의 자연수$\}$
② $\{x\,|\,x$는 5 이하의 정수$\}$
③ $\{x\,|\,|x|$는 5 이하의 정수$\}$
④ $\{x\,|\,x$는 5 이하의 유리수$\}$
⑤ $\{x\,|\,x$는 5 이하의 실수$\}$

중요

05

두 집합

$A=\{x\,|\,x^3=4x\}$, $B=\{x\,|\,x$는 100 이하의 8의 양의 배수$\}$

에 대하여 $n(B)-n(A)$의 값을 구하시오.

06

두 집합 $A=\{0,\ 2,\ 4\}$, $B=\{b\,|\,-2<b<2,\ b$는 정수$\}$에 대하여 집합 $C=\{ab\,|\,a\in A,\ b\in B\}$라 할 때, $n(C)$는?

① 3 ② 4 ③ 5
④ 6 ⑤ 7

07

서술형

집합 $A=\{x\,|\,x$는 $x<k$인 6의 양의 배수$\}$가 공집합이 되도록 하는 자연수 k의 최댓값을 구하시오.

유형 ③ 집합 사이의 포함 관계

08 ●●○

집합 $A=\{1, 2, \{1, 2\}\}$일 때, 보기에서 옳은 것만을 있는 대로 고른 것은?

보기

ㄱ. $\{1, 2\}\in A$
ㄴ. $\{1, 2\}\subset A$
ㄷ. $\{1, 2, \{1, 2\}\}\subset A$

① ㄱ ② ㄷ ③ ㄱ, ㄴ
④ ㄴ, ㄷ ⑤ ㄱ, ㄴ, ㄷ

09 ●●○

집합 $A=\{\varnothing, 0, \{1\}, \{0, 1\}\}$일 때, 다음 중 옳은 것을 모두 고르면? (정답 2개)

① $\{0\}\in A$ ② $1\in A$ ③ $\{\varnothing\}\subset A$
④ $\varnothing\subset A$ ⑤ $\{0, 1\}\subset A$

유형 ④ 집합 사이의 포함 관계를 이용하여 미지수 구하기

10 ●●○

두 집합 $A=\{4, a+1\}$, $B=\{2, 3, a^2\}$에 대하여 $A\subset B$일 때, 실수 a의 값은?

① -2 ② -1 ③ 0
④ 1 ⑤ 2

중요

11 ●●○

두 집합 $A=\{a, b\}$, $B=\{a+1, 2b+3\}$에 대하여 $A=B$일 때, 상수 a, b에 대하여 $a+b$의 값은?

① -6 ② -7 ③ -8
④ -9 ⑤ -10

12 ●●● 서술형

두 집합 $A=\{x|1\le x<3\}$, $B=\{x|a<x<2a+5\}$에 대하여 $A\subset B$일 때, 정수 a의 개수를 구하시오.

유형 ⑤ 부분집합의 개수

13 ●●○

집합 $A=\{x|x^2\le 2x+8, x\text{는 정수}\}$의 부분집합의 개수를 구하시오.

14 ●●●

자연수 전체의 집합의 부분집합 A에 대하여 다음을 만족시키는 집합 A의 개수를 구하시오. (단, $A\neq\varnothing$)

$x\in A$이면 $\dfrac{24}{x}\in A$이다.

15 ●●●

서술형

30 이하의 자연수 k에 대하여 집합

$A=\{x|x$는 k의 양의 약수$\}$

의 부분집합의 개수가 8이 되도록 하는 모든 k의 값의 합을 구하시오.

유형 6 특정한 원소를 갖는 (또는 갖지 않는) 부분집합의 개수

중요

16 ●●○

집합 $A=\{1, 2, 3, 6, 12\}$에 대하여 $1\in X$, $3\notin X$를 모두 만족시키는 집합 A의 부분집합 X의 개수는?

① 2 ② 4 ③ 7
④ 8 ⑤ 16

17 ●●○

집합 $A=\{x|x$는 50 이하의 6의 양의 배수$\}$의 부분집합 중 적어도 한 개의 9의 배수를 원소로 갖는 부분집합의 개수는?

① 216 ② 192 ③ 168
④ 144 ⑤ 120

18 ●●○

집합 $A=\{1, 3, 5, 7, 9\}$의 부분집합 X가 다음 조건을 만족시킬 때, 집합 X의 개수를 구하시오.

> (가) 집합 X의 원소 중 가장 작은 수는 3이다.
> (나) $n(X)=3$

19 ●●●

서술형

5 이상의 자연수 m에 대하여 집합

$A=\{x|x$는 m 이하의 자연수$\}$

의 부분집합 중 1, 3, 5는 모두 원소로 갖고 2, 4는 모두 원소로 갖지 않는 부분집합의 개수가 32일 때, m의 값을 구하시오.

유형 7 $A\subset X\subset B$를 만족시키는 집합 X의 개수

중요

20 ●●○

자연수 전체의 집합의 두 부분집합

$A=\{x|x$는 20 이하의 짝수$\}$,

$B=\{x|x$는 20 이하의 4의 배수$\}$

에 대하여 $B\subset X\subset A$를 만족시키는 집합 X의 개수는?

① 7 ② 8 ③ 15
④ 16 ⑤ 32

21 ●●●

n이 2보다 큰 자연수일 때, 두 집합

$A=\{1, n\}$, $B=\{x|x$는 n 이하의 자연수$\}$

에 대하여 $A\subset X\subset B$를 만족시키는 집합 X의 개수는 16이다. 이때 n의 값을 구하시오.

심화 빈출

2 STEP 출제 유형 PICK

| 해답 4쪽 |

1 집합과 원소

| 핵심 전략 | 집합에 대하여 주어진 조건에 따라 집합에 속하는 원소를 하나씩 구해 보며 원소들의 특징을 파악한다.

대표 문제 1

자연수를 원소로 갖는 집합 A가 다음 조건을 만족시킬 때, 집합 A의 모든 원소의 곱의 최댓값을 구하시오.

(가) $n(A)=3$　　(나) $x\in A$이면 $6-x\in A$

1-1

다음 조건을 만족시키는 집합 A에 대하여 $n(A)$의 최솟값을 구하시오.

(가) $7\in A$　　(나) $a\in A$이면 $\frac{1}{1-a}\in A$

1-2

≫ 학평 기출

자연수 n에 대하여 집합 A_n을

$A_n=\{z\mid z^n=1,\ z$는 복소수$\}$

라 정의하자. A_n이 다음 두 조건을 만족할 때, n의 최솟값은? (단, $i=\sqrt{-1}$)

(가) $\frac{-1+\sqrt{3}i}{2}\in A_n$

(나) $z\in A_n$이면 $-z\in A_n$이다.

① 3　② 4　③ 5　④ 6　⑤ 7

2 조건을 만족시키는 부분집합의 개수

| 핵심 전략 | 집합 $\{x\mid x$는 n 이하의 자연수$\}$의 부분집합 중 $m\,(m<n)$을 최소의 원소로 갖는 집합을 X라 하면

→ 집합 X는 m을 반드시 원소로 갖고, $1, 2, 3, \cdots, m-1$을 원소로 갖지 않는다.

→ 집합 X의 개수는 $2^{n-1-(m-1)}=2^{n-m}$

대표 문제 2

집합 $S=\{1, 2, 3, 4, 5\}$의 부분집합 중 원소의 개수가 2 이상인 모든 집합에 대하여 각 집합의 가장 작은 원소를 모두 더한 값은?

① 42　② 46　③ 50　④ 54　⑤ 58

2-1

집합 $A=\{1, 2, 3, 4, 5, 6, 7, 8, 9\}$의 부분집합 X 중에서 원소가 2개 이상이면서 원소 중 가장 큰 수와 가장 작은 수의 합이 10인 집합 X의 개수를 구하시오.

2-2

≫ 학평 기출

집합 $X=\{x\mid x$는 10 이하의 자연수$\}$의 원소 n에 대하여 X의 부분집합 중 n을 최소의 원소로 갖는 모든 집합의 개수를 $f(n)$이라 하자. **보기**에서 옳은 것만을 있는 대로 고른 것은?

보기

ㄱ. $f(8)=4$

ㄴ. $a\in X$, $b\in X$일 때, $a<b$이면 $f(a)<f(b)$

ㄷ. $f(1)+f(3)+f(5)+f(7)+f(9)=682$

① ㄱ　② ㄱ, ㄴ　③ ㄱ, ㄷ　④ ㄴ, ㄷ　⑤ ㄱ, ㄴ, ㄷ

예상 기출

3 STEP 만점 도전 하기

| 해답 5쪽 |

A 예상 문제로 마무리

01

집합 $A=\{x|x$는 10 이하의 자연수$\}$의 부분집합 X에 대하여 다음 조건을 만족시키는 집합 X의 개수는?

(가) 집합 X의 원소의 개수는 2 이상이다.
(나) 집합 X의 서로 다른 임의의 두 원소 a, b에 대하여 $a+b$는 3의 배수가 아니다.

① 80 ② 81 ③ 82
④ 83 ⑤ 84

02

집합 $A=\{x|x$는 20 이하의 자연수$\}$의 부분집합 X에 대하여 집합 X의 원소 중 가장 큰 값을 a, 가장 작은 값을 b라 할 때, $a-b\in X$이다. $n(X)=3$을 만족시키는 집합 X의 개수를 구하시오.

03

집합 $A=\{x|x$는 24 이하의 자연수$\}$의 세 부분집합 X, Y, Z에 대하여

$X=\{x|x$는 8로 나누었을 때 나머지가 7인 자연수$\}$,
$Z=\{x|x$는 2로 나누었을 때 나머지가 1인 자연수$\}$

이다. 다음 조건을 만족시키는 집합 Y의 개수를 구하시오.

(가) $X\subset Y\subset Z$ (나) $x_1\in Y$이면 $24-x_1\notin Y$

B 기출 문제로 마무리

04 레벨 UP

≫ 내신 기출

두 방정식 $P(x)=0$, $Q(x)=0$의 서로 다른 실근의 개수는 각각 5, 7이고 집합

$A=\{(x, y)|P(x)Q(y)=0$이고 $Q(x)P(y)=0$, x, y는 실수$\}$

는 무한집합이다. 집합 A의 부분집합

$B=\{(x, y)|(x, y)\in A$이고 $x=y\}$

의 원소의 개수를 $n(B)$라 하면 이것은 $P(x)$, $Q(x)$에 따라 변한다. 이때 $n(B)$의 최댓값을 구하시오.

05

≫ 학평 기출

자연수를 원소로 가지는 집합 A에 대하여 다음 규칙에 따라 $m(A)$의 값을 정한다.

(가) 집합 A의 원소가 1개인 경우
집합 A의 원소를 $m(A)$의 값으로 한다.
(나) 집합 A의 원소가 2개 이상인 경우
집합 A의 원소를 큰 수부터 차례로 나열하고, 나열한 수들 사이에 $-$, $+$를 이 순서대로 번갈아 넣어 계산한 결과를 $m(A)$의 값으로 한다.

예를 들어, $A=\{5\}$이면 $m(A)=5$이다.
또, $B=\{1, 2, 4\}$, $C=\{1, 2, 4, 5\}$이면

$m(B)=4-2+1=3$, $m(C)=5-4+2-1=2$

가 되어 $m(B)+m(C)=(4-2+1)+(5-4+2-1)=5$이다. 집합 $\{1, 2, 3, 4, 5\}$의 공집합이 아닌 서로 다른 부분집합을 X_1, X_2, $\cdots$, X_{31}이라 할 때, $m(X_1)+m(X_2)+\cdots+m(X_{31})$의 값은?

① 50 ② 60 ③ 64
④ 80 ⑤ 128

02강

I. 집합과 명제

집합의 연산

교과서 핵/심/개/념

개념 1 교집합, 합집합, 여집합, 차집합

유형 ❶, ❷

전체집합 U의 두 부분집합 A, B에 대하여

(1) 교집합: $A\cap B=\{x|x\in A \text{ 그리고 } x\in B\}$
 └ A에 속하고 B에도 속하는 원소 전체의 집합

(2) 합집합: $A\cup B=\{x|x\in A \text{ 또는 } x\in B\}$
 └ A에 속하거나 B에 속하는 원소 전체의 집합

(3) 여집합: $A^C=\{x|x\in U \text{ 그리고 } x\notin A\}$
 └ U에는 속하고 A에는 속하지 않는 원소 전체의 집합

(4) 차집합: $A-B=\{x|x\in A \text{ 그리고 } x\notin B\}$
 └ A에는 속하지만 B에는 속하지 않는 원소 전체의 집합

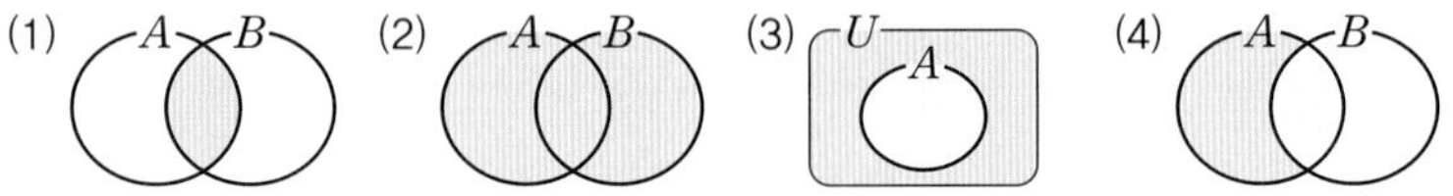

$A\cap B$ $A\cup B$ A^C $A-B$

참고 $A\cap B=\varnothing$일 때, 두 집합 A와 B는 서로소라 한다.

개념 2 집합의 연산의 성질

유형 ❸, ❹

전체집합 U의 두 부분집합 A, B에 대하여

(1) 교집합과 합집합의 성질

① $A\cap\varnothing=\varnothing$, $A\cap A=A$, $A\cap U=A$

② $A\cup\varnothing=A$, $A\cup A=A$, $A\cup U=U$

③ $A\subset B$이면 $A\cup B=B$, $A\cap B=A$

(2) 여집합과 차집합의 성질

① $U^C=\varnothing$, $\varnothing^C=U$

② $A\cup A^C=U$, $A\cap A^C=\varnothing$

③ $(A^C)^C=A$

④ $A-B=A\cap B^C$
 └ $=A-(A\cap B)=(A\cup B)-B$

개념 3 집합의 연산 법칙

유형 ❺

전체집합 U의 세 부분집합 A, B, C에 대하여

(1) 교환법칙: $A\cap B=B\cap A$, $A\cup B=B\cup A$

(2) 결합법칙: $(A\cap B)\cap C=A\cap(B\cap C)$, $(A\cup B)\cup C=A\cup(B\cup C)$

(3) 분배법칙: $A\cap(B\cup C)=(A\cap B)\cup(A\cap C)$
 $A\cup(B\cap C)=(A\cup B)\cap(A\cup C)$

(4) 드모르간의 법칙: $(A\cap B)^C=A^C\cup B^C$, $(A\cup B)^C=A^C\cap B^C$

개념 4 유한집합의 원소의 개수

유형 ❻, ❼

두 집합 A, B가 유한집합일 때, 집합 $A\cup B$의 원소의 개수는

$n(A\cup B)=n(A)+n(B)-n(A\cap B)$

참고 두 집합 A, B가 서로소이면 $n(A\cup B)=n(A)+n(B)$

기본 다지기

해답 7쪽

1 두 집합 $A=\{1, 2, 3\}$, $B=\{2, 3, 5, 7\}$에 대하여 집합 $A\cap B$의 모든 원소의 합을 구하시오.

2 전체집합 $U=\{1, 2, 3, 4, 5, 6, 7, 8, 9\}$의 두 부분집합 $A=\{1, 2, 3, 6\}$, $B=\{3, 6, 9\}$에 대하여 $n(A^C)+n(A-B)$의 값은?

① 5 ② 6 ③ 7
④ 8 ⑤ 9

3 전체집합 U의 두 부분집합 A, B에 대하여 다음 중 옳지 않은 것은?

① $A\cap A^C=\varnothing$ ② $(A\cap A^C)^C=U$
③ $A\cup A^C=U$ ④ $(A\cup A^C)^C=\varnothing$
⑤ $A-A^C=\varnothing$

4 전체집합 U의 두 부분집합 A, B에 대하여 다음 중 옳지 않은 것은?

① $B-A=B\cap A^C$
② $(A\cap B)-A=\varnothing$
③ $A\cap(A\cup B)=A$
④ $A\cup(A\cap B)=A$
⑤ $A-B^C=A\cup B$

5 전체집합 U의 두 부분집합 A, B에 대하여

$n(A)=3$, $n(B)=4$, $n(A\cap B)=2$

일 때, $n(A\cup B)$를 구하시오.

핵심 빈출

1 STEP 필수 유형 다지기

| 해답 7쪽 |

유형 ① 교집합과 합집합

01

두 집합 $A=\{1, 3, 5, 7, 9\}$, $B=\{3, 6, k\}$에 대하여 집합 $A\cup B$의 모든 원소의 합이 41일 때, 상수 k의 값은?

① 6　② 7　③ 8
④ 9　⑤ 10

중요

02

두 집합 $A=\{0, 2, a\}$, $B=\{a, b, b-2\}$에 대하여 $A\cap B=\{2, 3\}$일 때, $a+b$의 값은? (단, a, b는 상수이다.)

① 9　② 8　③ 7
④ 6　⑤ 5

유형 ② 여집합과 차집합

03

전체집합 $U=\{1, 2, 3, 4, 5, 6\}$의 두 부분집합

$A=\{1, 3, 5\}$, $B=\{3, 4, 5, 6\}$

에 대하여 $n(A\cup B^C)$은?

① 2　② 3　③ 4
④ 5　⑤ 6

04

전체집합 U의 두 부분집합

$A=\{1, 2, 5\}$, $B=\{a-2, 3, 7\}$

에 대하여 $A\cap B^C=\{1, 5\}$일 때, 상수 a의 값을 구하시오.

05

서술형

두 집합 $A=\{3, 5, 7, 9\}$, $B=\{1, 3, 9\}$에 대하여

$(A-B)\subset X\subset (A\cup B)$

를 만족시키는 집합 X의 개수를 구하시오.

유형 ③ 집합의 연산의 성질

06

전체집합 U의 두 부분집합 A, B에 대하여 다음 중 항상 옳은 것은?

① $U-A=B^C$　② $A^C\cap A=U$　③ $A^C\cup A=\varnothing$
④ $(A^C)^C=A$　⑤ $U\cap B^C=A$

07

전체집합 U의 부분집합 A에 대하여

$A^C=\{1, 2, 4, 8\}$, $(A^C)^C=\{3, 5, 7\}$

일 때, 전체집합 U의 모든 원소의 합을 구하시오.

유형 4 집합의 연산과 포함 관계

핵심 전략 (1) $A\subset B \rightarrow A\cup B=B$, $A\cap B=A$, $A-B=\varnothing$, $B^C\subset A^C$
(2) $A\cap B=\varnothing \rightarrow A-B=A$, $B-A=B$, $A\subset B^C$, $B\subset A^C$

08

전체집합 U의 서로 다른 두 부분집합 A, B에 대하여 $A\cap B=A$일 때, 다음 중 옳지 않은 것을 모두 고르면? (정답 2개)

① $A\cup B=B$　② $B^C\subset A^C$　③ $A^C\cap B^C=A^C$
④ $A-B=\varnothing$　⑤ $B-A=\varnothing$

09

전체집합 U의 공집합이 아닌 두 부분집합 A, B에 대하여 $A-B=A$일 때, **보기**에서 항상 옳은 것만을 있는 대로 고른 것은?

보기
ㄱ. $A\cap B=\varnothing$　ㄴ. $A\cup B=B$
ㄷ. $B-A=B$　ㄹ. $A^C\subset B^C$

① ㄱ, ㄷ　② ㄴ, ㄷ　③ ㄴ, ㄹ
④ ㄱ, ㄴ, ㄹ　⑤ ㄱ, ㄷ, ㄹ

중요

10

전체집합 U의 두 부분집합 A, B에 대하여 **보기**에서 항상 옳은 것만을 있는 대로 고른 것은?

보기
ㄱ. $A-B^C=A\cap B$
ㄴ. $A\subset B^C$이면 $B-A^C=\varnothing$이다.
ㄷ. $A\cap B=A$이면 $A\cup B=B$이다.

① ㄱ　② ㄷ　③ ㄱ, ㄴ
④ ㄴ, ㄷ　⑤ ㄱ, ㄴ, ㄷ

11

두 집합 $A=\{1, 3\}$, $B=\{1, 3, 5, 7, 9\}$에 대하여

$A\cap X=A$, $B\cup X=B$

를 만족시키는 집합 X의 개수는?

① 8　② 12　③ 16
④ 20　⑤ 24

유형 5 집합의 연산 법칙

12

서술형

전체집합 U의 세 부분집합 A, B, C가

$A-B=\{1, 2, 3, 6\}$, $A-C=\{1, 2, 4, 8\}$

을 만족시킬 때, 집합 $A\cap(B\cap C)^C$의 모든 원소의 합을 구하시오.

중요

13

전체집합 U의 세 부분집합 P, Q, R에 대하여 다음 중 $(P-R)\cup(Q\cap R^C)$과 항상 같은 집합은?

① $P\cup Q$　② $P\cap Q$
③ $(P\cup Q)-R$　④ $(P\cap Q)-R$
⑤ $P-(Q-R)$

14

전체집합 U의 공집합이 아닌 두 부분집합 A, B에 대하여

$\{(A\cap B)\cup(A-B)\}\cup B=A$

일 때, 다음 중 항상 옳지 않은 것은?

① $A\cap B=B$　② $A-B=\varnothing$
③ $A\cup B=A$　④ $A^C\subset B^C$
⑤ $A\cup B^C=U$

15 ●●●

전체집합 U의 두 부분집합 A, B에 대하여

$A\cup B^C=\{1, 3, 5, 7, 9\}$,

$(A\cap B)^C=\{2, 4, 5, 8, 9\}$

일 때, 집합 B의 모든 원소의 합은?

① 20 ② 25 ③ 29
④ 30 ⑤ 39

유형 6 유한집합의 원소의 개수

중요

16 ●●○

전체집합 U의 두 부분집합 A, B에 대하여

$n(U)=30$, $n(A\cap B)=10$, $n(A^C\cap B^C)=6$

일 때, $n(A)+n(B)$의 값을 구하시오.

17 ●●○

두 집합 A, B에 대하여

$n(A)=24$, $n(B)=16$, $n(A\cup B)=32$

일 때, $n(A-B)$의 값은?

① 10 ② 12 ③ 14
④ 16 ⑤ 18

18 ●●●

전체집합 U의 두 부분집합 A, B에 대하여

$n(U)=30$, $n(A)=14$, $n(A\cap B)=8$

일 때, $n(B)$의 최댓값을 M, 최솟값을 m이라 하자. $M+m$의 값을 구하시오.

유형 7 유한집합의 원소의 개수의 활용

19 ●●○

어느 반 학생 35명을 대상으로 수학과 과학에 대한 방과후 수업을 개설하여 신청을 받은 결과 수학을 신청한 학생은 16명, 과학을 신청한 학생은 14명이고, 두 과목 모두 신청하지 않은 학생은 12명이었다. 수학과 과학을 모두 신청한 학생 수는?

① 3 ② 5 ③ 7
④ 9 ⑤ 11

20 ●●○

서술형

영화감상반의 회원 50명을 대상으로 액션 영화와 코미디 영화 중 선호하는 영화 장르를 조사하였더니 액션 영화를 좋아하는 회원은 26명, 코미디 영화를 좋아하는 회원은 28명, 액션과 코미디 영화를 모두 좋아하는 회원은 12명이었다. 액션과 코미디 영화를 모두 좋아하지 않는 회원 수를 구하시오.

21 ●●●

등산동호회의 회원 30명을 대상으로 설악산과 지리산에 가본 적이 있는지를 조사하였더니 다음과 같았다.

> (가) 지리산에 가본 회원 수는 설악산에 가본 회원 수의 2배이다.
> (나) 설악산과 지리산에 모두 가본 회원은 6명이다.
> (다) 지리산만 가본 회원은 16명이다.

설악산 또는 지리산에 가본 적이 있는 회원 수를 구하시오.

심화 빈출

2 STEP 출제 유형 PICK

1 약수, 배수와 집합의 포함 관계

| 핵심 전략 | 자연수 p의 양의 배수(약수)의 집합을 A_p라 하면 자연수 m, n에 대하여

$A_m \cap A_n$ → m과 n의 공배수(공약수)의 집합

대표 문제 1

자연수 m, n에 대하여 m의 양의 배수의 집합을 A_m, n의 양의 약수의 집합을 B_n이라 하자.

$A_p \subset (A_8 \cap A_{12})$를 만족시키는 자연수 p의 최솟값과 $B_q \subset (B_{16} \cap B_{24})$를 만족시키는 자연수 q의 최댓값의 합은?

① 20 ② 24 ③ 28 ④ 32 ⑤ 36

1-1

자연수 k의 양의 배수의 집합을 A_k라 할 때, $(A_{30} \cup A_{18}) \subset A_m$을 만족시키는 m의 최댓값을 α, $A_n \subset (A_6 \cap A_{10})$을 만족시키는 n의 최솟값을 β라 하자. $\alpha\beta$의 값을 구하시오.

1-2

>> 학평 기출

자연수 n에 대하여 n의 양의 약수 전체의 집합을 A_n이라 하자. 예를 들면, $n=6$일 때 $A_6=\{1, 2, 3, 6\}$이다. 두 자연수 m, n에 대하여 **보기** 중 옳은 것을 모두 고른 것은?

• 보기 •

ㄱ. m, n이 서로소이면 $A_m \cap A_n = \varnothing$

ㄴ. n이 m의 배수이면 $A_m \subset A_n$

ㄷ. $(A_m \cap A_n) \subset A_{m+n}$

① ㄱ ② ㄴ ③ ㄱ, ㄴ ④ ㄱ, ㄷ ⑤ ㄴ, ㄷ

2 집합의 연산 법칙을 이용하여 집합 구하기

| 핵심 전략 | 복잡한 집합의 연산은 분배법칙 또는 드모르간의 법칙을 이용하여 간단히 할 수 있다.

대표 문제 2

전체집합 $U=\{1, 2, 3, 4, 5, 6, 7, 8\}$의 두 부분집합 A, B에 대하여

$A^C \cap B^C = \{5, 8\}$,

$(A-B)^C \cap \{B-(A \cap B)\} = \{4, 7\}$

일 때, 집합 A의 모든 원소의 합을 구하시오.

2-1

전체집합 U의 두 부분집합 A, B에 대하여

$\{(B-A) \cup (A^C \cap B^C)\} \cap \{(A \cup B) \cap (A^C \cup B)\}$

를 간단히 하면?

① $\varnothing$ ② $A \cap B$ ③ $A-B$ ④ $B-A$ ⑤ $A \cup B$

2-2

>> 내신 기출

전체집합 U의 두 부분집합 A, B에 대하여 연산 $\triangledown$을

$A \triangledown B = (A-B) \cup (B-A)$

로 정의할 때, **보기**에서 옳은 것만을 있는 대로 고른 것은?

• 보기 •

ㄱ. $A^C \triangledown B^C = A \triangledown B$

ㄴ. $(A \triangledown B) \triangledown A = (A \triangledown B) \triangledown B$

ㄷ. $A \triangledown (A-B) = B \triangledown (B-A)$

① ㄱ ② ㄴ ③ ㄱ, ㄷ ④ ㄴ, ㄷ ⑤ ㄱ, ㄴ, ㄷ

3 포함 관계를 이용한 부분집합의 개수

핵심 전략 집합 X와 주어진 집합 사이의 포함 관계를 확인하여 집합 X에 반드시 속하는 원소와 속하지 않는 원소를 찾아 집합 X의 개수를 구한다.

대표문제 3

전체집합 $U=\{1, 2, 3, 4, 5, 6, 7\}$의 두 부분집합

$A=\{2, 5\}$, $B=\{1, 3, 5, 7\}$

에 대하여 $A-X=\varnothing$, $(B-A)\cap X=\{1, 3\}$을 만족시키는 집합 U의 부분집합 X의 개수는?

① 2 ② 4 ③ 8
④ 16 ⑤ 32

3-1

전체집합 $U=\{x|x$는 10 이하의 자연수$\}$의 두 부분집합 $A=\{1, 2, 4\}$, $B=\{3, 5, 7\}$에 대하여 다음 조건을 만족시키는 집합 U의 부분집합 X의 개수를 구하시오.

(가) $A\cap X=\varnothing$　　(나) $B\cup X=X$

3-2

≫ 학평 기출

두 집합

$A=\{x|x$는 100 이하의 자연수$\}$

$B=\{x|x$는 50과 서로소인 자연수$\}$

에 대하여 다음 조건을 만족시키는 집합 X의 개수를 구하시오.

(가) $X\subset A$, $X\neq\varnothing$
(나) $X\cap B=\varnothing$
(다) 집합 X의 모든 원소는 12와 서로소이다.

4 유한집합의 원소의 개수의 최대, 최소

핵심 전략 전체집합 U의 두 부분집합 A, B에 대하여 $n(A)>n(B)$일 때
(1) $n(A\cap B)$가 최대가 되는 경우
→ $n(A\cup B)$가 최소, 즉 $B\subset A$
(2) $n(A\cap B)$가 최소가 되는 경우
→ $n(A\cup B)$가 최대, 즉 $A\cup B=U$

대표문제 4

수강생이 150명인 어느 학원에서 모든 수강생을 대상으로 두 종류의 자격증 A, B의 취득 여부를 조사하였더니 자격증 A를 취득한 수강생이 자격증 B를 취득한 수강생보다 10명이 많았고, 하나 이상의 자격증을 취득한 수강생이 어느 자격증도 취득하지 못한 수강생보다 70명이 많았다. 자격증 A만 취득한 수강생 수의 최댓값을 구하시오.

4-1

어느 학급 전체 학생 35명 중 체험 활동 A를 신청한 학생이 25명, 체험 활동 B를 신청한 학생이 20명이라 한다. 이 학급의 학생 중에서 체험 활동 A, B 중 하나만 신청한 학생 수의 최댓값을 M, 최솟값을 m이라 할 때, $M-m$의 값을 구하시오.

4-2

≫ 학평 기출

100명의 학생을 대상으로 세 문제 a, b, c를 풀게 하였다. 문제 a를 맞힌 학생의 집합을 A, 문제 b를 맞힌 학생의 집합을 B, 문제 c를 맞힌 학생의 집합을 C라 할 때, $n(A)=40$, $n(B)=35$, $n(C)=52$, $n(A\cap B)=15$, $n(A\cap C)=10$, $n(A^C\cap B^C\cap C^C)=7$이다. 세 문제 중 두 문제 이상을 맞힌 학생 수의 최솟값은?

① 18 ② 20 ③ 22
④ 24 ⑤ 26

예상 기출

3 STEP 만점 도전 하기

A 예상 문제로 마무리

01

자연수 k에 대하여 집합 $A_k=\{x\,|\,x$는 k의 양의 약수$\}$일 때, $m<n<l$인 세 자연수 m, n, l이 다음 조건을 만족시킨다.

(가) $n(A_m\cap A_n)=3$
(나) 자연수 m과 n의 최소공배수는 l이다.
(다) $n(A_m)+n(A_n)<n(A_l)$

m의 값이 최소일 때, $m+n+l$의 최솟값을 구하시오.

02

10 이상의 자연수 n에 대하여 세 집합
$A=\{1, 2, 3, 4, \cdots, n-1, n\}$, $B=\{1, 2, 3\}$, $C=\{7, 8, 9\}$
이다. 집합 A의 부분집합 X에 대하여 집합 $X-B$와 집합 $X-C$의 모든 원소의 합을 각각 S_B, S_C라 하고 집합 $Y=\{X\,|\,X$는 $S_B>S_C\}$로 정의할 때, **보기**에서 옳은 것만을 있는 대로 고른 것은?

보기
ㄱ. $A\in Y$
ㄴ. $X\in Y$이면 $X\cap B=\varnothing$이다.
ㄷ. 집합 Y의 원소의 개수는 $7\times 2^{n-3}$이다.

① ㄱ ② ㄴ ③ ㄱ, ㄴ
④ ㄱ, ㄷ ⑤ ㄱ, ㄴ, ㄷ

03 레벨 UP

2 이상의 자연수 전체의 집합의 두 부분집합 X, Y에 대하여 집합 $X-Y$의 모든 원소의 곱이 집합 $Y-X$의 모든 원소의 곱보다 작을 때, $X\lhd Y$로 나타내기로 한다. 두 집합 $A=\{2, 3\}$, $B=\{2, 3, 4\}$에 대하여 $A\lhd X$, $X\lhd B$를 만족시키는 집합 X의 개수를 구하시오.

(단, 공집합의 원소의 곱은 0으로 계산한다.)

04

어느 학교 학생 300명을 대상으로 부산과 제주도에 가 본 적이 있는지를 조사하였다. 부산에 가 본 적이 있는 학생이 a명, 제주도에 가 본 적이 있는 학생이 b명일 때, 부산과 제주도에 모두 가 본 적이 있는 학생 수를 x, 부산 또는 제주도 어느 곳도 가 본 적이 없는 학생 수를 y라 할 때, **보기**에서 옳은 것만을 있는 대로 고른 것은?

(단, a, b는 상수이고 $0\le a<b\le 300$이다.)

보기
ㄱ. x의 값이 커지면 y의 값은 작아진다.
ㄴ. x의 최솟값은 $a+b-300$이다.
ㄷ. $x+y$의 최댓값은 $a-b+300$이다.

① ㄴ ② ㄱ, ㄴ ③ ㄱ, ㄷ
④ ㄴ, ㄷ ⑤ ㄱ, ㄴ, ㄷ

05

학생 수가 40명인 학급을 대상으로 국어, 영어, 수학 중 좋아하는 과목을 조사하였다. 국어, 영어, 수학을 좋아한다고 응답한 학생 수는 각각 17명, 12명, 20명이고 국어와 영어를 좋아하는 학생 수는 10명, 영어와 수학을 좋아하는 학생 수는 9명, 국어와 수학을 좋아하는 학생 수는 14명이다. 이때 국어, 영어, 수학 세 과목 중 어떤 과목도 좋아하지 않는 학생 수의 최댓값과 최솟값의 합을 구하시오.

B 기출 문제로 마무리

06

≫ 학평 기출

18 이하의 자연수 k에 대하여 두 집합

$A=\{x|x$는 k의 양의 약수$\}$, $B=\{2, 5, 6\}$

이 있다. $n(A\cap B)=2$일 때, **보기**에서 옳은 것만을 있는 대로 고른 것은?

보기

ㄱ. $A\cap B=\{2, 5\}$이면 $k=10$이다.
ㄴ. $A\cap B=\{5, 6\}$을 만족하는 k가 존재한다.
ㄷ. 집합 $A-B$의 모든 원소의 합이 홀수가 되는 모든 k의 값의 합은 28이다.

① ㄱ ② ㄷ ③ ㄱ, ㄷ
④ ㄴ, ㄷ ⑤ ㄱ, ㄴ, ㄷ

07

≫ 학평 기출

전체집합 $U=\{x|x$는 20 이하의 자연수$\}$의 부분집합

$A_k=\{x|x(y-k)=30, y\in U\}$

$B=\left\{x\,\middle|\,\dfrac{30-x}{5}\in U\right\}$

에 대하여 $n(A_k\cap B^C)=1$이 되도록 하는 모든 자연수 k의 개수는?

① 3 ② 5 ③ 7
④ 9 ⑤ 11

08

≫ 학평 기출

실수 전체의 집합 U의 두 부분집합 A, B에 대하여

$n(A)=5$, $B=\left\{\dfrac{x+a}{2}\,\middle|\,x\in A\right\}$

이다. 두 집합 A, B가 다음 조건을 만족시킬 때, 상수 a의 값을 구하시오.

(가) 집합 A의 모든 원소의 합은 28이다.
(나) 집합 $A\cup B$의 모든 원소의 합은 49이다.
(다) $A\cap B=\{10, 13\}$

09

≫ 학평 기출

전체집합 $U=\{x|x$는 20 이하의 자연수$\}$의 두 부분집합 A, B가 다음 조건을 만족시킨다.

(가) $n(A)=n(B)=8$, $n(A\cap B)=1$
(나) 집합 A의 임의의 서로 다른 두 원소의 합은 9의 배수가 아니다.
(다) 집합 B의 임의의 서로 다른 두 원소의 합은 10의 배수가 아니다.

집합 A의 모든 원소의 합을 $S(A)$, 집합 B의 모든 원소의 합을 $S(B)$라 할 때, $S(A)-S(B)$의 최댓값을 구하시오.

03강

Ⅰ. 집합과 명제

명제(1)

교과서 핵/심/개/념

개념 1 명제와 조건 (유형 1, 2)

(1) 명제와 조건
① 명제: 참, 거짓을 분명하게 판별할 수 있는 문장이나 식
② 조건: 변수를 포함하는 문장이나 식 중에서 변수의 값에 따라 참, 거짓을 판별할 수 있는 것
③ 진리집합: 전체집합 U에서 정의된 조건에 대하여 U의 원소 중 조건을 참이 되게 하는 모든 원소의 집합

(2) 명제와 조건의 부정: 명제 또는 조건 p에 대하여 'p가 아니다.'를 p의 부정이라 한다. (기호) $\sim p$

(참고) 명제 p가 참이면 $\sim p$는 거짓이고, 명제 p가 거짓이면 $\sim p$는 참이다.

개념 2 명제의 참, 거짓 (유형 3, 4, 5)

(1) 명제의 가정과 결론: 두 조건 p, q에 대하여 명제 'p이면 q이다.'를 기호 $p \longrightarrow q$와 같이 나타내고 p를 가정, q를 결론이라 한다.

$p \longrightarrow q$ (p: 가정, q: 결론)

(2) 명제 $p \longrightarrow q$의 참, 거짓과 진리집합
명제 $p \longrightarrow q$에 대하여 두 조건 p, q의 진리집합을 각각 P, Q라 할 때
① 명제 $p \longrightarrow q$가 참이면 $P \subset Q$이다.
또, $P \subset Q$이면 명제 $p \longrightarrow q$는 참이다.
② 명제 $p \longrightarrow q$가 거짓이면 $P \not\subset Q$이다.
또, $P \not\subset Q$이면 명제 $p \longrightarrow q$는 거짓이다.

개념 3 '모든' 또는 '어떤'을 포함한 명제 (유형 6)

전체집합 U에 대하여 조건 p의 진리집합을 P라 할 때
(1) '모든 x에 대하여 p이다.'는 $P=U$이면 참이고, $P \neq U$이면 거짓이다.
(2) '어떤 x에 대하여 p이다.'는 $P \neq \varnothing$이면 참이고, $P=\varnothing$이면 거짓이다.
(3) '모든' 또는 '어떤'을 포함한 명제의 부정
① '모든 x에 대하여 p'의 부정은 '어떤 x에 대하여 $\sim p$'이다.
② '어떤 x에 대하여 p'의 부정은 '모든 x에 대하여 $\sim p$'이다.

개념 4 명제의 역, 대우 (유형 7, 8)

명제 $p \longrightarrow q$에 대하여
(1) 명제 $q \longrightarrow p$를 역, 명제 $\sim q \longrightarrow \sim p$를 대우라 한다.
(2) 명제 $p \longrightarrow q$와 그 대우 $\sim q \longrightarrow \sim p$의 참, 거짓은 일치한다.

(주의) 명제 $p \longrightarrow q$가 참이라고 해서 그 역 $q \longrightarrow p$가 반드시 참인 것은 아니다.

기본 다지기

| 해답 14쪽 |

1 다음 보기 중 명제인 것만을 있는 대로 고르시오.

보기
ㄱ. 1은 0에 가까운 수이다.
ㄴ. $1+2=3$
ㄷ. 4는 7의 약수이다.
ㄹ. $2x+1>3$

2 전체집합 $U=\{-2, -1, 0, 1, 2\}$에 대하여 조건 '$x^2 \le 1$'의 진리집합의 원소의 개수를 구하시오.

3 실수 a, b에 대하여 '$a=0$ 또는 $b=0$'의 부정은?

① $a=0$이고 $b=0$
② $a\neq 0$ 또는 $b\neq 0$
③ $a\neq 0$이고 $b\neq 0$
④ $a\neq 0$ 또는 $b=0$
⑤ $a=0$이고 $b\neq 0$

4 명제 '$x=a$이면 $x+1=2x-1$이다.'가 참이 되도록 하는 상수 a의 값을 구하시오.

5 명제 '모든 x에 대하여 $x>1$이다.'의 부정은?

① 모든 x에 대하여 $x<1$이다.
② 모든 x에 대하여 $x\le 1$이다.
③ 어떤 x에 대하여 $x>1$이다.
④ 어떤 x에 대하여 $x<1$이다.
⑤ 어떤 x에 대하여 $x\le 1$이다.

6 다음 명제의 대우를 말하고, 그 참, 거짓을 판별하시오.

자연수 n에 대하여 n^2이 짝수이면 n은 짝수이다.

핵심 빈출

1 STEP 필수 유형 다지기

| 해답 14쪽 |

유형 ① 명제와 조건의 부정

| 핵심 전략 | (1) '$a \le x \le b$'의 부정 → '$x < a$ 또는 $x > b$'
(2) '$x = a$'의 부정 → '$x \ne a$'
(3) 'p 또는 q'의 부정 → '$\sim p$ 그리고 $\sim q$'
(4) 'p 그리고 q'의 부정 → '$\sim p$ 또는 $\sim q$'

01

다음 명제 중 그 부정이 참인 것은?

① $2-(-2)=4$　② 2는 6의 약수이다.
③ $\sqrt{2}$는 무리수이다.　④ $(\sqrt{2})^2=2$
⑤ $-\sqrt{2}<-2$

02

실수 x, y에 대하여 '$x^2+y^2=0$'의 부정은?

① $x=0$ 또는 $y=0$　② $x\ne0$ 또는 $y\ne0$
③ $x\ne0$ 또는 $y=0$　④ $x=0$이고 $y\ne0$
⑤ $x\ne0$이고 $y=0$

03

서술형

두 조건

p: $1\le x<3$, q: $-1<x\le5$

에 대하여 조건 'p 또는 $\sim q$'의 부정을 말하시오.

유형 ② 조건과 진리집합

중요

04

전체집합이 자연수 전체의 집합이고 세 조건

p: $(x+2)(x-2)\le0$,

q: x는 6의 약수,

r: $|x-1|\le2$

의 진리집합을 각각 P, Q, R라 할 때, P, Q, R 사이의 포함 관계는?

① $P\subset Q\subset R$　② $P\subset R\subset Q$　③ $Q\subset P\subset R$
④ $Q\subset R\subset P$　⑤ $R\subset P\subset Q$

05

서술형

전체집합 $U=\{-3, -2, -1, 0, 1, 2, 3\}$일 때, 두 조건

p: $4x-x^3=0$, q: $x^2+2x-3=0$

에 대하여 조건 '$\sim p$ 그리고 q'의 진리집합의 모든 원소의 합을 구하시오.

유형 ③ 명제의 참, 거짓

06

x, y가 실수일 때, 보기에서 참인 명제만을 있는 대로 고른 것은?

보기
ㄱ. $x\le1$, $y\le1$이면 $x+y\le2$이다.
ㄴ. x가 2의 양의 약수이면 x는 4의 양의 약수이다.
ㄷ. $x^2+y^2>0$이면 $x\ne0$이고 $y\ne0$이다.
ㄹ. $xy=0$이면 $x^2+y^2=0$이다.

① ㄱ, ㄴ　② ㄴ, ㄷ　③ ㄱ, ㄴ, ㄷ
④ ㄱ, ㄷ, ㄹ　⑤ ㄴ, ㄷ, ㄹ

중요

07 ●●○

실수 x에 대한 세 조건

p: $x+1=0$, q: $x^2=1$, r: $x^3+1=0$

에 대하여 다음 중 거짓인 명제를 모두 고르면? (정답 2개)

① $p \longrightarrow q$ ② $p \longrightarrow r$ ③ $q \longrightarrow r$
④ $q \longrightarrow p$ ⑤ $r \longrightarrow p$

08 ●●○

전체집합 U에 대하여 두 조건 p, q의 진리집합을 각각 P, Q라 하자. 명제 $p \longrightarrow q$가 참일 때, 다음 중 항상 성립한다고 할 수 없는 것은?

① $P \subset Q$ ② $Q^C \subset P^C$ ③ $P-Q=\varnothing$
④ $P \cap Q^C=\varnothing$ ⑤ $P^C \cap Q=\varnothing$

유형 4 거짓인 명제의 반례

| 핵심 전략 | 전체집합 U에서 두 조건 p, q의 진리집합을 각각 P, Q라 할 때, 명제 $p \longrightarrow q$가 거짓임을 보이려면
→ 집합 P의 원소이면서 집합 Q의 원소가 아닌 원소를 찾는다.
즉, $P \cap Q^C$의 원소를 찾는다.

09 ●●○

전체집합 U에 대하여 두 조건 p, q의 진리집합을 각각 P, Q라 하자. 두 집합 P, Q가 오른쪽 그림과 같을 때, 명제 '$\sim p$이면 q이다.'가 거짓임을 보이는 원소는?

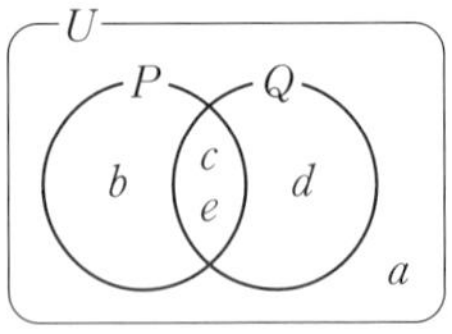

① a ② b ③ c
④ d ⑤ e

10 ●●○

전체집합 U에 대하여 두 조건 p, q의 진리집합을 각각 P, Q라 할 때, 다음 중 명제 'p이면 $\sim q$이다.'가 거짓임을 보이는 원소가 속하는 집합은?

① $P \cap Q$ ② $P-Q$ ③ $Q-P$
④ $P^C \cup Q^C$ ⑤ $P^C \cap Q^C$

유형 5 명제가 참이 되도록 하는 미지수 구하기

11 ●●○

서술형

다음 명제가 참이 되도록 하는 실수 a의 최댓값을 M, 최솟값을 m이라 할 때, $M-m$의 값을 구하시오.

$|x-a| \le 1$이면 $x^2+2x \le 15$이다.

12 ●●○

두 조건

p: $x^2-4x-21>0$, q: $x^2-(a+b)x+ab<0$

에 대하여 명제 $p \longrightarrow \sim q$가 참이 되도록 하는 정수 a의 최솟값과 정수 b의 최댓값의 곱은? (단, $a<b$)

① -21 ② -18 ③ -12
④ 12 ⑤ 18

13 ●●●

세 조건

p: $x<a+1$, q: $-1 \le x \le 3$, r: $x<b$

에 대하여 명제 $q \longrightarrow p$가 참일 때 정수 a의 최솟값을 A, 명제 $q \longrightarrow r$가 거짓일 때 정수 b의 최댓값을 B라 하자. $A+B$의 값을 구하시오.

유형 6 '모든' 또는 '어떤'을 포함한 명제

14

전체집합 $U=\{1, 2, 3, 4, 5\}$에 대하여 $x\in U$일 때, 다음 중 거짓인 명제는?

① 모든 x에 대하여 $x>1$이다.
② 어떤 x에 대하여 $x>1$이다.
③ 모든 x에 대하여 $x^2\le 25$이다.
④ 어떤 x에 대하여 $x^2\le 25$이다.
⑤ 모든 x에 대하여 $x^2<6x$이다.

15

서술형

다음 명제의 부정을 말하고, 그 참, 거짓을 판별하시오.

> 어떤 실수 x에 대하여 $x^2-5x+8\le 0$이다.

유형 7 명제의 역, 대우

중요

16

x, y가 실수일 때, 다음 명제 중 대우가 참인 명제는?

① $xy=0$이면 $x+y=0$이다.
② $x+y=0$이면 $xy=0$이다.
③ $x^2=y^2$이면 $x=y$이다.
④ $x\ne 1$이고 $y\ne 1$이면 $xy\ne 1$이다.
⑤ $x\ne 0$이고 $y\ne 0$이면 $xy\ne 0$이다.

17

실수 a, b에 대하여 역이 거짓인 명제만을 **보기**에서 있는 대로 고른 것은?

> **보기**
> ㄱ. $ab>0$이면 $a>0$, $b>0$이다.
> ㄴ. $|a|+|b|=0$이면 $a=0$이고 $b=0$이다.
> ㄷ. $a>0$이고 $b>0$이면 $a+b>0$이다.

① ㄱ ② ㄴ ③ ㄷ
④ ㄱ, ㄷ ⑤ ㄴ, ㄷ

유형 8 명제의 대우를 이용하여 미지수 구하기

18

명제 '$x>6$이면 $|x-2|>a$이다.'의 대우가 참이 되도록 하는 양수 a의 최댓값은?

① 1 ② 2 ③ 3
④ 4 ⑤ 5

19

서술형

명제 '$x^2+ax+a\ne 0$이면 $x+2\ne 0$이다.'가 참일 때, 상수 a의 값을 구하시오.

심화 빈출

2 STEP 출제 유형 PICK

| 해답 17쪽 |

1 여러 가지 명제의 참, 거짓

| 핵심 전략 | (1) '모든 x에 대하여 p이다.'가 참이면 전체집합의 원소 중 한 개도 빠짐없이 p를 만족시킨다.
(2) '어떤 x에 대하여 p이다.'가 참이면 전체집합의 원소 중 한 개 이상이 p를 만족시킨다.

대표 문제 1

좌표평면 위에 두 점 $\mathrm{A}(-1, -1)$, $\mathrm{B}(1, 3)$과 직선 l: $x-2y=k$가 있다. 명제 '직선 l 위의 어떤 점 P에 대하여 $\angle\mathrm{APB}=90°$이다.'가 참이 되도록 하는 정수 k의 개수는?

① 9 ② 10 ③ 11
④ 12 ⑤ 13

1-1

두 집합

$A=\{(4, -2), (-2, a)\}$,
$B=\{(x, y) \mid |x|+2|y|=b\}$

에 대하여 명제 '모든 $(x, y)\in A$에 대하여 $(x, y)\in B$이다.'가 참일 때, $a+b$의 값을 구하시오. (단, a, b는 양수이다.)

1-2

>>> 내신 기출

좌표평면에서 두 직선 $y=6-\sqrt{3}x$, $y=k$와 y축으로 둘러싸인 부분의 경계 및 내부를 도형 D라 하자. 두 점 $\mathrm{A}(2\sqrt{3}, 0)$, $\mathrm{B}(0, 6)$에 대하여 명제 '영역 D에 속하는 어떤 점 P에 대하여 $\angle\mathrm{POA}=\angle\mathrm{PAB}$이다.'가 참이 되도록 하는 양수 k의 최댓값을 구하시오. (단, O는 원점이다.)

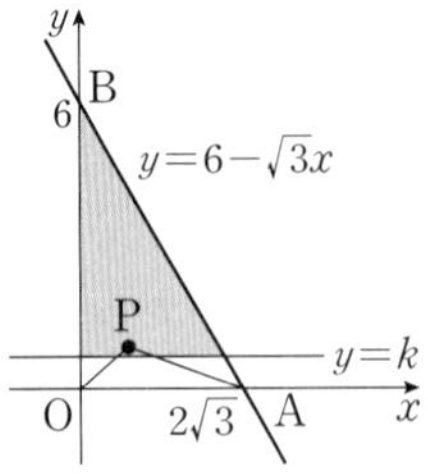

2 조건이 부등식으로 주어진 명제의 참, 거짓

| 핵심 전략 | (1) 두 조건 p, q의 진리집합을 각각 P, Q라 할 때, 명제 $p \longrightarrow q$가 참이 되려면 $P\subset Q$이어야 하므로 $P\subset Q$가 되도록 두 집합 P, Q를 수직선 위에 나타낸다.
(2) 전체집합 U에 대하여 조건 p의 진리집합을 P라 할 때
① '모든 x에 대하여 p이다.' → $P=U$이면 참, $P\neq U$이면 거짓
② '어떤 x에 대하여 p이다.' → $P\neq\varnothing$이면 참, $P=\varnothing$이면 거짓

대표 문제 2

세 조건

p: $2\le x\le 6$, q: $x>a$, r: $x\ge 4$

에 대하여 명제 (p이고 q) $\longrightarrow$ r가 참이 되도록 하는 실수 a의 최솟값을 m, 명제 $r \longrightarrow$ (p 또는 q)가 참이 되도록 하는 실수 a의 최댓값을 n이라 할 때, $m+n$의 값을 구하시오.

2-1

명제 '$-1\le x<4$인 어떤 실수 x에 대하여 $3a-5<x\le a+7$이다.'가 참이 되도록 하는 정수 a의 개수는?

① 11 ② 12 ③ 13
④ 14 ⑤ 15

2-2

>>> 학평 기출

명제

'모든 실수 x에 대하여 $2x^2+6x+a\ge 0$이다.'

가 거짓이 되도록 하는 정수 a의 최댓값은?

① 0 ② 2 ③ 4
④ 6 ⑤ 8

예상 기출

3 STEP 만점 도전 하기

해답 18쪽

A 예상 문제로 마무리

01

전체집합 $U=\{x|x$는 n 이하의 자연수$\}$에 대하여 두 조건 p, q는

p: x는 2의 배수이다.

q: x는 3의 배수이다.

이다. 명제 $p \longrightarrow \sim q$의 역이 거짓임을 보이는 모든 원소의 합이 37이 되도록 하는 모든 자연수 n의 값의 합은?

① 58 ② 59 ③ 60 ④ 61 ⑤ 62

02

전체집합 U에서 네 조건 p, q, r, s의 진리집합을 각각 P, Q, R, S라 하자. $P-Q=\varnothing$, $Q\cup R^C=R^C$, $(S\cup P^C)^C\cup(S\cup R^C)^C=\varnothing$인 관계가 성립할 때, **보기**에서 옳은 것만을 있는 대로 고른 것은?

보기

ㄱ. $r \longrightarrow \sim p$

ㄴ. $\sim s \longrightarrow p$

ㄷ. $q \longrightarrow s$

① ㄱ ② ㄴ ③ ㄱ, ㄴ ④ ㄱ, ㄷ ⑤ ㄱ, ㄴ, ㄷ

B 기출 문제로 마무리

03

≫ 학평 기출

전체집합 $U=\{x|x$는 8 이하의 자연수$\}$에 대하여 조건 p: $x^2\le 2x+8$의 진리집합을 P, 두 조건 q, r의 진리집합을 각각 Q, R라 하자. 두 명제 $p \longrightarrow q$와 $\sim p \longrightarrow r$가 모두 참일 때, 두 집합 Q, R의 순서쌍 (Q, R)의 개수를 구하시오.

04

≫ 학평 기출

자연수 n에 대한 조건

'$2\le x\le 5$인 어떤 실수 x에 대하여 $x^2-8x+n\ge 0$이다.'

가 참인 명제가 되도록 하는 n의 최솟값은?

① 12 ② 13 ③ 14 ④ 15 ⑤ 16

05 레벨 UP

≫ 학평 기출

두 함수

$f(x)=x^2-2x+6$, $g(x)=-|x-t|+11$ (t는 실수)

가 있다. 함수 $h(x)$를

$$h(x)=\begin{cases} f(x) & (f(x)<g(x)) \\ g(x) & (f(x)\ge g(x)) \end{cases}$$

라 할 때, 명제

'어떤 실수 t에 대하여 함수 $y=h(x)$의 그래프와 직선 $y=k$는 서로 다른 세 점에서 만난다.'

가 참이 되도록 하는 모든 자연수 k의 값의 합을 구하시오.

04강

명제(2)

교과서 핵/심/개/념

개념 1 충분조건과 필요조건 (유형 ①, ②, ③)

(1) 충분조건과 필요조건: 명제 $p \longrightarrow q$가 참일 때, 이것을 기호로 $p \Longrightarrow q$와 같이 나타내고 p는 q이기 위한 충분조건, q는 p이기 위한 필요조건이라 한다.

$p \Longrightarrow q$
↑ q이기 위한 충분조건　↑ p이기 위한 필요조건

(2) 필요충분조건: 명제 $p \longrightarrow q$에 대하여 p가 q이기 위한 충분조건인 동시에 필요조건일 때, 즉 $p \Longrightarrow q$이고 $q \Longrightarrow p$일 때, 이것을 기호로 $p \Longleftrightarrow q$와 같이 나타내고 p는 q이기 위한 필요충분조건이라 한다.

(3) 충분조건, 필요조건과 진리집합: 두 조건 p, q의 진리집합을 각각 P, Q라 할 때

① $P \subset Q$이면 $p \Longrightarrow q$이므로 p는 q이기 위한 충분조건, q는 p이기 위한 필요조건이다.

② $P=Q$이면 $p \Longleftrightarrow q$이므로 p는 q이기 위한 필요충분조건이다.

개념 2 명제의 증명 (유형 ④)

(1) 대우를 이용한 증명: 명제 $p \longrightarrow q$가 참임을 보일 때, 그 대우 $\sim q \longrightarrow \sim p$가 참임을 보여 명제가 참임을 증명하는 방법

(2) 귀류법: 어떤 명제가 참임을 증명할 때, 명제 또는 명제의 결론을 부정하여 모순이 생기는 것을 보여 명제가 참임을 증명하는 방법

개념 3 절대부등식 (유형 ⑤)

(1) 절대부등식: 문자를 포함한 부등식에서 그 문자에 어떤 실수를 대입하여도 항상 성립하는 부등식

(2) 절대부등식을 증명할 때 이용되는 실수의 기본 성질: a, b가 실수일 때

① $a>b \Longleftrightarrow a-b>0$

② $a^2 \ge 0$, $a^2+b^2 \ge 0$

③ $a^2+b^2=0 \Longleftrightarrow a=0,\ b=0$

④ $|a|^2=a^2$, $|ab|=|a||b|$, $|a| \ge a$

⑤ $a>0$, $b>0$일 때, $a>b \Longleftrightarrow a^2>b^2$, $a>b \Longleftrightarrow \sqrt{a}>\sqrt{b}$

개념 4 여러 가지 절대부등식 (유형 ⑥, ⑦)

(1) 여러 가지 절대부등식: a, b, c가 실수일 때

① $a^2 \pm ab+b^2 \ge 0$ (단, 등호는 $a=b=0$일 때 성립)

② $a^2+b^2+c^2-ab-bc-ca \ge 0$ (단, 등호는 $a=b=c$일 때 성립)

③ $|a|+|b| \ge |a+b|$ (단, 등호는 $ab \ge 0$일 때 성립)

(2) 산술평균과 기하평균의 관계: $a>0$, $b>0$일 때,

$$\frac{a+b}{2} \ge \sqrt{ab}$$ (단, 등호는 $a=b$일 때 성립)

└ 산술평균　└ 기하평균

참고 코시-슈바르츠의 부등식: a, b, x, y가 실수일 때,

$(a^2+b^2)(x^2+y^2) \ge (ax+by)^2$ (단, 등호는 $\frac{x}{a}=\frac{y}{b}$일 때 성립)

기본 다지기

해답 20쪽

1 다음 □ 안에 알맞은 것을 써넣으시오.

(1) $x=4$는 $x^2=16$이기 위한 ☐ 조건이다. (단, x는 실수)

(2) 12의 양의 약수는 4의 양의 약수이기 위한 ☐ 조건이다.

2 두 조건

p: $x-2=0$, q: $x^2+3x-a=0$

에 대하여 p가 q이기 위한 충분조건일 때, 상수 a의 값은?

① 4　② 6　③ 8
④ 10　⑤ 12

3 다음은 귀류법을 이용하여 명제 '실수 a, b에 대하여 $a^2+b^2=0$이면 $a=0$이고 $b=0$이다.'가 참임을 증명하는 과정이다. (가), (나)에 알맞은 것을 써넣으시오.

• 증명 •

실수 a, b에 대하여 (가) 이라 가정하면

$a^2>0$ 또는 $b^2>0$이므로 (나)

이것은 $a^2+b^2=0$이라는 가정에 모순이므로

$a=0$이고 $b=0$이다.

따라서 주어진 명제는 참이다.

4 $a>0$일 때, $a+\frac{4}{a}$의 최솟값을 구하시오.

핵심 빈출

1 STEP 필수 유형 다지기

| 해답 20쪽 |

유형 ① 충분조건과 필요조건, 필요충분조건

01 ●●○

두 조건 p, q에 대하여 다음 중 p가 q이기 위한 충분조건이지만 필요조건이 아닌 것은? (단, x, y는 실수이다.)

① p: $x^2=y^2$ q: $x=y$
② p: $xy>1$ q: $x>1$, $y>1$
③ p: $x^2>y^2$ q: $|x|>|y|$
④ p: $x\geq 0$, $y\geq 0$ q: $|x+y|=|x|+|y|$
⑤ p: $xy=|xy|$ q: $x>0$, $y>0$

중요

02 ●●○

세 조건 p, q, r에 대하여 p는 $\sim q$이기 위한 충분조건이고 q는 r이기 위한 필요조건일 때, 다음 명제 중 반드시 참이라 할 수 없는 것은?

① $q \longrightarrow \sim p$ ② $\sim q \longrightarrow \sim r$ ③ $p \longrightarrow \sim r$
④ $r \longrightarrow \sim p$ ⑤ $r \longrightarrow \sim q$

유형 ② 충분 · 필요 · 필요충분조건을 이용하여 미지수 구하기

03 ●●○ 서술형

두 조건

p: $x\neq 2$, q: $x^2+x+a\neq 0$

에 대하여 p는 q이기 위한 필요조건일 때, 상수 a의 값을 구하시오.

04 ●●○

$x^2-4x+3\leq 0$은 $|x-a|\leq b$이기 위한 필요충분조건일 때, 상수 a, b에 대하여 ab의 값을 구하시오.

05 ●●○

두 조건 p, q가 다음과 같다.

p: $(x+1)(x-2)=0$, q: $x^3+ax+b=0$

p가 q이기 위한 충분조건이 되도록 하는 상수 a, b에 대하여 $a+b$의 값은?

① -1 ② -2 ③ -3
④ -4 ⑤ -5

06 ●●●

세 조건

p: $x>a$, q: $-2<x\leq 1$ 또는 $x>4$, r: $x\leq b$

에 대하여 p는 q이기 위한 필요조건이고 $\sim r$는 q이기 위한 충분조건일 때, a의 최댓값과 b의 최솟값의 합은? (단, a, b는 상수이다.)

① 1 ② 2 ③ 3
④ 4 ⑤ 5

유형 ③ 충분조건, 필요조건과 진리집합

| 핵심 전략 | 두 조건 p, q의 진리집합을 각각 P, Q라 할 때
(1) $p \Longrightarrow q$이면 $P\subset Q$
(2) $q \Longrightarrow p$이면 $Q\subset P$
(3) $p \Longleftrightarrow q$이면 $P=Q$

07 ●●○

전체집합 U에 대하여 세 조건 p, q, r의 진리집합을 각각 P, Q, R라 하자. p는 q이기 위한 충분조건이고, $\sim p$는 r이기 위한 충분조건일 때, 다음 중 항상 옳은 것은?

① $Q\subset P$ ② $R\subset P^C$ ③ $P^C\subset Q^C$
④ $Q^C\subset R$ ⑤ $R\subset Q$

08 ●●●

전체집합 U에 대하여 세 조건 p, q, r의 진리집합을 각각 P, Q, R라 할 때,

$P-Q=\varnothing$, $Q\cap R=\varnothing$

이 성립한다. 다음 중 옳지 않은 것은?

(단, P, Q, R는 공집합이 아니다.)

① p는 q이기 위한 충분조건이다.
② p는 $\sim r$이기 위한 충분조건이다.
③ $\sim p$는 $\sim q$이기 위한 필요조건이다.
④ $\sim q$는 r이기 위한 필요조건이다.
⑤ $\sim q$는 r이기 위한 충분조건이다.

유형 4 명제의 증명

중요

09 ●●○

다음은 두 자연수 a, b에 대하여 명제 'ab가 짝수이면 a, b 중 적어도 하나는 짝수이다.'를 증명하는 과정이다.

증명

명제의 대우는

'a, b가 [(가)]이면 ab는 [(나)]이다.'

이다.

$a=2m-1$, $b=2n-1$ (m, n은 자연수)로 놓으면

$ab=2\times($ [(다)] $)+1$

즉, ab는 [(나)]이다.

따라서 주어진 명제의 대우가 참이므로 주어진 명제도 참이다.

위의 과정에서 (가), (나), (다)에 알맞은 것을 차례대로 나열하면?

① 모두 홀수, 홀수, $2mn-m-n$
② 모두 홀수, 홀수, $2mn+m+n$
③ 모두 짝수, 홀수, $2mn-m-n$
④ 적어도 하나는 홀수, 짝수, $2mn+m+n$
⑤ 적어도 하나는 짝수, 짝수, $2mn-m-n$

10 ●●○

다음은 $\sqrt{2}$가 무리수임을 증명하는 과정이다.

증명

$\sqrt{2}$를 [(가)]라 가정하면

$\sqrt{2}=\frac{n}{m}$ (m, n은 [(나)]인 자연수)으로 놓을 수 있다.

이 식의 양변을 제곱하여 정리하면 $n^2=2m^2$

이때 n^2이 짝수이므로 n도 [(다)]이다.

$n=2k$ (k는 자연수)로 놓으면 $4k^2=2m^2$, 즉 $2k^2=m^2$

이때 m^2이 짝수이므로 m도 짝수이다.

그런데 이것은 m, n이 [(나)]라는 가정에 모순이다.

따라서 $\sqrt{2}$는 무리수이다.

위의 과정에서 (가), (나), (다)에 알맞은 것을 차례대로 나열하면?

① 유리수, 서로소, 홀수 ② 유리수, 서로소, 짝수
③ 유리수, 홀수, 짝수 ④ 무리수, 서로소, 짝수
⑤ 무리수, 홀수, 짝수

유형 5 절대부등식

11 ●●○

다음은 실수 a, b에 대하여 부등식 $a^2+b^2+c^2\geq ab+bc+ca$가 성립함을 증명하는 과정이다.

증명

$a^2+b^2+c^2-(ab+bc+ca)$

$=$ [(가)] $(2a^2+2b^2+2c^2-2ab-2bc-2ca)$

$=$ [(가)] $(a^2-2ab+b^2+b^2-2bc+c^2+c^2-2ca+a^2)$

$=$ [(가)] $\{(a-b)^2+(b-c)^2+(c-a)^2\}\geq 0$

$\therefore a^2+b^2+c^2\geq ab+bc+ca$

이때 등호는 [(나)]일 때 성립한다.

위의 과정에서 (가), (나)에 알맞은 것을 차례대로 나열하면?

① 2, $a=b=c$ ② 2, $a=b=c=0$
③ $\frac{1}{2}$, $a=b=c$ ④ $\frac{1}{2}$, $a=b=c=0$
⑤ $\frac{1}{2}$, $abc=0$

12 ●●○

다음 중 모든 실수 x에 대하여 성립하는 부등식이 아닌 것은?

① $|x| \ge x$ ② $x^2 \ge 2x-1$
③ $(x-3)^2+1>0$ ④ $x^2-4x+5>0$
⑤ $x^2+4 \ge 5x$

13 ●●●

실수 a, b, c에 대하여 보기에서 옳은 것만을 있는 대로 고른 것은?

보기
ㄱ. $|a|+|b| \ge |a-b|$
ㄴ. $|a+b| \ge |a-b|$
ㄷ. $\sqrt{a-b} \ge \sqrt{a}-\sqrt{b}$ (단, $a \ge b \ge 0$)

① ㄱ ② ㄴ ③ ㄷ
④ ㄱ, ㄷ ⑤ ㄴ, ㄷ

유형 6 산술평균과 기하평균의 관계

14 ●●○

$a>0$, $b>0$일 때, $(a+b)\left(\frac{4}{a}+\frac{9}{b}\right)$의 최솟값을 구하시오.

15 ●●○

양수 a, b에 대하여 $2a+b=16$일 때, ab의 최댓값은?

① 8 ② 16 ③ 32
④ 64 ⑤ 256

중요

16 ●●○

$x>2$일 때, $4x+\frac{1}{x-2}$의 최솟값을 구하시오.

17 ●●●

서술형

$x>0$일 때, $\frac{4x}{x^2+x+4}$의 최댓값을 구하시오.

유형 7 코시 - 슈바르츠의 부등식

18 ●●○

실수 x, y에 대하여 $x+2y=10$일 때, x^2+y^2의 최솟값은?

① 5 ② 10 ③ 15
④ 20 ⑤ 25

19 ●●○

대각선의 길이가 5인 직사각형의 둘레의 길이의 최댓값은?

① $10\sqrt{2}$ ② $11\sqrt{2}$ ③ $12\sqrt{2}$
④ $13\sqrt{2}$ ⑤ $14\sqrt{2}$

심화 빈출

2 STEP 출제 유형 PICK

해답 23쪽

1 충분 · 필요 · 필요충분조건

핵심 전략 (1) $p \Longrightarrow q$, $q \not\Longrightarrow p$: p는 q이기 위한 충분조건이지만 필요조건은 아니다.
(2) $q \Longrightarrow p$, $p \not\Longrightarrow q$: p는 q이기 위한 필요조건이지만 충분조건은 아니다.
(3) $p \Longleftrightarrow q$: p는 q 또는 q는 p이기 위한 필요충분조건이다.

대표 문제 1

두 조건 p, q에 대하여 **보기**에서 p가 q이기 위한 필요조건이지만 충분조건이 아닌 것만을 있는 대로 고른 것은?
(단, a, b, c는 실수이다.)

보기
ㄱ. p: $a \ge 1$ 또는 $b \ge 1$
q: $a+b \ge 2$
ㄴ. p: $a^3-b^3=0$
q: $a^2-b^2=0$
ㄷ. p: $(a-b)(b-c)(c-a)=0$
q: $a=b=c$

① ㄱ ② ㄷ ③ ㄱ, ㄴ
④ ㄱ, ㄷ ⑤ ㄱ, ㄴ, ㄷ

1-1

≫ 학평 기출

두 실수 a, b에 대하여 세 조건 p, q, r는
p: $|a|+|b|=0$
q: $a^2-2ab+b^2=0$
r: $|a+b|=|a-b|$
이다. 옳은 것만을 **보기**에서 있는 대로 고른 것은?

보기
ㄱ. p는 q이기 위한 충분조건이다.
ㄴ. $\sim p$는 $\sim r$이기 위한 필요조건이다.
ㄷ. q이고 r는 p이기 위한 필요충분조건이다.

① ㄱ ② ㄷ ③ ㄱ, ㄴ
④ ㄴ, ㄷ ⑤ ㄱ, ㄴ, ㄷ

2 산술평균과 기하평균의 관계 활용

핵심 전략 주어진 조건에서 변하는 두 값을 각각 x, y로 놓고 주어진 값과 구하는 값을 $x+y$ 또는 xy로 나타내어 산술평균과 기하평균의 관계를 이용한다.

대표 문제 2

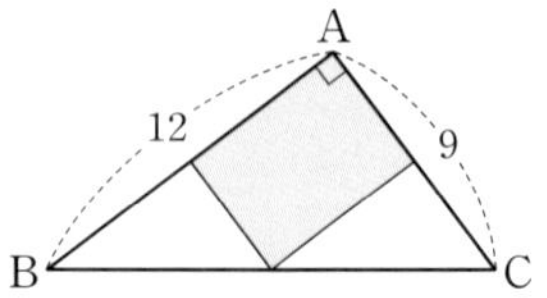

오른쪽 그림과 같이 $\overline{AB}=12$, $\overline{AC}=9$, $\angle A=90°$인 직각삼각형 ABC에 내접하는 직사각형을 만들 때, 직사각형의 넓이의 최댓값을 a, 그때의 둘레의 길이를 b라 하자. $a+b$의 값을 구하시오.

2-1

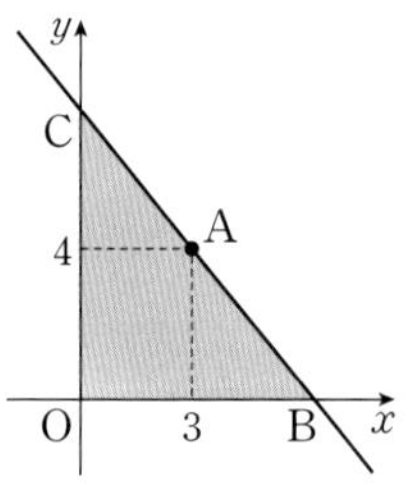

오른쪽 그림과 같이 점 A(3, 4)를 지나는 직선이 x축, y축과 만나는 점을 각각 B, C라 할 때, 삼각형 OBC의 넓이의 최솟값을 구하시오.
(단, O는 원점이다.)

2-2

≫ 학평 기출

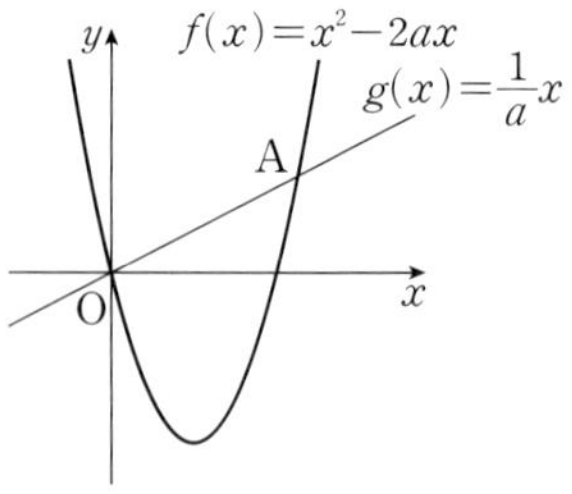

그림과 같이 양수 a에 대하여 이차함수 $f(x)=x^2-2ax$의 그래프와 직선 $g(x)=\frac{1}{a}x$가 두 점 O, A에서 만난다.
(단, O는 원점이다.)
이차함수 $y=f(x)$의 그래프의 꼭짓점을 B라 하고 선분 AB의 중점을 C라 하자. 점 C에서 y축에 내린 수선의 발을 H라 할 때, 선분 CH의 길이의 최솟값은?

① $\sqrt{3}$ ② 2 ③ $\sqrt{5}$
④ $\sqrt{6}$ ⑤ $\sqrt{7}$

예상 기출

3 STEP 만점 도전 하기

| 해답 24쪽 |

A 예상 문제로 마무리

01

실수 x에 대하여 두 조건

p: $x^2+x-2\neq0$

q: $x^4+(a+1)x^3+(a+2)x^2+(4-2a)x-8\neq0$

이 있다. p가 q이기 위한 필요충분조건이 되도록 하는 모든 정수 a의 개수는?

① 6 ② 7 ③ 8
④ 9 ⑤ 10

02

$x=-1$에서 최솟값 -2를 갖는 이차함수 $y=f(x)$의 그래프가 일차함수 $y=g(x)$의 그래프와 점 $(1, 2)$에서 접할 때, $x>1$에서 $\dfrac{4f(x)+8}{g(x)-2}$의 최솟값을 구하시오.

03

실수 a, b, c에 대하여 다음 부등식이 성립함을 증명하고 등호가 성립할 때의 a, b, c의 값을 각각 구하시오.

$$a^2+3b^2+c^2+4\geq(b+1)(2a+c+1)$$

B 기출 문제로 마무리

04

>>> 학평 기출

실수 x에 대한 두 조건 p, q가 다음과 같다.

p: $2x-a\leq0$,

q: $x^2-5x+4>0$

p가 $\sim q$이기 위한 필요조건이 되도록 하는 실수 a의 최솟값을 구하시오.

05

>>> 학평 기출

좌표평면에서 기울기가 a $(0<a<3)$인 직선 l과 기울기가 b인 직선 m이 원 $(x-1)^2+(y-3)^2=1$의 넓이를 4등분한다. 직선 l과 x축, y축으로 둘러싸인 삼각형의 넓이를 S_1, 직선 m과 x축, y축으로 둘러싸인 삼각형의 넓이를 S_2라 할 때, S_1+S_2의 최솟값을 구하시오.

06 레벨 UP

>>> 학평 기출

그림과 같이 $\overline{AB}=2$, $\overline{AC}=3$, $A=30^\circ$인 삼각형 ABC의 변 BC 위의 점 P에서 두 직선 AB, AC 위에 내린 수선의 발을 각각 M, N이라 하자. $\dfrac{\overline{AB}}{\overline{PM}}+\dfrac{\overline{AC}}{\overline{PN}}$의 최솟값이 $\dfrac{q}{p}$일 때, $p+q$의 값을 구하시오. (단, p와 q는 서로소인 자연수이다.)

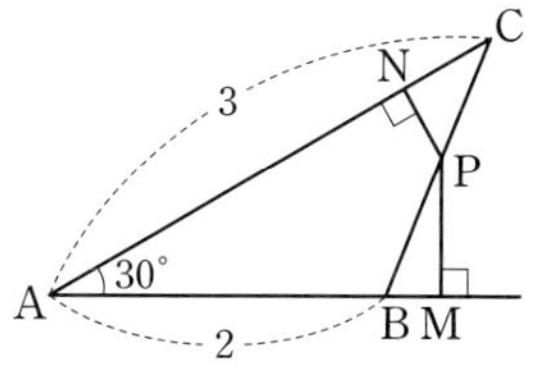

함수

교과서 핵/심/개/념

개념 1 함수의 뜻 (유형 1, 2, 3)

(1) 함수: 두 집합 X, Y에 대하여 X의 각 원소에 Y의 원소가 오직 하나씩만 대응할 때, 이 대응을 집합 X에서 집합 Y로의 함수라 한다.
└ 대응: 집합 X의 원소에 집합 Y의 원소를 짝 지어 주는 것

(기호) $f: X \longrightarrow Y$

① 정의역: 집합 X ② 공역: 집합 Y ③ 치역: $\{f(x) | x \in X\}$
└ 함숫값 전체의 집합

(참고) 순서쌍 $(x, f(x))$ 전체의 집합 $\{(x, f(x)) | x \in X\}$를 함수의 그래프라 한다.

(2) 서로 같은 함수: 두 함수 f, g의 정의역과 공역이 각각 같고, 정의역의 각 원소 x에 대하여 $f(x)=g(x)$일 때, 두 함수 f와 g는 서로 같다고 한다.

(기호) $f=g$

개념 2 여러 가지 함수 (유형 4, 5)

(1) 일대일함수: 함수 $f: X \longrightarrow Y$에서 정의역 X의 임의의 두 원소 x_1, x_2에 대하여 $x_1 \neq x_2$이면 $f(x_1) \neq f(x_2)$가 성립하는 함수

(2) 일대일대응: 일대일함수이고, 치역과 공역이 같은 함수

(3) 항등함수: 함수 $f: X \longrightarrow X$에서 정의역 X의 각 원소 x에 그 자신이 대응하는 함수, 즉 $f(x)=x$

(4) 상수함수: 함수 $f: X \longrightarrow Y$에서 정의역 X의 모든 원소 x에 공역 Y의 단 하나의 원소가 대응하는 함수, 즉 $f(x)=c$ (단, c는 상수, $c \in Y$)

개념 3 합성함수 (유형 6, 8)

(1) 합성함수: 두 함수 $f: X \longrightarrow Y$, $g: Y \longrightarrow Z$에 대하여 X의 각 원소 x에 Z의 원소 $g(f(x))$를 대응시키는 함수를 f와 g의 합성함수라 한다.

(기호) $g \circ f: X \longrightarrow Z$, $(g \circ f)(x)=g(f(x))$

(2) 합성함수의 성질: 세 함수 f, g, h에 대하여

① $f \circ g \neq g \circ f$
└ 교환법칙이 성립하지 않는다.

② $f \circ (g \circ h)=(f \circ g) \circ h$
└ 결합법칙이 성립한다.

개념 4 역함수 (유형 7, 8)

(1) 역함수: 함수 $f: X \longrightarrow Y$가 일대일대응일 때, Y의 각 원소 y에 $f(x)=y$인 X의 원소 x를 대응시켜서 만든 새로운 함수를 f의 역함수라 한다. (기호) $f^{-1}: Y \longrightarrow X$, $x=f^{-1}(y)$ ← $y=f(x) \Longleftrightarrow x=f^{-1}(y)$

(참고) 일대일대응인 함수 $y=f(x)$의 역함수는 다음 순서로 구한다.

$y=f(x)$ —(x에 대하여 푼다.)→ $x=f^{-1}(y)$ —(x와 y를 서로 바꾼다.)→ $y=f^{-1}(x)$

(2) 역함수의 성질: 두 함수 f, g가 각각 일대일대응이고 그 역함수가 각각 f^{-1}, g^{-1}일 때

① $f^{-1} \circ f=I$, $f \circ f^{-1}=I$ (단, I는 항등함수)

② $(f^{-1})^{-1}=f$ ③ $(f \circ g)^{-1}=g^{-1} \circ f^{-1}$

(3) 역함수의 그래프의 성질: 함수 $y=f(x)$의 그래프와 그 역함수 $y=f^{-1}(x)$의 그래프는 직선 $y=x$에 대하여 대칭이다.

기본 다지기

해답 26쪽

1 함수 $f: X \longrightarrow Y$가 오른쪽 그림과 같을 때, 치역을 구하시오.

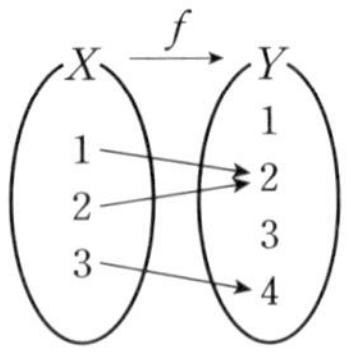

2 실수 전체의 집합에서 정의된 함수 f에 대하여 보기에서 일대일대응인 것만을 있는 대로 고르시오.

보기
ㄱ. $f(x)=2$
ㄴ. $f(x)=-x$
ㄷ. $f(x)=x^2-2$

3 두 함수 $f(x)=-2x+1$, $g(x)=x^2$에 대하여 $(g \circ f)(1)$의 값을 구하시오.

4 함수 $f(x)=3x-9$의 역함수를 $y=ax+b$라 할 때, 상수 a, b에 대하여 ab의 값을 구하시오.

5 함수 $f: X \longrightarrow Y$가 오른쪽 그림과 같을 때, $f^{-1}(5)$의 값을 구하시오.

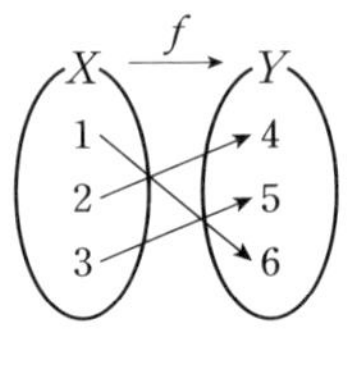

6 함수 $f(x)=-x+3$에 대하여 $f^{-1}(2)=k$를 만족시키는 상수 k의 값을 구하시오.

1 STEP 필수 유형 다지기

| 해답 26쪽 |

유형 1 함수의 뜻

01 ●●○

두 집합 $X=\{-2, 0, 2\}$, $Y=\{-2, -1, 0, 1, 2\}$에 대하여 X의 원소 x에 Y의 원소가 대응할 때, **보기** 중 X에서 Y로의 함수인 것만을 있는 대로 고른 것은?

보기

ㄱ. $x \longrightarrow -x$

ㄴ. $x \longrightarrow x^2-1$

ㄷ. $x \longrightarrow |x|-2$

ㄹ. $x \longrightarrow \begin{cases} -1 & (x<0) \\ 2 & (x\geq 2) \end{cases}$

① ㄱ, ㄷ ② ㄱ, ㄹ ③ ㄴ, ㄷ
④ ㄱ, ㄷ, ㄹ ⑤ ㄱ, ㄴ, ㄷ, ㄹ

02 ●●○

함수 $f(x)=ax-3$의 정의역이 $\{x|-1\leq x\leq 5\}$이고 치역이 $\{y|-5\leq y\leq b\}$일 때, 상수 a, b에 대하여 $a+b$의 값을 구하시오. (단, $a>0$)

유형 2 함숫값

03 ●●○

함수 $f(2-x)=4x-5$에 대하여 $f(-1)+f(0)+f(1)$의 값을 구하시오.

중요

04 ●●●

정의역이 자연수 전체의 집합인 두 함수

$f(n)=(3^n$의 일의 자리 숫자$)$,

$g(n)=(7^n$의 일의 자리 숫자$)$

에 대하여 $f(3)+g(7)$의 값은?

① 4 ② 6 ③ 10
④ 12 ⑤ 16

유형 3 서로 같은 함수

05 ●●○

정의역이 $\{-1, 1\}$인 두 함수 f와 g에 대하여 다음 **보기**에서 $f=g$인 것만을 있는 대로 고른 것은?

보기

ㄱ. $f(x)=0$, $g(x)=x^2-1$

ㄴ. $f(x)=x$, $g(x)=x^3$

ㄷ. $f(x)=x^3+x^2$, $g(x)=x+1$

① ㄱ ② ㄴ ③ ㄱ, ㄴ
④ ㄴ, ㄷ ⑤ ㄱ, ㄴ, ㄷ

06 ●●○ 서술형

정의역이 $\{-1, 0\}$인 두 함수

$f(x)=x^2+2x+3$, $g(x)=a|x-1|+b$

에서 $f=g$가 되도록 하는 상수 a, b에 대하여 $b-a$의 값을 구하시오.

유형 4 여러 가지 함수

07

집합 $X=\{1, 2, 3, 4, 5\}$에서 X로의 두 함수 f, g에 대하여 f는 항등함수이고, g는 상수함수이다. $f(4)=g(3)+g(5)$일 때, $f(2)+g(4)$의 값은?

① 2 ② 3 ③ 4
④ 5 ⑤ 6

08

집합 $X=\{1, 2, 3\}$에 대하여 함수 $f: X \longrightarrow X$는 일대일대응이고 $f(1)+f(2)=4$, $2f(2)>3$일 때, $2f(1)+f(3)$의 값은?

① 2 ② 3 ③ 4
④ 5 ⑤ 6

09

서술형

정의역이 $\{x|x\geq a\}$이고 공역이 실수 전체의 집합인 함수 $f(x)=x^2+2x+k$가 일대일함수이기 위한 실수 a의 최솟값을 m이라 하자. $f(m)=2$일 때, $m+k$의 값을 구하시오.

유형 5 함수의 개수

핵심 전략 두 집합 $X=\{x_1, x_2, \cdots, x_n\}$, $Y=\{y_1, y_2, \cdots, y_m\}$에 대하여 집합 X에서 Y로의
(1) 함수의 개수 ➜ m^n
(2) 일대일함수의 개수 ➜ $m(m-1)(m-2)\times\cdots\times(m-n+1)$ (단, $m\geq n$)
(3) 일대일대응의 개수 ➜ $m(m-1)(m-2)\times\cdots\times2\times1$ (단, $m=n$)
(4) 상수함수의 개수 ➜ m

중요

10

두 집합 $X=\{1, 2, 3\}$, $Y=\{4, 5, 6\}$에 대하여 집합 X에서 Y로의 함수의 개수를 p, 일대일대응의 개수를 q, 상수함수의 개수를 r라 할 때, $p+q+r$의 값을 구하시오.

11

집합 $X=\{-2, 0, 2\}$에서 X로의 함수 f 중에서 $\{f(-2)-2\}\{f(2)+2\}\neq0$을 만족시키는 함수의 개수를 구하시오.

유형 6 합성함수의 뜻과 성질

12

$f(x)=2x-4$, $(h\circ g)(x)=-x+2$일 때, $(h\circ(g\circ f))(3)$의 값을 구하시오.

중요

13

두 함수 $f(x)=ax$, $g(x)=-x-a$에 대하여 $f\circ g=g\circ f$를 만족시키는 모든 상수 a의 값의 합은?

① -2 ② -1 ③ 0
④ 1 ⑤ 2

14 ●●●

서술형

함수 $f(x)=x-1$에 대하여

$$f^1(x)=f(x),\ f^2(x)=(f\circ f)(x),$$
$$f^3(x)=(f^2\circ f)(x),\ \cdots,\ f^{n+1}(x)=(f^n\circ f)(x)$$

라 할 때, $f^{100}(103)$의 값을 구하시오. (단, n은 자연수이다.)

유형 7 역함수의 뜻과 성질

중요

15 ●●○

함수 $f(x)=ax+b$에 대하여 $f^{-1}(1)=0$, $f^{-1}(-5)=3$일 때, $a+b$의 값은? (단, a, b는 상수이다.)

① -2 ② -1 ③ 0
④ 1 ⑤ 2

16 ●●○

실수 전체의 집합에서 정의된 함수

$$f(x)=\begin{cases}(4-a)x-3 & (x\geq 0)\\(a+2)x-3 & (x<0)\end{cases}$$

이 역함수를 갖도록 하는 정수 a의 개수는?

① 3 ② 4 ③ 5
④ 6 ⑤ 7

17 ●●●

함수 $f(x)=x^2+6x-6\ (x\geq -3)$의 그래프와 그 역함수 $y=f^{-1}(x)$의 그래프의 교점의 좌표를 $(a,\ b)$라 할 때, $a+b$의 값을 구하시오.

유형 8 합성함수와 역함수

18 ●●○

두 함수 $f(x)=2x+5$, $g(x)=-4x-1$에 대하여 $(f\circ(g\circ f)^{-1}\circ f)(5)$의 값은?

① -5 ② -4 ③ 4
④ 5 ⑤ 15

19 ●●○

두 함수 $f(x)=x+a$, $g(x)=2x-3$에 대하여 $(f^{-1}\circ g)^{-1}(2)=4$일 때, 상수 a의 값은?

① -4 ② -3 ③ 0
④ 3 ⑤ 4

20 ●●●

오른쪽 그림은 직선 $y=x$와 $x\geq 0$에서 정의된 두 함수 $y=f(x)$와 $y=g(x)$의 그래프이다. $(f\circ g^{-1})(d)$의 값은? (단, 모든 점선은 x축 또는 y축에 평행하다.)

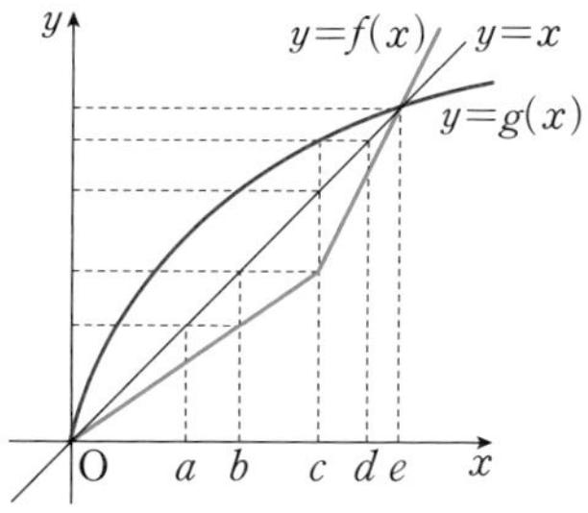

① a ② b ③ c
④ d ⑤ e

심화 빈출

2 STEP 출제 유형 PICK

1 조건을 만족시키는 함수의 개수

| 핵심 전략 | 주어진 조건에 따라 정의역의 각 원소에 대응할 수 있는 공역의 원소의 개수를 따져 본다.

대표 문제 1

두 집합 $X=\{a, b, c\}$, $Y=\{1, 2, 3, 4, 5\}$에 대하여 다음 조건을 만족시키는 함수 $f: X \longrightarrow Y$의 개수는?

(가) 집합 X의 임의의 두 원소 x_1, x_2에 대하여 $f(x_1)=f(x_2)$이면 $x_1=x_2$이다.
(나) 함수 f의 치역의 모든 원소의 합은 홀수이다.

① 12 ② 15 ③ 18
④ 21 ⑤ 24

1-1

집합 $X=\{2, 4, 6, 8\}$에 대하여 집합 X에서 X로의 함수 f 중에서 $f(4)<f(8)$을 만족시키는 일대일대응의 개수는?

① 10 ② 12 ③ 14
④ 16 ⑤ 18

1-2

>>> 학평 기출

집합 $A=\{-2, -1, 0, 1, 2\}$에 대하여 다음 두 조건을 모두 만족하는 함수 f의 개수를 구하시오.

(가) 함수 f는 A에서 A로의 함수이다.
(나) A의 모든 원소 x에 대하여 $f(-x)=-f(x)$이다.

2 합성함수의 그래프

| 핵심 전략 | 합성함수 $y=(g \circ f)(x)$의 그래프는 다음과 같은 순서로 그린다.
① 두 함수 f, g의 식을 구한다. 이때 그래프의 모양이 달라지는 경계가 되는 값을 기준으로 정의역의 범위를 나누어 구한다.
② 함수 $g \circ f$의 식을 구한 후 구간별로 그래프를 그린다.

대표 문제 2

$0 \le x \le 4$에서 정의된 두 함수 $y=f(x)$, $y=g(x)$의 그래프가 다음 그림과 같을 때, 함수 $y=(f \circ g)(x)$의 그래프와 x축으로 둘러싸인 도형의 넓이를 구하시오.

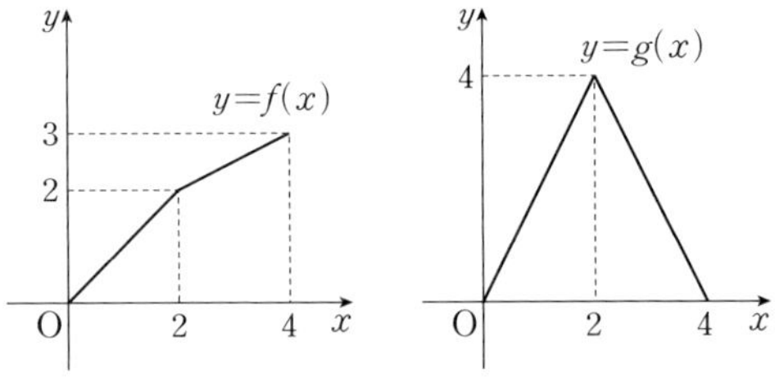

2-1

$0 \le x \le 2$에서 함수 $y=f(x)$의 그래프가 오른쪽 그림과 같다.
$f^1(x)=f(x)$, $f^{n+1}(x)=f(f^n(x))$ $(n=1, 2, 3, \cdots)$라 할 때,
$f\left(\frac{3}{2}\right)+f^2\left(\frac{3}{2}\right)+f^3\left(\frac{3}{2}\right)+\cdots+f^{10}\left(\frac{3}{2}\right)$
의 값을 구하시오.

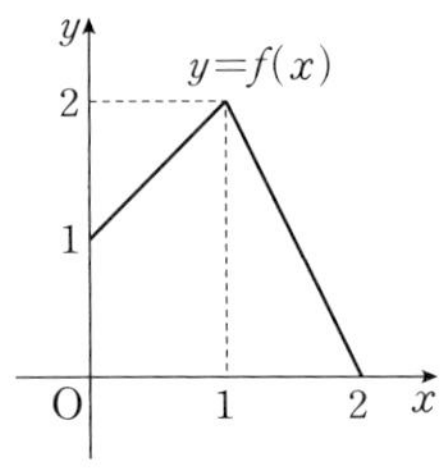

2-2

>>> 학평 기출

그림은 $0 \le x \le 3$에서 정의된 함수 $y=f(x)$의 그래프를 나타낸 것이다. 방정식 $f(f(x))=2-f(x)$의 서로 다른 실근의 개수는?

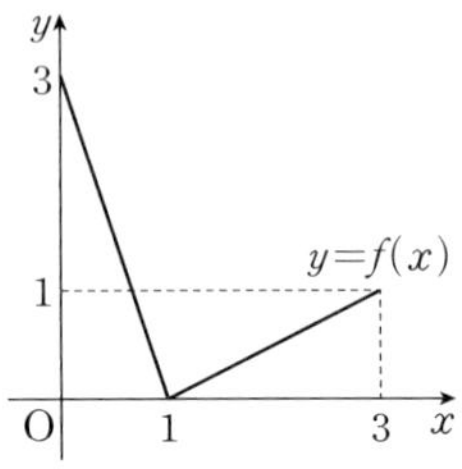

① 1 ② 2
③ 3 ④ 4
⑤ 5

3 절댓값 기호를 포함한 함수의 그래프

핵심 전략 절댓값 기호를 포함한 함수의 그래프는 절댓값 기호 안의 식의 값이 0이 되는 x의 값을 경계로 범위를 나누어 그린다. 이때 경계가 되는 x의 값에서 그래프가 꺾어진다.

대표 문제 3

다음 중 함수 $y=|x+1|+|2x-1|-3$의 그래프와 직선 $mx-y+2m-1=0$이 만나도록 하는 상수 m의 값으로 적당하지 않은 것은?

① -6 ② -4 ③ -2
④ 2 ⑤ 4

4 역함수를 가질 조건

핵심 전략 함수 f의 역함수가 존재하려면 함수 f가 일대일대응이어야 한다.
→ (1) 정의역의 임의의 두 원소 x_1, x_2에 대하여
$x_1 \neq x_2$이면 $f(x_1) \neq f(x_2)$
(2) 치역과 공역이 서로 같다.

대표 문제 4

집합 $X=\{x|-3\leq x\leq a\}$에서 집합 $Y=\{y|14\leq y\leq 30\}$으로의 함수 $f(x)=x^2-4x+b$의 역함수가 존재할 때, 실수 a, b에 대하여 $b-a$의 값은?

① 1 ② 4 ③ 7
④ 10 ⑤ 13

3-1

함수 $y=|2x+2|-2$의 그래프와 직선 $y=a$로 둘러싸인 도형의 넓이가 32일 때, 상수 a의 값을 구하시오.

3-2

»» 학평 기출

함수 $f(x)=|2x-4|$ $(0\leq x\leq 4)$에 대하여 보기에서 옳은 것만을 있는 대로 고른 것은?

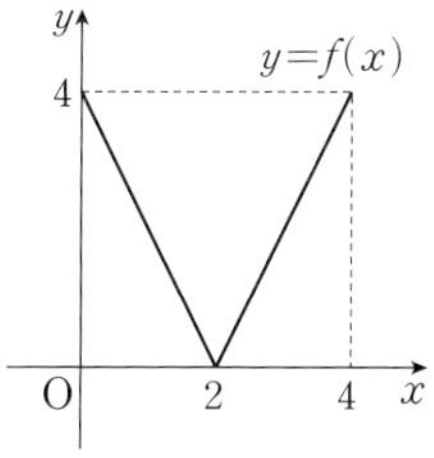

보기
ㄱ. $f(f(1))=0$
ㄴ. 방정식 $f(x)=x$의 모든 실근의 개수는 2이다.
ㄷ. 방정식 $f(f(x))=f(x)$의 모든 실근의 합은 8이다.

① ㄱ ② ㄱ, ㄴ ③ ㄱ, ㄷ
④ ㄴ, ㄷ ⑤ ㄱ, ㄴ, ㄷ

4-1

함수 $f(x)=|3x-2|+kx+1$의 역함수가 존재하도록 하는 음의 정수 k의 최댓값은?

① -5 ② -4 ③ -3
④ -2 ⑤ -1

4-2

»» 학평 기출

집합 $S=\{n|1\leq n\leq 100,\ n$은 9의 배수$\}$의 공집합이 아닌 부분집합 X와 집합 $Y=\{0,\ 1,\ 2,\ 3,\ 4,\ 5,\ 6\}$에 대하여 함수 $f: X \longrightarrow Y$를 $f(n)$은 'n을 7로 나눈 나머지'로 정의하자. 함수 $f(n)$의 역함수가 존재하도록 하는 집합 X의 개수를 구하시오.

예상 기출

3 STEP 만점 도전 하기

A 예상 문제로 마무리

01

두 집합 $X=\{-3,\ -2,\ -1,\ 0,\ 1,\ 2\}$,
$Y=\{-5,\ -4,\ -3,\ -2,\ -1,\ 0,\ 1,\ 2,\ 3,\ 4\}$에 대하여 다음 조건을 만족시키는 함수 $f:X\longrightarrow Y$의 개수를 구하시오.

> (가) 집합 X의 임의의 두 원소 $x_1,\ x_2$에 대하여 $x_1<x_2$이면 $f(x_1)<f(x_2)$이다.
> (나) 집합 X의 임의의 두 원소 $x_1,\ x_2$에 대하여 $x_1+x_2=0$이면 $f(x_1)+f(x_2)=1$이다.

02

두 집합 $X=\{1,\ 2,\ 3,\ 4,\ 5,\ 6,\ 7\}$,
$Y=\{0,\ 1,\ 2,\ 3,\ 4,\ 5,\ 6,\ 7,\ 8,\ 9,\ 10,\ 11\}$에 대하여
함수 $f:X\longrightarrow Y$가 다음 조건을 만족시킬 때, $f(6)$의 값을 구하시오.

> (가) 집합 X의 임의의 두 원소 $m,\ n$에 대하여 $f(mn)=f(m)+f(n)-1$
> (나) 집합 X의 임의의 두 원소 $m,\ n$에 대하여 $m<n$이면 $f(m)<f(n)$

03

두 함수 $f(x)=x+2,\ g(x)=2x$에 대하여 네 함수
$y=(f\circ g)(x),\ y=(g\circ f)(x),\ y=(f\circ g)^{-1}(x)$,
$y=(g\circ f)^{-1}(x)$의 그래프로 둘러싸인 부분의 넓이를 구하시오.

04

집합 $X=\{1,\ 2,\ 3,\ 4\}$에 대하여 일대일대응인 함수
$f:X\longrightarrow X$와 그 역함수 g가 다음 조건을 만족시킬 때,
함수 f의 개수는?
(단, $f^1(x)=f(x),\ f^{n+1}(x)=f(f^n(x))\ (n=1,\ 2,\ 3,\ \cdots)$)

> (가) $f(4)=4$
> (나) $f^{2021}(1)+g^{2021}(1)=5$

① 2 ② 3 ③ 4
④ 5 ⑤ 6

05

정의역이 $\{x\,|\,0\le x\le 6\}$인 두 함수 $y=f(x),\ y=g(x)$는 일대일대응이고 그 그래프는 오른쪽 그림과 같다.
$f^{-1}(t)+g(t)=6$을 만족시키는 실수 t의 개수는? (단, 함수 $y=f(x)$의 그래프는 세 선분으로 되어 있고, 함수 $y=g(x)$의 그래프는 $x=0$에서 최솟값을 갖는 이차함수의 그래프의 일부분이다.)

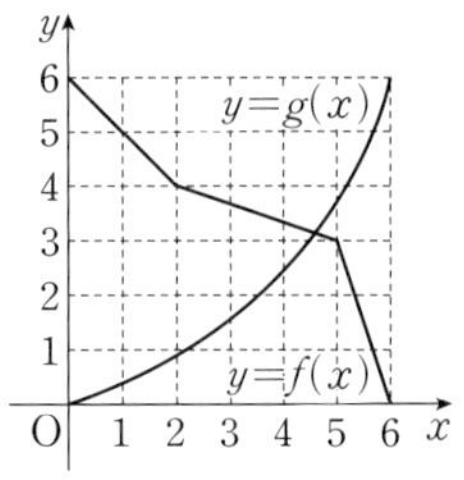

① 1 ② 2 ③ 3
④ 4 ⑤ 5

B 기출 문제로 마무리

06

≫ 학평 기출

자연수 n에 대하여 정의된 함수 $f(n)$이 다음 두 조건을 만족시킨다.

> (가) $f(1)=1$
> (나) $f(2n)=f(n)$, $f(2n+1)=f(n)+1$

$1\le n\le 128$에서 $f(n)$은 $n=a$일 때 최댓값 M을 갖는다. $a+M$의 값을 구하시오.

07

≫ 학평 기출

집합 $X=\{1, 2, 3, 4, 5\}$에 대하여 함수 $f: X \longrightarrow X$가 있다. 함수 f가 일대일대응일 때, **보기**에서 옳은 것만을 있는 대로 고른 것은?

> **보기**
> ㄱ. $f(1)\times f(2)=6$이면 $f(3)+f(4)+f(5)=10$이다.
> ㄴ. 집합 X의 모든 원소 x에 대하여 $(f\circ f)(x)=x$이면 $f(a)=a$인 집합 X의 원소 a가 존재한다.
> ㄷ. 집합 X의 어떤 원소 x에 대하여 $(f\circ f\circ f)(x)=x$이면 $f(b)=b$인 집합 X의 원소 b가 존재한다.

① ㄱ ② ㄷ ③ ㄱ, ㄴ
④ ㄴ, ㄷ ⑤ ㄱ, ㄴ, ㄷ

08

≫ 학평 기출

집합 $X=\{1, 2, 3, 4, 5, 6, 7\}$에 대하여 함수 $f: X \longrightarrow X$가 다음 조건을 만족시킨다.

> (가) 집합 X의 임의의 두 원소 x_1, x_2에 대하여 $x_1\ne x_2$이면 $f(x_1)\ne f(x_2)$이다.
> (나) $1\le x\le 3$일 때, $(f\circ f)(x)=f(x)-2x$이다.

$f(2)+f(3)+f(4)$의 값을 구하시오.

09 레벨 UP

≫ 학평 기출

집합 $X=\{1, 2, 3, 4, 5, 6, 7\}$에 대하여 함수 $f: X \longrightarrow X$가 역함수가 존재하고, 다음 조건을 만족시킨다.

> (가) $x=1, 2, 6$일 때 $(f\circ f)(x)+f^{-1}(x)=2x$이다.
> (나) $f(3)+f(5)=10$

$f(6)\ne 6$일 때, $f(4)\times\{f(6)+f(7)\}$의 값을 구하시오.

10

≫ 학평 기출

최고차항의 계수가 양수인 이차함수 $f(x)$에 대하여 함수 $g(x)$를 다음과 같이 정의하자.

$$g(x)=\begin{cases} -x+4 & (x<-2) \\ f(x) & (-2\le x\le 1) \\ -x-2 & (x>1) \end{cases}$$

함수 $g(x)$의 치역이 실수 전체의 집합이고, 함수 $g(x)$의 역함수가 존재할 때, **보기**에서 옳은 것만을 있는 대로 고른 것은?

> **보기**
> ㄱ. $f(-2)+f(1)=3$
> ㄴ. $g(0)=-1$, $g(1)=-3$이면 곡선 $y=f(x)$의 꼭짓점의 x좌표는 $\frac{5}{2}$이다.
> ㄷ. 곡선 $y=f(x)$의 꼭짓점의 x좌표가 -2이면 $g^{-1}(1)=0$이다.

① ㄱ ② ㄴ ③ ㄱ, ㄴ
④ ㄱ, ㄷ ⑤ ㄱ, ㄴ, ㄷ

06강

Ⅱ. 함수

유리함수

교과서 핵/심/개/념

개념 1 유리식과 그 계산 (유형 ❶, ❷)

(1) 유리식: 두 다항식 A, B에 대하여 $\frac{A}{B}$ $(B\neq0)$ 꼴로 나타내어지는 식

(2) 유리식의 성질: 세 다항식 A, B, C $(B\neq0,\ C\neq0)$에 대하여

① $\frac{A}{B}=\frac{A\times C}{B\times C}$　　② $\frac{A}{B}=\frac{A\div C}{B\div C}$

(3) 유리식의 계산: 네 다항식 A, B, C, D에 대하여

① $\frac{A}{C}+\frac{B}{C}=\frac{A+B}{C}$ $(C\neq0)$　　② $\frac{A}{C}-\frac{B}{C}=\frac{A-B}{C}$ $(C\neq0)$

③ $\frac{A}{B}\times\frac{C}{D}=\frac{AC}{BD}$ $(BD\neq0)$　　④ $\frac{A}{B}\div\frac{C}{D}=\frac{A}{B}\times\frac{D}{C}=\frac{AD}{BC}$ $(BCD\neq0)$

참고 두 다항식 A, B에 대하여 $\frac{1}{AB}=\frac{1}{B-A}\left(\frac{1}{A}-\frac{1}{B}\right)$ (단, $A\neq B$)

개념 2 유리함수 $y=\frac{k}{x}$ $(k\neq0)$의 그래프 (유형 ❸~❼)

(1) 유리함수: 함수 $y=f(x)$에서 $f(x)$가 x에 대한 유리식인 함수

(2) 유리함수의 정의역: 유리함수에서 정의역이 주어지지 않은 경우에는 분모가 0이 되지 않도록 하는 모든 실수의 집합을 정의역으로 한다.

(3) 유리함수 $y=\frac{k}{x}$ $(k\neq0)$의 그래프

① 정의역과 치역은 모두 0이 아닌 실수 전체의 집합이다.

② $k>0$이면 그래프는 제 1, 3사분면에 있고, $k<0$이면 그래프는 제 2, 4사분면에 있다.

③ 그래프는 원점과 직선 $y=x$, $y=-x$에 대하여 대칭이다.

④ 점근선은 x축, y축이다.
└ 곡선 위의 점이 한없이 가까워지는 직선

⑤ $|k|$의 값이 커질수록 그래프는 원점에서 멀어진다.

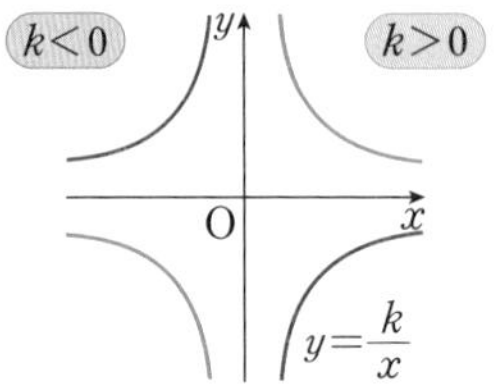

개념 3 유리함수 $y=\frac{k}{x-p}+q$ $(k\neq0)$의 그래프 (유형 ❸~❼)

(1) 유리함수 $y=\frac{k}{x-p}+q$ $(k\neq0)$의 그래프는 유리함수 $y=\frac{k}{x}$의 그래프를 x축의 방향으로 p만큼, y축의 방향으로 q만큼 평행이동한 것이다.

(2) 정의역은 $\{x|x\neq p$인 실수$\}$이고, 치역은 $\{y|y\neq q$인 실수$\}$이다.

(3) 점근선은 두 직선 $x=p$, $y=q$이다.

(4) 그래프는 점 $(p,\ q)$와 직선 $y=x-p+q$, $y=-x+p+q$에 대하여 대칭이다.
└ 두 점근선의 교점

참고 유리함수 $y=\frac{ax+b}{cx+d}$ $(ad-bc\neq0,\ c\neq0)$의 그래프는 $y=\frac{k}{x-p}+q$ $(k\neq0)$ 꼴로 변형하여 그린다.

기본 다지기

| 해답 35쪽 |

1 $\frac{x}{x^2-1}\times\frac{x-1}{x^2+x}$을 계산하시오.

2 다음을 계산하시오.

$$\frac{1}{x(x+1)}+\frac{1}{(x+1)(x+2)}$$

3 함수 $y=\frac{3x+4}{x+1}$의 정의역이 $\{x|x\neq p$인 실수$\}$이고 치역이 $\{y|y\neq q$인 실수$\}$일 때, 상수 p, q에 대하여 $p+q$의 값은?

① 2　② 3　③ 4　④ 5　⑤ 6

4 함수 $y=\frac{2x-1}{x-2}$의 그래프는 함수 $y=\frac{3}{x}$의 그래프를 x축의 방향으로 p만큼, y축의 방향으로 q만큼 평행이동한 것이다. 상수 p, q에 대하여 pq의 값은?

① 1　② 2　③ 4　④ 6　⑤ 8

핵심 빈출

1 STEP 필수 유형 다지기

| 해답 35쪽 |

유형 1 유리식과 그 계산

01 ●○○

$A\times\dfrac{x^2-x-2}{x^2+2x-3}\div\dfrac{x^2-1}{x+3}=1$일 때, 유리식 A를 구하시오.

02 ●●○

분모를 0으로 만들지 않는 모든 실수 x에 대하여 등식

$$\frac{5x-1}{x^2-1}=\frac{a}{x-1}+\frac{b}{x+1}$$

가 성립할 때, ab의 값은? (단, a, b는 상수이다.)

① -6 ② -2 ③ 2 ④ 6 ⑤ 10

03 ●●○ 서술형

분모를 0으로 만들지 않는 모든 실수 x에 대하여 다항식 $f(x)$가 다음 등식을 만족시킨다.

$$\frac{f(x)}{x(x+1)}=\frac{a}{x}+\frac{b}{x+1}$$

$f(0)=2$, $f(-1)=3$일 때, 상수 a, b에 대하여 $a+b$의 값을 구하시오.

유형 2 특수한 형태의 분수식의 계산

| 핵심 전략 | $\dfrac{1}{AB}=\dfrac{1}{B-A}\left(\dfrac{1}{A}-\dfrac{1}{B}\right)$ (단, $A\neq B$)

04 ●●○

분모를 0으로 만들지 않는 모든 실수 x에 대하여 등식

$$\frac{2}{x(x+1)}+\frac{4}{(x+1)(x+3)}=\frac{a}{x(x+b)}$$

가 성립할 때, $a+b$의 값은? (단, a, b는 상수이다.)

① 6 ② 7 ③ 8 ④ 9 ⑤ 10

05 ●●● 서술형

다음을 간단히 하시오.

$$\frac{2}{(x+1)(x+3)}+\frac{2}{(x+3)(x+5)}+\cdots+\frac{2}{(x+13)(x+15)}$$

유형 3 유리함수의 그래프

중요

06 ●●○

함수 $y=\dfrac{1}{x-3}+2$의 그래프를 x축의 방향으로 p만큼, y축의 방향으로 q만큼 평행이동하면 $y=\dfrac{11-2x}{x-5}$의 그래프와 일치할 때, 상수 p, q에 대하여 $p+q$의 값을 구하시오.

07 ●●○

함수 $y=\frac{4x+5}{x+2}$의 그래프에 대한 설명으로 옳은 것만을 **보기**에서 있는 대로 고른 것은?

• 보기 •
ㄱ. 정의역은 $\{x|x\neq 2$인 실수$\}$이다.
ㄴ. 함수 $y=-\frac{3}{x}$의 그래프를 x축의 방향으로 -2만큼, y축의 방향으로 4만큼 평행이동한 것이다.
ㄷ. 제1, 2, 3사분면을 지난다.
ㄹ. 점 $(2, 4)$에 대하여 대칭이다.

① ㄱ, ㄷ　② ㄴ, ㄷ　③ ㄱ, ㄴ, ㄹ
④ ㄴ, ㄷ, ㄹ　⑤ ㄱ, ㄴ, ㄷ, ㄹ

중요

08 ●●●

함수 $y=\frac{2x+1}{x+1}$의 그래프와 직선 $y=mx+2$가 한 점에서 만나도록 하는 상수 m의 값은?

① 1　② 2　③ 3
④ 4　⑤ 5

유형 4 유리함수의 최대, 최소

09 ●●○

$-1\leq x\leq 2$에서 함수 $y=-\frac{4}{x+2}+2$의 최댓값을 M, 최솟값을 m이라 할 때, $M+m$의 값은?

① -2　② -1　③ 0
④ 1　⑤ 2

10 ●●●

함수 $y=\frac{3x-2}{x-1}$의 치역이 $\{y|3<y\leq 4\}$일 때, 다음 중 정의역에 속하는 원소가 아닌 것은?

① 1　② 2　③ 3
④ 4　⑤ 5

유형 5 유리함수의 그래프의 점근선의 활용

11 ●●○

서술형

두 함수 $y=\frac{-2x+1}{x-3}$, $y=\frac{bx+7}{x+a}$의 그래프의 점근선이 같을 때, 상수 a, b에 대하여 ab의 값을 구하시오.

12 ●●○

함수 $y=\frac{ax+b}{x+c}$의 그래프가 점 $(1, -3)$을 지나고 점근선의 방정식이 $x=-2$, $y=2$일 때, 상수 a, b, c에 대하여 $a+b+c$의 값을 구하시오.

중요

13 ●●○

함수 $y=\frac{5-3x}{x-2}$의 그래프가 점 (a, b)에 대하여 대칭일 때, $a+b$의 값은?

① -1　② 0　③ 1
④ 2　⑤ 3

14 ●●●

함수 $y=\dfrac{4x-3}{2x-1}$의 그래프가 직선 $y=x+a$와 $y=-x+b$에 대하여 각각 대칭일 때, 상수 a, b에 대하여 $a+3b$의 값은?

① 6 ② 7 ③ 8 ④ 9 ⑤ 10

유형 ⑥ 그래프를 이용하여 유리함수의 식 구하기

15 ●○○

함수 $y=\dfrac{c}{x+a}+b$의 그래프가 오른쪽 그림과 같을 때, 상수 a, b, c에 대하여 $a+b+c$의 값은?

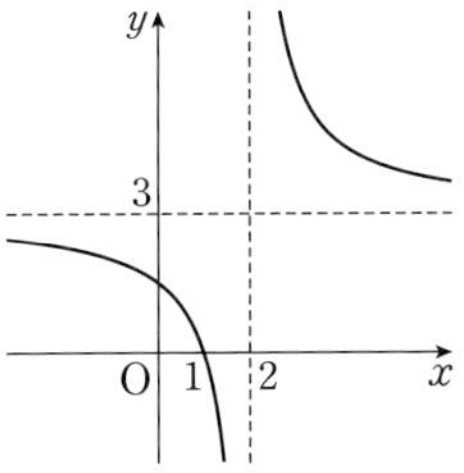

① 1 ② 2 ③ 3 ④ 4 ⑤ 5

16 ●●○

함수 $y=\dfrac{ax+b}{x+c}$의 그래프가 오른쪽 그림과 같을 때, 상수 a, b, c에 대하여 abc의 값은?

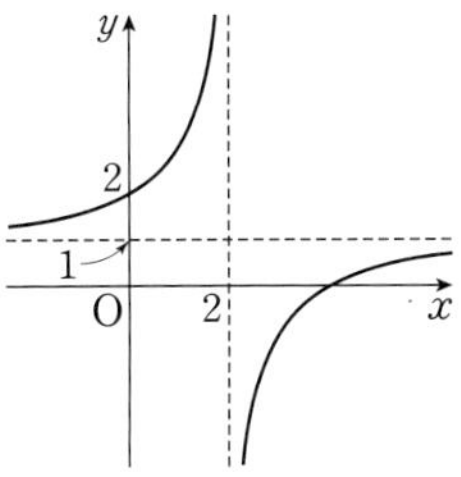

① 4 ② 6 ③ 8 ④ 10 ⑤ 12

유형 ⑦ 유리함수의 합성함수와 역함수

17 ●●○

함수 $f(x)=\dfrac{ax+3}{4-2x}$에 대하여 $(f\circ f)(x)=x$일 때, 상수 a의 값은?

① -4 ② -2 ③ 0 ④ 2 ⑤ 4

18 ●●○

함수 $f(x)=\dfrac{ax+b}{x-3}$의 그래프와 그 역함수의 그래프가 모두 점 $(5,\ 4)$를 지날 때, 상수 a, b에 대하여 $a-b$의 값을 구하시오.

19 ●●○ 서술형

함수 $y=\dfrac{5x-2}{x-4}$의 역함수의 그래프의 점근선의 방정식이 $x=a$, $y=b$일 때, 상수 a, b에 대하여 $2a+b$의 값을 구하시오.

중요

20 ●●●

함수 $f(x)=\dfrac{x}{3x+5}$의 역함수를 $f^{-1}(x)$라 할 때, $(f\circ(f\circ f)^{-1})(2)$의 값은?

① -2 ② -1 ③ 0 ④ 1 ⑤ 2

심화 빈출

2 STEP 출제 유형 PICK

1 유리함수의 그래프가 지나는 사분면

| 핵심 전략 | 함수 $y=\frac{ax+b}{cx+d}$의 그래프는 함수의 식을 $y=\frac{k}{x-p}+q$ $(k\neq0)$ 꼴로 변형하여 그려 본다. 이때 그래프가 특정한 사분면을 지나거나 지나지 않는 경우를 찾는다.

대표 문제 1

함수 $y=\frac{kx+2k+4}{x+2}$의 그래프가 모든 사분면을 지나도록 하는 실수 k의 값의 범위는?

① $k<-2$　② $-2<k<0$
③ $-2\le k<0$　④ $0<k<2$
⑤ $0<k\le2$

1-1

함수 $y=\frac{k}{x-1}+1$의 그래프가 제3사분면을 지나도록 하는 정수 k의 최솟값을 구하시오. (단, $k\neq0$)

1-2

≫ 학평 기출

함수 $y=\frac{3x+k-10}{x+1}$의 그래프가 제4사분면을 지나도록 하는 모든 자연수 k의 개수는?

① 5　② 7　③ 9
④ 11　⑤ 13

2 유리함수의 그래프와 직선 활용

| 핵심 전략 | 유리함수 $y=f(x)$의 그래프를 그리고, 직선 $y=g(x)$가 지나는 점을 이용하여 조건을 만족시키는 경우를 찾는다.

대표 문제 2

$4\le x\le6$에서 부등식

$$mx+2\le\frac{2x-3}{x-3}\le nx+2$$

가 항상 성립할 때, 실수 m, n에 대하여 m의 최댓값과 n의 최솟값의 합은?

① $\frac{3}{4}$　② $\frac{5}{6}$　③ $\frac{7}{8}$
④ $\frac{9}{10}$　⑤ $\frac{11}{12}$

2-1

직선 $x=a$가 두 함수 $y=\frac{2}{2x-1}$, $y=-4x$의 그래프와 만나는 점을 각각 P, Q라 할 때, 선분 PQ의 길이의 최솟값을 구하시오. $\left(단,\ a>\frac{1}{2}\right)$

2-2

≫ 학평 기출

곡선 $y=\frac{2}{x}$와 직선 $y=-x+k$가 제1사분면에서 만나는 서로 다른 두 점을 각각 A, B라 하자. $\angle ABC=90^\circ$인 점 C가 곡선 $y=\frac{2}{x}$ 위에 있다. $\overline{AC}=2\sqrt{5}$가 되도록 하는 상수 k에 대하여 k^2의 값을 구하시오. (단, $k>2\sqrt{2}$)

3 유리함수의 그래프의 대칭성

핵심 전략 유리함수 $y=\frac{k}{x-p}+q\ (k\neq0)$의 그래프는 두 점근선의 교점 (p, q)에 대하여 대칭이고, 직선 $y=x-p+q$, $y=-x+p+q$에 대하여 대칭이다.

대표 문제 3

함수 $y=f(x)$의 그래프는 곡선 $y=-\frac{4}{x}$를 평행이동한 것이고 직선 $y=x$에 대하여 대칭이다. 함수 $f(x)$의 정의역이 $\{x\,|\,x\neq3$인 모든 실수$\}$일 때, $f(2)$의 값을 구하시오.

3-1

함수 $y=\frac{2x+b}{x+a}$의 그래프가 점 $(-2, -1)$을 지나고 점 $(3, c)$에 대하여 대칭일 때, 상수 a, b, c에 대하여 $a+b+c$의 값은?

① 2 ② 4 ③ 6
④ 8 ⑤ 10

3-2

≫ 학평 기출

함수 $f(x)=\frac{a}{x-6}+b$에 대하여 함수 $y=\left|f(x+a)+\frac{a}{2}\right|$의 그래프가 y축에 대하여 대칭일 때, $f(b)$의 값은?

(단, a, b는 상수이고, $a\neq0$이다.)

① $-\frac{25}{6}$ ② -4 ③ $-\frac{23}{6}$
④ $-\frac{11}{3}$ ⑤ $-\frac{7}{2}$

4 유리함수의 그래프와 도형 활용

핵심 전략 유리함수의 그래프를 지나는 점의 좌표와 주어진 도형의 성질을 이용하여 도형의 넓이 또는 둘레의 길이를 구한다.

대표 문제 4

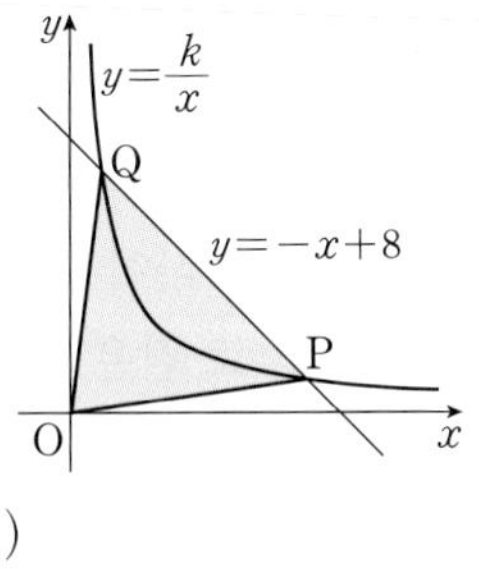

오른쪽 그림과 같이 함수 $y=\frac{k}{x}\ (k>0)$의 그래프가 직선 $y=-x+8$과 두 점 P, Q에서 만난다. 삼각형 OPQ의 넓이가 20일 때, 상수 k에 대하여 $4k$의 값을 구하시오. (단, O는 원점이다.)

4-1

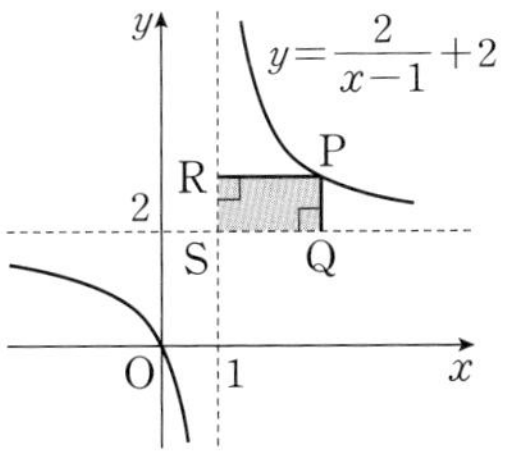

오른쪽 그림과 같이 함수 $y=\frac{2}{x-1}+2$의 그래프 위의 한 점 P에서 이 함수의 그래프의 두 점근선에 내린 수선의 발을 각각 Q, R라 하고, 두 점근선의 교점을 S라 할 때, 사각형 PRSQ의 둘레의 길이의 최솟값을 구하시오.

(단, 점 P는 제1사분면 위의 점이다.)

4-2

≫ 학평 기출

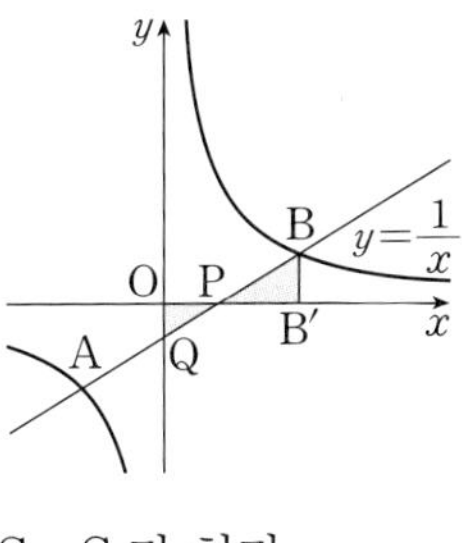

곡선 $y=\frac{1}{x}$ 위의 두 점 $A(-1, -1)$, $B\left(a, \frac{1}{a}\right)\ (a>1)$을 지나는 직선이 x축, y축과 만나는 점을 각각 P, Q라 하자. 점 B에서 x축에 내린 수선의 발을 B′이라 할 때, 두 삼각형 POQ, PB′B의 넓이를 각각 S_1, S_2라 하자. S_1+S_2의 최솟값은? (단, O는 원점이다.)

① $\frac{2-\sqrt{3}}{2}$ ② $\frac{\sqrt{2}-1}{2}$ ③ $2-\sqrt{3}$
④ $\frac{\sqrt{3}-1}{2}$ ⑤ $\sqrt{2}-1$

3 STEP 만점 도전 하기

A 예상 문제로 마무리

01

어느 에어컨은 실내온도를 x도 낮추는 데 드는 전력이 y kw라 할 때, $y=\dfrac{ax+b}{20-2x}$ $(0<x<10)$인 관계가 성립한다. 이 에어컨을 이용하여 실내온도를 2도 낮추는 데 드는 전력의 2배의 전력으로 같은 실내의 온도를 4도 낮출 수 있다고 한다. 이 에어컨을 이용하여 실내온도를 3도 낮추는 데 드는 전력의 7배의 전력으로 같은 실내의 온도를 t도 낮출 수 있다고 할 때, t의 값은?

(단, a, b는 상수이고 $a>0$, $b>0$, $b+10a\neq0$이다.)

① 7　② $\dfrac{22}{3}$　③ $\dfrac{23}{3}$
④ 8　⑤ $\dfrac{25}{3}$

02

두 함수

$$f(x)=\begin{cases}\dfrac{1}{x-3}+2 & (x<3)\\ x+a & (x\geq3)\end{cases},\quad g(x)=\begin{cases}x & (x<2)\\ x+a^2-3 & (x\geq2)\end{cases}$$

에 대하여 실수 전체의 집합에서 함수 $g(f(x))$의 역함수가 존재하도록 하는 실수 a의 값을 구하시오.

03

함수 $f(x)=\dfrac{x}{x-3}$ $(x>3)$와 함수 $g(x)$가 $(f\circ g)(x)=x$를 만족시킨다. 함수 $y=f(x)$의 그래프 위의 점 $\mathrm{P}(a, b)$와 함수 $y=g(x)$ 위의 점 $\mathrm{Q}(c, d)$에 대하여 점 P와 점 Q를 직선 $y=x$에 대하여 대칭이동한 점을 각각 R, S라 할 때, 다음 조건을 만족시키는 a의 값을 구하시오.

(단, a, b, c, d는 상수이고 $3<a<4$이다.)

> (가) $c=a-1$
> (나) 사각형 PQSR는 직사각형이다.

04

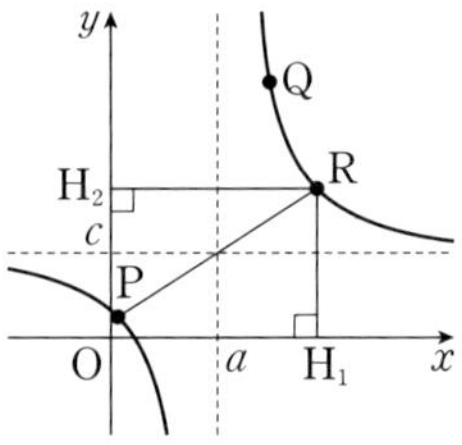

오른쪽 그림과 같이 유리함수 $y=\dfrac{b}{x-a}+c$ (a, b, c는 양수)의 그래프 위의 임의의 두 점 P, Q에 대하여 이 그래프의 두 점근선의 교점과 점 P를 지나는 직선이 이 그래프와 만나는 점 중 P가 아닌 점을 R라 하자. 또, 점 R에서 x축과 y축에 내린 수선의 발을 각각 $\mathrm{H_1}$, $\mathrm{H_2}$라 할 때, **보기**에서 옳은 것만을 있는 대로 고른 것은? (단, P, Q, R는 모두 서로 다른 점이고, 점 P의 x좌표는 a보다 작다.)

> **보기**
> ㄱ. $a=c$이고 직사각형 $\mathrm{OH_1RH_2}$가 정사각형이면 점 R의 x좌표는 $a+\sqrt{b}$이다.
> ㄴ. 직선 PR가 원점을 지나면 점 P의 x좌표와 점 R의 x좌표의 곱은 a^2이다.
> ㄷ. 직선 PQ의 기울기와 직선 QR의 기울기의 합은 0이다.

① ㄱ　② ㄱ, ㄴ　③ ㄱ, ㄷ
④ ㄴ, ㄷ　⑤ ㄱ, ㄴ, ㄷ

B 기출 문제로 마무리

05

≫ 학평 기출

그림과 같이 점 A$(-2,\ 2)$와 곡선 $y=\dfrac{2}{x}$ 위의 두 점 B, C가 다음 조건을 만족시킨다.

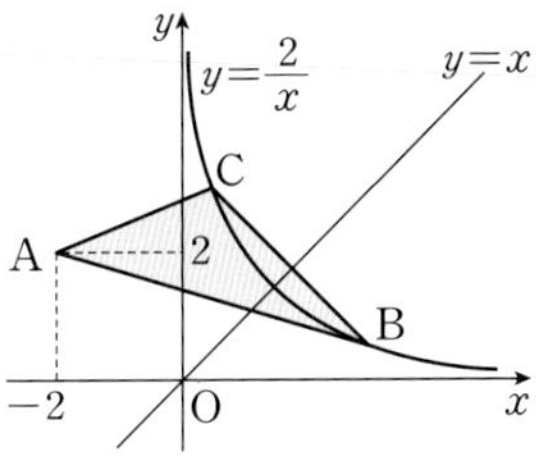

(가) 점 B와 점 C는 직선 $y=x$에 대하여 대칭이다.
(나) 삼각형 ABC의 넓이는 $2\sqrt{3}$이다.

점 B의 좌표를 $(\alpha,\ \beta)$라 할 때, $\alpha^2+\beta^2$의 값은? (단, $\alpha>\sqrt{2}$)

① 5 ② 6 ③ 7
④ 8 ⑤ 9

06

≫ 학평 기출

두 함수

$$f(x)=-\frac{1}{x}+k,\ g(x)=\frac{1}{x-1}-k$$

가 있다. 정수 k에 대하여 두 곡선 $y=f(x)$, $y=g(x)$의 교점 중 x좌표가 양수인 점의 개수를 $h(k)$라 하자. 등식

$$h(k)+h(k+1)+h(k+2)=4$$

를 만족시키는 정수 k의 값은?

① -2 ② -1 ③ 0
④ 1 ⑤ 2

07

≫ 학평 기출

유리함수 $f(x)=\dfrac{2x+b}{x-a}$가 다음 조건을 만족시킨다.

(가) 2가 아닌 모든 실수 x에 대하여
$f^{-1}(x)=f(x-4)-4$
이다.
(나) 함수 $y=f(x)$의 그래프를 평행이동하면 함수 $y=\dfrac{3}{x}$의 그래프와 일치한다.

$a+b$의 값은? (단, a, b는 상수이다.)

① 1 ② 2 ③ 3
④ 4 ⑤ 5

08 레벨 UP

≫ 학평 기출

최고차항의 계수가 양수인 이차함수 $f(x)$와 $x<5$에서 정의된 함수 $g(x)=1-\dfrac{2}{x-5}$가 있다. 3보다 작은 실수 t에 대하여 $t\le x\le t+2$에서 함수 $(f\circ g)(x)$의 최솟값을 $h(t)$라 할 때, $h(t)$는 다음 조건을 만족시킨다.

(가) $h(t)=\begin{cases} f(g(t+2)) & (t<1) \\ 6 & (1\le t<3) \end{cases}$
(나) $h(-1)=7$

$f(5)$의 값을 구하시오.

Ⅱ. 함수

07강 무리함수

교과서 핵/심/개/념

개념 1 무리식과 그 계산 (유형 ❶, ❷)

(1) 무리식: 근호 안에 문자가 포함되어 있는 식 중에서 유리식으로 나타낼 수 없는 식

참고 무리식의 값이 실수가 될 조건: (근호 안의 식의 값)≥ 0, (분모의 값)$\neq 0$

(2) 제곱근의 성질: 두 실수 a, b에 대하여

① $\sqrt{a^2}=|a|=\begin{cases} a\ (a\geq 0) \\ -a\ (a<0) \end{cases}$ ② $(\sqrt{a})^2=a$ (단, $a\geq 0$)

③ $\sqrt{a}\sqrt{b}=\sqrt{ab}$ (단, $a>0$, $b>0$) ④ $\dfrac{\sqrt{a}}{\sqrt{b}}=\sqrt{\dfrac{a}{b}}$ (단, $a>0$, $b>0$)

(3) 분모의 유리화: $a>0$, $b>0$일 때

① $\dfrac{a}{\sqrt{b}}=\dfrac{a\sqrt{b}}{\sqrt{b}\sqrt{b}}=\dfrac{a\sqrt{b}}{b}$

② $\dfrac{c}{\sqrt{a}+\sqrt{b}}=\dfrac{c(\sqrt{a}-\sqrt{b})}{(\sqrt{a}+\sqrt{b})(\sqrt{a}-\sqrt{b})}=\dfrac{c(\sqrt{a}-\sqrt{b})}{a-b}$

개념 2 무리함수 $y=\pm\sqrt{ax}\,(a\neq 0)$의 그래프 (유형 ❸)

(1) 무리함수: 함수 $y=f(x)$에서 $f(x)$가 x에 대한 무리식인 함수

(2) 무리함수의 정의역: 무리함수에서 정의역이 주어지지 않은 경우에는 근호 안의 식의 값이 0 이상이 되도록 하는 모든 실수의 집합을 정의역으로 한다.

(3) 무리함수 $y=\pm\sqrt{ax}$ $(a\neq 0)$의 그래프

① 무리함수 $y=\sqrt{ax}$ $(a\neq 0)$의 그래프

(ⅰ) $a>0$일 때, 정의역은 $\{x|x\geq 0\}$이고 치역은 $\{y|y\geq 0\}$이다.

(ⅱ) $a<0$일 때, 정의역은 $\{x|x\leq 0\}$이고 치역은 $\{y|y\geq 0\}$이다.

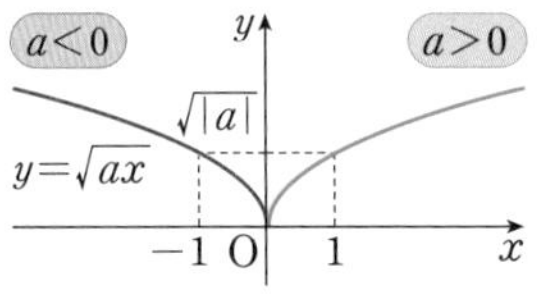

② 무리함수 $y=-\sqrt{ax}$ $(a\neq 0)$의 그래프

(ⅰ) $a>0$일 때, 정의역은 $\{x|x\geq 0\}$이고 치역은 $\{y|y\leq 0\}$이다.

(ⅱ) $a<0$일 때, 정의역은 $\{x|x\leq 0\}$이고 치역은 $\{y|y\leq 0\}$이다.

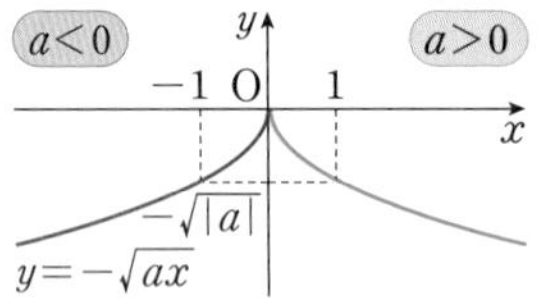

참고 무리함수 $y=-\sqrt{ax}$ $(a\neq 0)$의 그래프는 무리함수 $y=\sqrt{ax}$의 그래프와 x축에 대하여 대칭이다.

개념 3 무리함수 $y=\sqrt{a(x-p)}+q\,(a\neq 0)$의 그래프 (유형 ❸~❾)

(1) 무리함수 $y=\sqrt{a(x-p)}+q$ $(a\neq 0)$의 그래프는 무리함수 $y=\sqrt{ax}$의 그래프를 x축의 방향으로 p만큼, y축의 방향으로 q만큼 평행이동한 것이다.

(2) $a>0$일 때 정의역은 $\{x|x\geq p\}$이고, 치역은 $\{y|y\geq q\}$이다.

$a<0$일 때 정의역은 $\{x|x\leq p\}$이고, 치역은 $\{y|y\geq q\}$이다.

참고 무리함수 $y=\sqrt{ax+b}+c$의 그래프는 $y=\sqrt{a(x-p)}+q$ 꼴로 변형하여 그린다.

기본 다지기

해답 45쪽

1 무리식 $\sqrt{6-x}$의 값이 실수가 되도록 하는 x의 값의 범위를 구하시오.

2 $f(x)=\dfrac{1}{1+\sqrt{x}}+\dfrac{1}{1-\sqrt{x}}$일 때, $f(3)$의 값을 구하시오.

3 함수 $y=\sqrt{2x+4}-4$의 정의역이 $\{x|x\geq a\}$이고 치역이 $\{y|y\geq b\}$일 때, 상수 a, b에 대하여 ab의 값을 구하시오.

4 함수 $y=\sqrt{ax+3}$의 그래프가 점 $(1, 3)$을 지날 때, 상수 a의 값은?

① 2 ② 3 ③ 4 ④ 5 ⑤ 6

5 함수 $y=-\sqrt{x}$의 그래프를 x축의 방향으로 a만큼, y축의 방향으로 b만큼 평행이동하면 함수 $y=-\sqrt{x+1}+3$의 그래프와 일치할 때, 상수 a, b에 대하여 $a+b$의 값은?

① 1 ② 2 ③ 3 ④ 4 ⑤ 5

핵심 빈출

1 STEP 필수 유형 다지기

| 해답 45쪽 |

유형 ① 무리식의 값이 실수가 되기 위한 조건

01

무리식 $\frac{\sqrt{x+5}}{\sqrt{6-x}}$의 값이 실수가 되도록 하는 정수 x의 개수는?

① 10 ② 11 ③ 12
④ 13 ⑤ 14

중요

02

무리식 $\sqrt{-x^2+3x+10}$의 값이 실수가 되도록 하는 정수 x의 최댓값을 구하시오.

유형 ② 무리식의 계산

03

$\frac{4}{\sqrt{x+3}-\sqrt{x+1}}=a(\sqrt{x+b}+\sqrt{x+1})$일 때, 상수 a, b에 대하여 $a+b$의 값을 구하시오.

04

무리식 $f(x)$가

$$f(x)=\frac{1}{\sqrt{x}+\sqrt{x+1}}+\frac{1}{\sqrt{x+1}+\sqrt{x+2}}+\frac{1}{\sqrt{x+2}+\sqrt{x+3}}$$

일 때, $f(1)$의 값은?

① $-\sqrt{2}$ ② -1 ③ 1
④ $\sqrt{2}$ ⑤ 2

유형 ③ 무리함수의 정의역과 치역

중요

05

함수 $y=\sqrt{4-2x}+b$의 정의역이 $\{x|x\leq a\}$이고 치역이 $\{y|y\geq -3\}$일 때, 상수 a, b에 대하여 ab의 값을 구하시오.

06

유리함수 $y=\frac{ax+1}{x+b}$의 그래프의 점근선의 방정식이 $x=2$, $y=9$일 때, 무리함수 $y=\sqrt{bx+a}$의 정의역에 속하는 자연수 x의 개수를 구하시오. (단, a, b는 상수이다.)

유형 ④ 무리함수의 그래프의 평행이동과 대칭이동

07

함수 $y=\sqrt{ax}$의 그래프를 x축의 방향으로 -3만큼, y축의 방향으로 -2만큼 평행이동하면 점 $(1, 4)$를 지날 때, 상수 a의 값은?

① 1 ② 3 ③ 5
④ 7 ⑤ 9

08

서술형

함수 $y=\sqrt{-2x}$의 그래프를 x축의 방향으로 -2만큼, y축의 방향으로 1만큼 평행이동한 후 원점에 대하여 대칭이동하면 함수 $y=-\sqrt{ax+b}+c$의 그래프와 일치할 때, 상수 a, b, c에 대하여 abc의 값을 구하시오.

유형 5 무리함수의 그래프

09

함수 $y=\sqrt{2-x}-2$의 그래프가 지나는 사분면을 모두 고른 것은?

① 제1, 2, 3사분면 ② 제1, 2, 4사분면
③ 제1, 3, 4사분면 ④ 제2, 3, 4사분면
⑤ 제1, 2, 3, 4사분면

중요

10

함수 $y=-\sqrt{x+1}+2$의 그래프에 대한 설명으로 옳은 것만을 **보기**에서 있는 대로 고른 것은?

보기

ㄱ. 치역은 $\{y|y\le 2\}$이다.
ㄴ. 함수 $y=-\sqrt{x}$의 그래프를 x축의 방향으로 1만큼, y축의 방향으로 2만큼 평행이동한 것이다.
ㄷ. 제3사분면을 지나지 않는다.

① ㄱ ② ㄴ ③ ㄷ
④ ㄱ, ㄴ ⑤ ㄱ, ㄷ

11

함수 $y=-\sqrt{x+3}+k$의 그래프가 제1사분면을 지나도록 하는 정수 k의 최솟값을 구하시오.

유형 6 무리함수의 최대, 최소

핵심 전략 무리함수 $f(x)=\sqrt{ax+b}+c$의 정의역이 $\{x|p\le x\le q\}$일 때
(1) $a>0$이면 → 최솟값: $f(p)$, 최댓값: $f(q)$ ← x의 값이 증가할 때, y의 값도 증가
(2) $a<0$이면 → 최솟값: $f(q)$, 최댓값: $f(p)$ ← x의 값이 증가할 때, y의 값은 감소

12

$-7\le x\le -2$에서 함수 $y=\sqrt{2-x}+3$의 최댓값과 최솟값을 각각 M, m이라 할 때, $M+m$의 값은?

① 7 ② 8 ③ 9
④ 10 ⑤ 11

13

서술형

$4\le x\le 10$에서 함수 $y=\sqrt{2x-a}-2$의 최솟값이 0일 때, 최댓값을 구하시오. (단, $a\le 4$)

유형 7 그래프를 이용하여 무리함수의 식 구하기

핵심 전략 주어진 그래프를 이용하여 무리함수의 식을 구할 때는 다음 순서로 구한다.
① 그래프가 시작하는 점의 좌표 (p, q)를 이용하여 함수의 식을 세운다.
→ $y=\sqrt{a(x-p)}+q$ 또는 $y=-\sqrt{a(x-p)}+q$로 놓는다.
② 그래프가 지나는 점의 좌표를 ①의 식에 대입하여 a의 값을 구한다.

14

함수 $y=a\sqrt{x+b}+c$의 그래프가 오른쪽 그림과 같을 때, 상수 a, b, c에 대하여 abc의 값은?

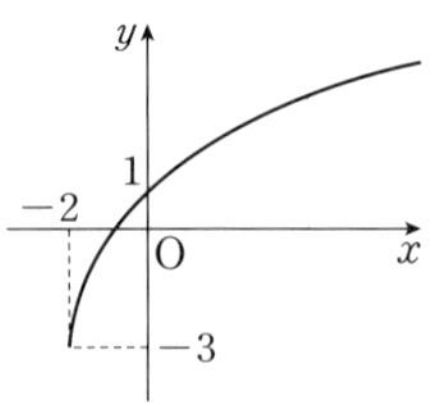

① $-12\sqrt{2}$ ② $-6\sqrt{2}$
③ 0 ④ $6\sqrt{2}$
⑤ $12\sqrt{2}$

15 ●●○

서술형

함수 $y=\sqrt{ax+b}+c$의 그래프가 오른쪽 그림과 같을 때, 상수 a, b, c에 대하여 $a+b+c$의 값을 구하시오.

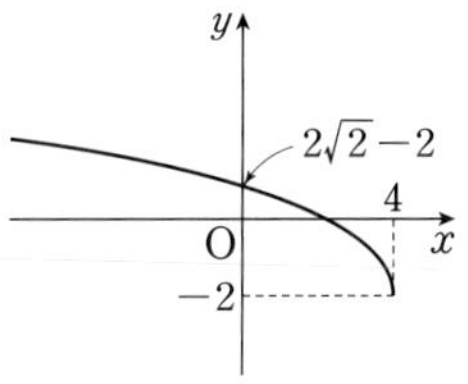

유형 8 무리함수의 그래프와 직선의 위치 관계

| 핵심 전략 | 무리함수 $y=f(x)$의 그래프와 직선 $y=g(x)$가 접하면
→ $f(x)=g(x)$를 정리하여 얻은 이차방정식의 판별식 $D=0$이다.

중요

16 ●●○

함수 $y=\sqrt{1-x}$의 그래프와 직선 $y=-\frac{1}{2}x+k$가 서로 다른 두 점에서 만나도록 하는 실수 k의 값의 범위가 $p\le k<q$일 때, 상수 p, q에 대하여 $2p+q$의 값을 구하시오.

17 ●●●

두 집합

$$A=\{(x, y)\,|\,y=\sqrt{x-4}\},\ B=\{(x, y)\,|\,y=x+k\}$$

에 대하여 $n(A\cap B)\ge 1$을 만족시키는 정수 k의 최댓값은?

① -6　② -5　③ -4
④ -3　⑤ -2

유형 9 무리함수의 합성함수와 역함수

18 ●●○

함수 $f(x)=\sqrt{2x+4}$에 대하여 $f^{-1}(2)+(f^{-1})^{-1}(6)$의 값은?

① 2　② 4　③ 6
④ 8　⑤ 10

19 ●●○

함수 $f(x)=3\sqrt{7-x}$에 대하여 $(f^{-1}\circ f^{-1})(a)=3$을 만족시키는 상수 a의 값을 구하시오.

20 ●●○

서술형

2보다 큰 모든 실수의 집합에서 정의된 두 함수

$$f(x)=\frac{x+1}{x-2},\ g(x)=\sqrt{3x-1}$$

에 대하여 $(f\circ(g\circ f)^{-1}\circ f)(3)$의 값을 구하시오.

21 ●●●

함수 $y=\sqrt{ax+b}$의 그래프와 그 역함수의 그래프가 모두 점 $(1, 2)$를 지날 때, 상수 a, b에 대하여 ab의 값은?

① -21　② -12　③ 4
④ 12　⑤ 21

심화 빈출

2 STEP 출제 유형 PICK

1 무리함수의 그래프가 지나는 사분면

핵심 전략 (1) 무리함수 $y=\sqrt{ax}$의 그래프가 지나는 사분면은
① $a>0$일 때 → 제1사분면 ② $a<0$일 때 → 제2사분면
(2) 무리함수 $y=-\sqrt{ax}$의 그래프가 지나는 사분면은
① $a>0$일 때 → 제4사분면 ② $a<0$일 때 → 제3사분면

대표 문제 1

두 상수 a, b에 대하여 $a<0$, $b>16$일 때, 함수 $y=-\sqrt{ax+b}+4$의 그래프가 지나는 사분면을 모두 고른 것은?

① 제1, 2, 3사분면 ② 제1, 2, 4사분면
③ 제1, 3, 4사분면 ④ 제2, 3, 4사분면
⑤ 제1, 2, 3, 4사분면

1-1

함수 $y=-\sqrt{3(x+a)}+b$의 그래프가 제1, 2, 4사분면을 지날 때, 정수 a, b에 대하여 $a+b$의 최솟값을 구하시오.

1-2

≫ 내신 기출

함수 $y=\sqrt{ax}\,(a<0)$의 그래프를 x축의 방향으로 2만큼 평행이동한 그래프가 함수 $y=\dfrac{-2x-2}{x-1}$의 그래프와 제2사분면에서 만날 때, 실수 a의 값의 범위는?

① $a<-8$ ② $-8<a<-6$
③ $-6<a<-4$ ④ $-4<a<-2$
⑤ $-2<a<0$

2 무리함수의 그래프의 개형

핵심 전략 주어진 함수의 그래프에서 상수 a, b, c의 부호 또는 값을 파악한 후 이를 이용하여 무리함수의 그래프의 개형을 그려 본다.

대표 문제 2

유리함수 $y=\dfrac{a}{x-b}+c$의 그래프가 오른쪽 그림과 같을 때, 무리함수 $y=-\sqrt{ax-b}+c$의 그래프가 지나는 사분면을 모두 고른 것은? (단, a, b, c는 상수이다.)

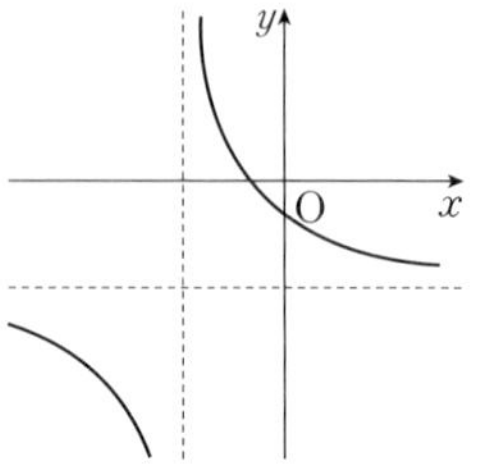

① 제1, 2사분면 ② 제1, 4사분면
③ 제3, 4사분면 ④ 제1, 2, 3사분면
⑤ 제2, 3, 4사분면

2-1

무리함수 $y=a\sqrt{b-cx}$의 그래프가 오른쪽 그림과 같을 때, 무리함수 $y=c\sqrt{x+b}-a$의 그래프가 지나지 않는 사분면은?

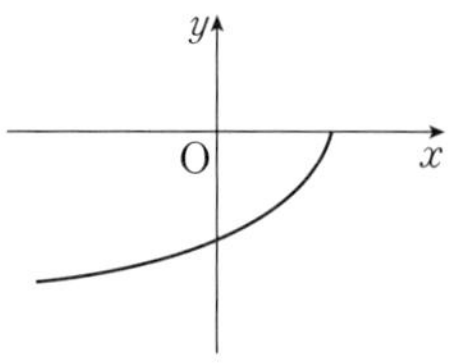

① 제1사분면 ② 제3사분면 ③ 제1, 2사분면
④ 제2, 3사분면 ⑤ 제3, 4사분면

2-2

≫ 학평 기출

꼭짓점의 좌표가 $\left(\dfrac{1}{2}, \dfrac{9}{2}\right)$인 이차함수 $f(x)=ax^2+bx+c$의 그래프가 점 $(0, 4)$를 지날 때, 무리함수 $g(x)=a\sqrt{x+b}+c$에 대하여 옳은 것만을 **보기**에서 있는 대로 고른 것은?

보기

ㄱ. 정의역은 $\{x|x\geq-2\}$이고 치역은 $\{y|y\leq4\}$이다.
ㄴ. 함수 $y=g(x)$의 그래프는 제3사분면을 지난다.
ㄷ. 방정식 $f(x)=0$의 두 근을 α, $\beta(\alpha<\beta)$라 할 때, $\alpha\leq x\leq\beta$에서 함수 $g(x)$의 최댓값은 2이다.

① ㄱ ② ㄴ ③ ㄱ, ㄴ
④ ㄴ, ㄷ ⑤ ㄱ, ㄴ, ㄷ

3 두 곡선 또는 직선과 곡선이 만날 조건

핵심 전략 무리함수 $y=f(x)$의 그래프와 곡선 또는 직선 $y=g(x)$가 만날 조건 구하기
[방법 1] $y=f(x)$, $y=g(x)$의 그래프를 직접 그려 본다.
[방법 2] $\{f(x)\}^2=\{g(x)\}^2$의 판별식 D를 이용한다.

대표 문제 3

$-4\le x\le -2$에서 정의된 두 함수 $y=\frac{x-2}{x+1}$와 $y=\sqrt{-2x}+k$의 그래프가 한 점에서 만나도록 하는 실수 k의 최댓값은?

① 1 ② 2 ③ 3
④ 4 ⑤ 5

3-1

함수 $y=3-\sqrt{4-x}$의 그래프와 직선 $y=-\frac{1}{2}x+k$가 제1사분면에서 만나도록 하는 모든 정수 k의 값의 합을 구하시오.

3-2

≫ 학평 기출

두 함수 $f(x)=\frac{1}{5}x^2+\frac{1}{5}k\ (x\ge 0)$, $g(x)=\sqrt{5x-k}$에 대하여 $y=f(x)$, $y=g(x)$의 그래프가 서로 다른 두 점에서 만나도록 하는 모든 정수 k의 개수는?

① 5 ② 7 ③ 9
④ 11 ⑤ 13

4 무리함수의 그래프와 도형 활용

핵심 전략 무리함수의 그래프를 지나는 점의 좌표와 주어진 도형의 성질을 이용하여 도형의 넓이를 구한다.

대표 문제 4

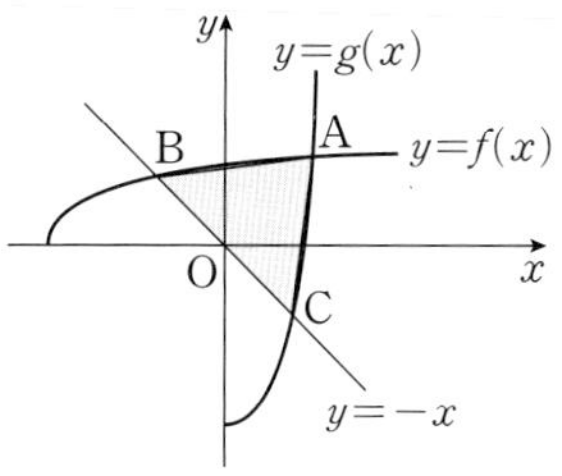

오른쪽 그림과 같이 함수 $f(x)=\sqrt{x+6}$의 그래프와 함수 $g(x)=x^2-6\ (x\ge 0)$의 그래프가 만나는 점을 A라 하고, 직선 $y=-x$가 두 곡선 $y=f(x)$, $y=g(x)$와 만나는 점을 각각 B, C라 할 때, 삼각형 ABC의 넓이를 구하시오.

4-1

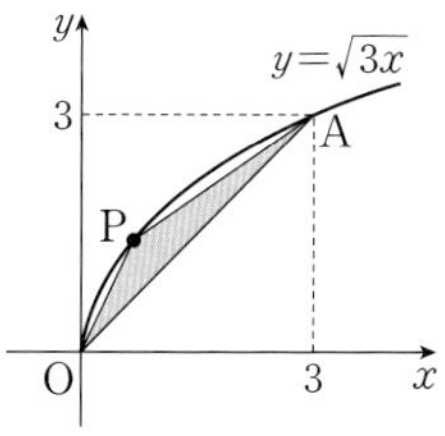

오른쪽 그림과 같이 함수 $y=\sqrt{3x}$의 그래프 위의 점 P가 원점 O와 점 A(3, 3) 사이를 움직일 때, 삼각형 OAP의 넓이의 최댓값은?

① $\frac{3}{8}$ ② $\frac{3}{4}$
③ $\frac{9}{8}$ ④ $\frac{3}{2}$
⑤ $\frac{15}{8}$

4-2

≫ 학평 기출

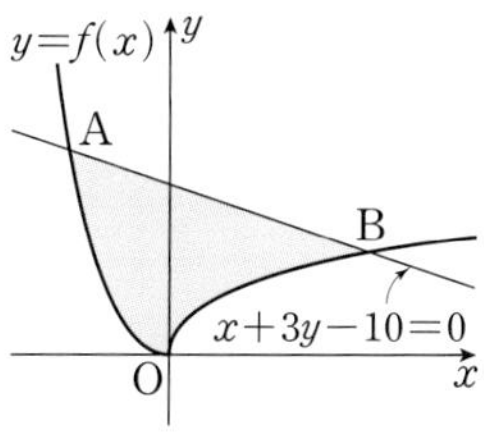

함수 $f(x)=\begin{cases}\sqrt{x} & (x\ge 0)\\ x^2 & (x<0)\end{cases}$의 그래프와 직선 $x+3y-10=0$이 두 점 A(−2, 4), B(4, 2)에서 만난다. 그림과 같이 주어진 함수 $f(x)$의 그래프와 직선으로 둘러싸인 부분의 넓이를 구하시오. (단, O는 원점이다.)

3 STEP 만점 도전 하기

A 예상 문제로 마무리

01

두 함수

$$f(x)=\begin{cases}\sqrt{x-2} & (x\geq 2)\\ \dfrac{1}{x-2}+3 & (x<2)\end{cases},\ g(x)=\begin{cases}\sqrt{x-1} & (x\geq 1)\\ \dfrac{1}{x-1} & (x<1)\end{cases}$$

에 대하여 $(f\circ g^{-1})(0)\times f(a)=4$를 만족시키는 모든 실수 a의 값의 합을 구하시오.

02

두 함수 $f(x)=\dfrac{ax+2}{bx+c}$, $g(x)=-\sqrt{dx+e}+f$에 대하여 함수 $y=f(x)$와 함수 $y=g(x)$의 그래프가 다음 그림과 같을 때,

$$\frac{b\sqrt{f\left(\frac{ac}{b}-2\right)^2}+\sqrt{fa^2c^2}}{\sqrt{\frac{4f}{d^2e^2}}}$$

을 간단히 한 것은?

(단, a, b, c, d, e, f는 0이 아닌 실수이다.)

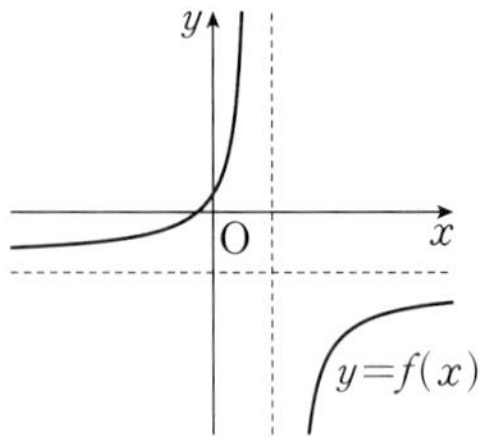

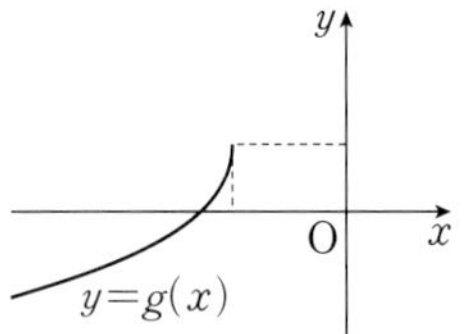

① $(ac-b)de$ ② $\dfrac{(ac-b)de}{f}$ ③ $bdef$

④ $\dfrac{bf}{de}$ ⑤ bde

03

일차함수 $f(x)$와 이차함수 $g(x)$ $(x\geq 0)$에 대하여 두 함수 $f(x)$, $g(x)$가 다음 조건을 만족시킬 때, **보기**에서 항상 옳은 것만을 있는 대로 고른 것은?

(가) 함수 $y=g(x)(x\geq 0)$는 함수 $y=\sqrt{f(x)}$의 역함수이다.
(나) 점 P(1, 2)는 두 함수 $y=g(x)$, $y=\sqrt{f(x)}$의 그래프의 교점이다.

보기

ㄱ. 함수 $y=\sqrt{f(x)}$의 그래프는 제1, 2사분면을 지난다.
ㄴ. 두 함수 $y=g(x)$, $y=\sqrt{f(x)}$의 그래프의 다른 교점을 $\mathrm{Q}(\alpha, \beta)$라 하면 $\alpha+\beta=-3+\sqrt{37}$이다.
ㄷ. 방정식 $f(x)=g(x)$의 두 근의 곱은 14이다.

① ㄱ ② ㄴ ③ ㄷ
④ ㄱ, ㄷ ⑤ ㄴ, ㄷ

04

함수 $f(x)=x^2+4x$ $(x\geq -2)$ 위의 점 $\mathrm{A}(a, b)$와 함수 $g(x)=\sqrt{x+4}-2$ $(x\geq -4)$ 위의 점 $\mathrm{B}(c, d)$ 대하여 점 A를 지나고 기울기가 -1인 직선이 함수 $y=g(x)$의 그래프와 만나는 점을 C, 점 B를 지나고 기울기가 -1인 직선이 함수 $y=f(x)$의 그래프와 만나는 점을 D라 할 때, **보기**에서 옳은 것만을 있는 대로 고른 것은?

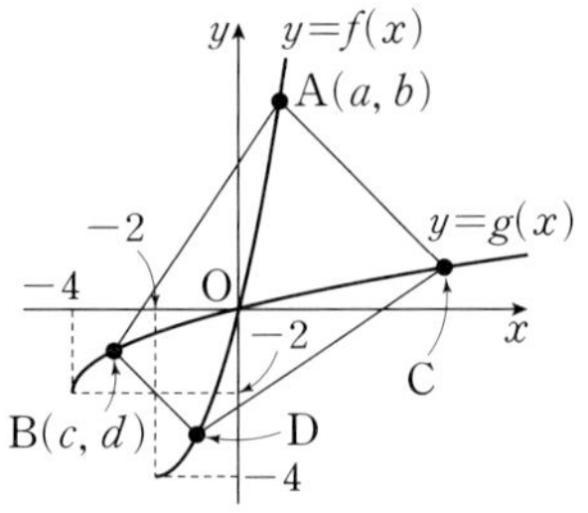

(단, O는 원점이고 $a>0$, $-4<c<0$이다.)

보기

ㄱ. 삼각형 OAB의 넓이와 삼각형 ODC의 넓이는 같다.
ㄴ. 직선 AB의 기울기가 1이면 $a+d=b+c$이다.
ㄷ. 직선 AB의 기울기가 1이면 삼각형 OCA의 넓이와 삼각형 OBD의 넓이는 같다.

① ㄱ ② ㄴ ③ ㄱ, ㄴ
④ ㄴ, ㄷ ⑤ ㄱ, ㄴ, ㄷ

05

실수 전체의 집합에서 정의된 함수 $f(x)$가 다음 조건을 만족시킨다.

> (가) $f(x)=0\ (0\leq x<1)$
> (나) 모든 실수 x에 대하여 $f(x+1)=f(x)+1$이다.

함수 $g(x)=\sqrt{x-k}$에 대하여 함수 $y=|f(x)|$의 그래프와 함수 $y=g(x)$의 그래프의 교점의 개수를 $n(k)$라 할 때,

$$n(-5)+n(-4)+n(-3)+n(-2)+n(-1)$$
$$+n(0)+n(1)+n(2)+n(3)+n(4)+n(5)$$

의 값을 구하시오.

B 기출 문제로 마무리

06

≫ 학평 기출

좌표평면 위의 두 곡선

$$y=-\sqrt{kx+2k}+4,\ y=\sqrt{-kx+2k}-4$$

에 대하여 **보기**에서 옳은 것만을 있는 대로 고른 것은?

(단, k는 0이 아닌 실수이다.)

> •보기•
> ㄱ. 두 곡선은 서로 원점에 대하여 대칭이다.
> ㄴ. $k<0$이면 두 곡선은 한 점에서 만난다.
> ㄷ. 두 곡선이 서로 다른 두 점에서 만나도록 하는 k의 최댓값은 16이다.

① ㄱ　② ㄴ　③ ㄱ, ㄴ　④ ㄱ, ㄷ　⑤ ㄱ, ㄴ, ㄷ

07

≫ 학평 기출

좌표평면에서 두 곡선 $y=2\sqrt{x}$, $y=-\sqrt{x}+6$과 직선 $x=k$로 둘러싸인 영역의 내부 또는 그 경계에 포함되고 x좌표와 y좌표가 모두 정수인 점의 개수가 59가 되도록 하는 자연수 k의 값을 구하시오. (단, $k>4$)

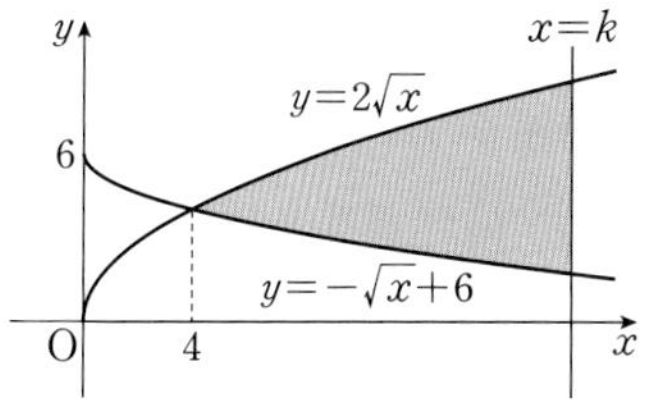

08 레벨 UP

≫ 학평 기출

함수 $f(x)=\sqrt{ax-3}+2\ \left(a\geq\frac{3}{2}\right)$에 대하여 집합 $\{x|x\geq 2\}$에서 정의된 함수

$$g(x)=\begin{cases} f(x) & (f(x)<f^{-1}(x)\text{인 경우}) \\ f^{-1}(x) & (f(x)\geq f^{-1}(x)\text{인 경우}) \end{cases}$$

가 있다. 자연수 n에 대하여 함수 $y=g(x)$의 그래프와 직선 $y=x-n$이 만나는 서로 다른 점의 개수를 $h(n)$이라 하자.

$$h(1)=h(3)<h(2)$$

일 때, $g(4)=\frac{q}{p}$이다. $p+q$의 값을 구하시오.

(단, a는 상수이고, p와 q는 서로소인 자연수이다.)

08강 순열과 조합

교과서 핵/심/개/념

개념 1 합의 법칙과 곱의 법칙 (유형 ①, ②, ③)

(1) 합의 법칙: 두 사건 A, B가 동시에 일어나지 않을 때, 사건 A와 사건 B가 일어나는 경우의 수가 각각 m, n이면

(사건 A 또는 사건 B가 일어나는 경우의 수)$=m+n$

(2) 곱의 법칙: 두 사건 A, B에 대하여 사건 A가 일어나는 경우의 수가 m이고, 그 각각에 대하여 사건 B가 일어나는 경우의 수가 n이면

(두 사건 A, B가 동시에 일어나는 경우의 수)$=m\times n$

참고 ① 사건: 같은 조건에서 반복할 수 있는 실험이나 관찰에 의해 나타나는 결과

② 경우의 수: 사건이 일어나는 가짓수

개념 2 순열 (유형 ④, ⑤, ⑥)

(1) 순열

① 서로 다른 n개에서 $r\,(0<r\leq n)$개를 택하여 일렬로 나열하는 것을 n개에서 r개를 택하는 순열이라 한다.

$_{n}\mathrm{P}_{r}$ — n: 서로 다른 것의 개수, r: 순서를 생각하여 택하는 것의 개수

기호 $_{n}\mathrm{P}_{r}$

② $_{n}\mathrm{P}_{r}=\underbrace{n(n-1)(n-2)\times\cdots\times(n-r+1)}_{r\text{개}}$ (단, $0<r\leq n$)

(2) n의 계승

① 1부터 n까지의 자연수를 차례대로 곱한 것을 n의 계승이라 한다.

기호 $n!$

② $n!=n(n-1)(n-2)\times\cdots\times3\times2\times1$

(3) 순열의 수

① $_{n}\mathrm{P}_{n}=n!$, $0!=1$, $_{n}\mathrm{P}_{0}=1$

② $_{n}\mathrm{P}_{r}=\dfrac{n!}{(n-r)!}$ (단, $0\leq r\leq n$)

개념 3 조합 (유형 ⑦, ⑧)

(1) 조합

① 서로 다른 n개에서 순서를 생각하지 않고 $r\,(0<r\leq n)$개를 택하는 것을 n개에서 r개를 택하는 조합이라 한다.

$_{n}\mathrm{C}_{r}$ — n: 서로 다른 것의 개수, r: 순서를 생각하지 않고 택하는 것의 개수

기호 $_{n}\mathrm{C}_{r}$

② $_{n}\mathrm{C}_{r}=\dfrac{_{n}\mathrm{P}_{r}}{r!}=\dfrac{n(n-1)(n-2)\times\cdots\times(n-r+1)}{r!}$

$=\dfrac{n!}{r!(n-r)!}$ (단, $0\leq r\leq n$)

(2) 조합의 수

① $_{n}\mathrm{C}_{0}=1$, $_{n}\mathrm{C}_{n}=1$

② $_{n}\mathrm{C}_{r}={}_{n}\mathrm{C}_{n-r}$ (단, $0\leq r\leq n$)

③ $_{n}\mathrm{C}_{r}={}_{n-1}\mathrm{C}_{r-1}+{}_{n-1}\mathrm{C}_{r}$ (단, $0\leq r<n$)

기본 다지기

해답 55쪽

1 남학생 4명과 여학생 5명 중에서 대표 1명을 뽑는 경우의 수는?

① 5　② 6　③ 7　④ 8　⑤ 9

2 서로 다른 종류의 빵 3개와 서로 다른 종류의 음료수 4개 중에서 빵 1개와 음료 1개를 택하는 경우의 수를 구하시오.

3 6개의 문자 a, b, c, d, e, f 중에서 2개를 택하여 일렬로 나열하는 경우의 수는?

① 12　② 18　③ 24　④ 30　⑤ 36

4 5명의 학생 A, B, C, D, E 중에서 A, B가 이웃하도록 일렬로 세우는 경우의 수는?

① 12　② 24　③ 48　④ 60　⑤ 96

5 $_{5}\mathrm{P}_{2}+{}_{5}\mathrm{C}_{2}$의 값을 구하시오.

6 남학생 4명과 여학생 5명 중에서 남학생 1명과 여학생 2명을 대표로 뽑는 경우의 수를 구하시오.

핵심 빈출

1 STEP 필수 유형 다지기

| 해답 55쪽 |

유형 ① 합의 법칙

01 ●●○

1부터 100까지의 자연수 중에서 3 또는 5로 나누어떨어지는 자연수의 개수는?

① 80 ② 67 ③ 53
④ 47 ⑤ 41

중요

02 ●●●

두 집합 $A=\{1, 2, 3\}$, $B=\{1, 2, 3, 4, 5, 6\}$에 대하여 $a\in A$, $b\in B$일 때, $(a+1)\times b\leq 10$을 만족시키는 순서쌍 (a, b)의 개수는?

① 7 ② 8 ③ 9
④ 10 ⑤ 11

유형 ② 곱의 법칙

03 ●●○

서술형

서로 다른 3개의 주사위를 동시에 던져서 나오는 세 눈의 수의 곱이 짝수인 경우의 수를 구하시오.

중요

04 ●●○

오른쪽 그림과 같은 도로망이 있다. A 지점에서 D 지점으로 가는 모든 경우의 수를 구하시오.
(단, 한 번 지난 지점은 다시 지나지 않는다.)

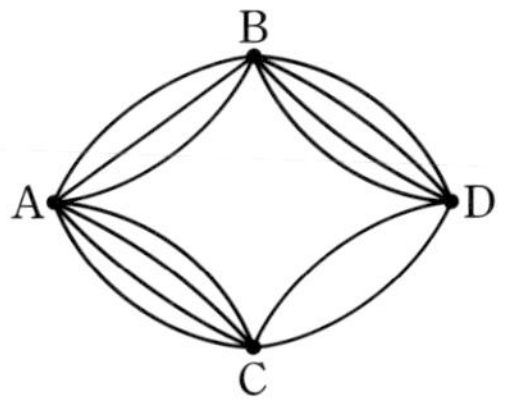

05 ●●●

오른쪽 그림과 같은 5개의 영역 A, B, C, D, E를 서로 다른 4가지 색으로 칠하려고 한다. 같은 색을 중복하여 사용해도 좋으나 이웃한 영역은 서로 다른 색으로 칠하는 경우의 수는?

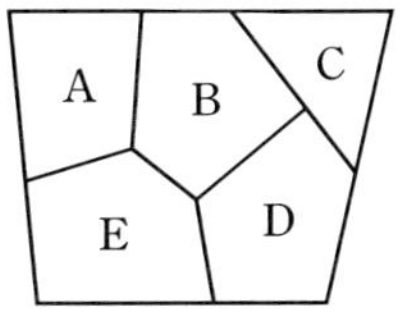

① 24 ② 64 ③ 82
④ 96 ⑤ 144

유형 ③ 여러 가지 경우의 수

06 ●●○

두 자연수 180, 450의 양의 공약수의 개수는?

① 8 ② 12 ③ 16
④ 20 ⑤ 24

07 ●●○

100원짜리 동전 4개, 500원짜리 동전 2개, 1000원짜리 지폐 4장을 일부 또는 전부를 사용하여 지불할 수 있는 금액의 수를 구하시오. (단, 0원을 지불하는 것은 제외한다.)

08 ●●○

4명의 학생 A, B, C, D가 쪽지 시험의 답안지를 서로 바꿔서 채점하기로 하였다. 4명 모두 자신의 답안지가 아닌 다른 사람의 답안지를 채점하는 경우의 수를 구하시오.

유형 4 순열의 수

09 ●●○

0, 1, 2, 3, 4, 5가 각각 하나씩 적힌 6장의 카드 중에서 4장을 뽑아 네 자리 자연수를 만들 때, 짝수의 개수는?

① 48 ② 72 ③ 96
④ 156 ⑤ 192

중요

10 ●●●

7개의 숫자 0, 1, 2, 3, 4, 5, 6 중에서 서로 다른 4개를 택하여 네 자리 자연수를 만들 때, 3000보다 작은 홀수의 개수를 구하시오.

유형 5 특정 위치가 정해진 순열의 수

중요

11 ●●○

남학생 3명과 여학생 4명을 일렬로 세울 때, 남학생끼리 이웃하게 세우는 경우의 수는?

① 600 ② 660 ③ 720
④ 780 ⑤ 840

12 ●●○

로즈메리 화분 3개와 라벤더 화분 3개를 일렬로 나열할 때, 로즈메리 화분과 라벤더 화분을 번갈아 놓는 경우의 수는?

① 36 ② 54 ③ 72
④ 90 ⑤ 108

13 ●●●

남학생 2명과 여학생 5명을 일렬로 세울 때, 남학생끼리 이웃하지 않게 세우는 경우의 수를 구하시오.

유형 6 '적어도'의 조건이 있는 순열의 수

| 핵심 전략 | (사건 A가 적어도 한 번 일어나는 경우의 수)
=(모든 경우의 수)−(사건 A가 일어나지 않는 경우의 수)

14 ●●○

P, R, I, N, C, E의 6개의 문자를 일렬로 나열할 때, 적어도 한쪽 끝에 모음이 오는 경우의 수는?

① 420 ② 432 ③ 444
④ 456 ⑤ 468

중요

15 ●●○

1부터 8까지의 자연수가 각각 하나씩 적힌 8장의 카드 중에서 4장의 카드를 택하여 네 자리 자연수를 만들 때, 각 자리의 숫자 중 6의 약수가 적어도 하나 포함된 자연수의 개수는?

① 1560 ② 1584 ③ 1608
④ 1632 ⑤ 1656

유형 7 조합의 수

16 ●●○

고등학교 1학년과 2학년 학생으로 구성된 어느 토론 모임에서는 1학년 학생 5명과 2학년 학생 7명 중에서 토론 대회에 참가할 대표 3명을 뽑기로 하였다. 1학년 학생 1명, 2학년 학생 2명을 뽑아 토론 순서를 정하는 경우의 수는?

① 120 ② 210 ③ 420
④ 630 ⑤ 960

17 ●●○

남학생 n명과 여학생 $(8-n)$명 중에서 대표 3명을 뽑을 때, 남학생 대표 1명, 여학생 대표 2명을 뽑는 경우의 수가 30이 되도록 하는 모든 자연수 n의 값의 합은? (단, $1 \le n \le 6$)

① 5 ② 6 ③ 7
④ 8 ⑤ 9

18 ●●○

1부터 9까지의 자연수가 각각 하나씩 적혀 있는 9장의 카드 중에서 동시에 6장의 카드를 선택하려고 한다. 선택한 카드에 적혀 있는 수의 합이 홀수인 경우의 수를 구하시오

19 ●●●

서술형

오른쪽 그림과 같이 9칸으로 이루어진 진열대에 똑같은 모자 6개를 진열하려고 한다. 모자를 세 가로줄에 각각 1개, 2개, 3개로 진열하는 경우의 수를 구하시오.

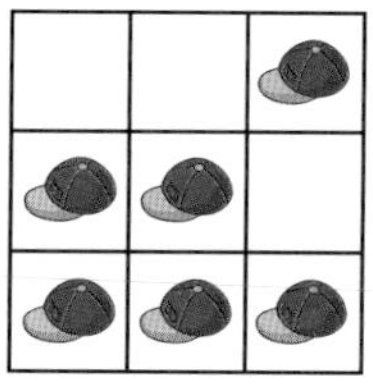

유형 8 조합의 수의 도형에서의 활용

20 ●●○

다음 그림과 같이 평행한 두 직선 l, m 위에 있는 7개의 점 중에서 3개를 꼭짓점으로 하는 서로 다른 삼각형의 개수는?

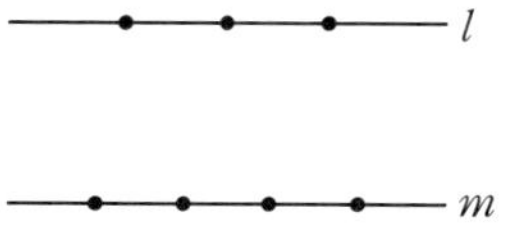

① 25 ② 30 ③ 35
④ 40 ⑤ 45

중요

21 ●●○

오른쪽 그림과 같이 7개의 평행선과 4개의 평행선이 서로 만나고 있다. 이들 평행선으로 만들 수 있는 크고 작은 평행사변형의 개수는?

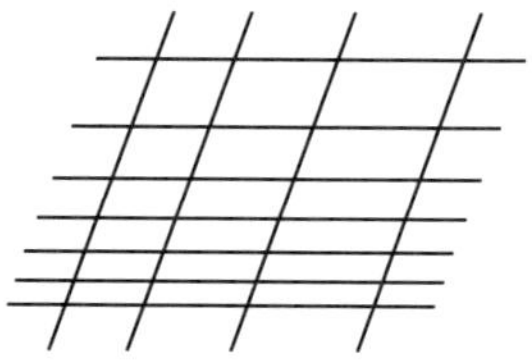

① 118 ② 120 ③ 122
④ 124 ⑤ 126

2 STEP 출제 유형 PICK

1 색칠하는 경우의 수

| 핵심 전략 | 각 영역을 색칠하는 방법의 수는
① 인접한 영역이 가장 많은 영역에 색칠하는 방법의 수를 먼저 구한다.
② 같은 색을 칠할 수 있는 영역이 있을 때는 같은 색인 경우와 다른 색인 경우로 나누어 생각한다.

대표 문제 1

오른쪽 그림의 5개의 영역 A, B, C, D, E를 서로 다른 5가지 색으로 칠하려고 한다. 같은 색을 중복하여 사용해도 좋으나 인접한 영역은 서로 다른 색으로 칠할 때, 칠하는 경우의 수는? (단, 각 영역에는 한 가지 색만 칠한다.)

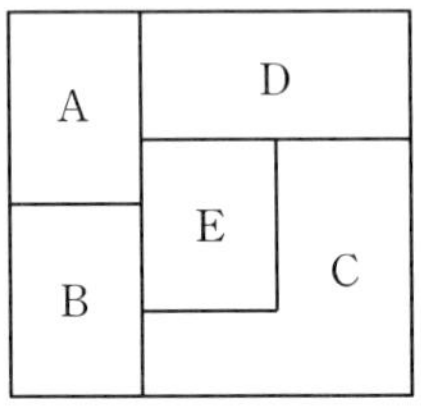

① 400 ② 420 ③ 440
④ 460 ⑤ 480

1-1

≫ 학평 기출

그림과 같이 크기가 같은 6개의 정사각형에 1부터 6까지의 자연수가 하나씩 적혀 있다. 서로 다른 4가지 색의 일부 또는 전부를 사용하여 다음 조건을 만족시키도록 6개의 정사각형에 색을 칠하는 경우의 수는? (단, 한 정사각형에 한 가지 색만을 칠한다.)

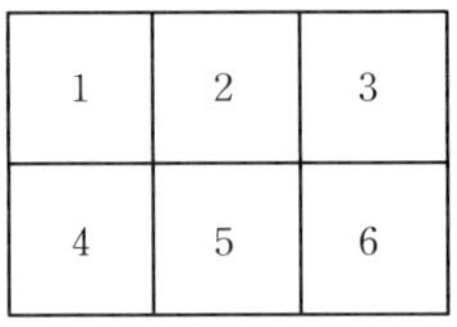

(가) 1이 적힌 정사각형과 6이 적힌 정사각형에는 같은 색을 칠한다.
(나) 변을 공유하는 두 정사각형에는 서로 다른 색을 칠한다.

① 72 ② 84 ③ 96
④ 108 ⑤ 120

2 사전식으로 나열하는 경우의 수

| 핵심 전략 | 문자를 사전식으로 배열하거나 숫자를 크기순으로 나열할 때, 기준이 되는 문자열 또는 수의 꼴을 파악하여 먼저 자리를 정할 수 있는 문자 또는 수를 배열한 후 나머지 자리에 올 수 있는 것을 배열하는 경우의 수를 구한다.

대표 문제 2

6개의 숫자 0, 1, 2, 3, 4, 5를 모두 한 번씩 사용하여 여섯 자리 자연수를 만들 때, 200번째로 큰 수는?

① 413052 ② 413205 ③ 413250
④ 413502 ⑤ 413520

2-1

5개의 문자 A, B, C, D, E를 모두 한 번씩만 사용하여 사전식으로 배열할 때, 80번째로 나타나는 문자열의 마지막 문자는?

① A ② B ③ C
④ D ⑤ E

2-2

≫ 내신 기출

5개의 숫자 0, 1, 2, 3, 4에서 중복을 허락하지 않고 n개를 뽑아 일렬로 나열하여 만든 자연수 중에서 4231보다 작은 수의 개수를 구하시오. (단, n은 5 이하의 자연수이다.)

3 함수의 개수

핵심 전략 두 집합 X, Y에 대하여 $n(X)=m$, $n(Y)=n$ $(m\le n)$일 때, 함수 $f: X \longrightarrow Y$ 중에서 $a<b$이면 $f(a)<f(b)$인 함수의 개수
→ ${}_nC_m$

대표 문제 3

두 집합

$A=\{1, 2, 3, 4, 5\}$, $B=\{1, 2, 3, 4, 5, 6, 7\}$

에 대하여 다음 조건을 만족시키는 함수 $f: A \longrightarrow B$의 개수는?

(가) $f(3)\le 5$
(나) 집합 A의 임의의 두 원소 a, b에 대하여 $a<b$이면 $f(a)<f(b)$이다.

① 20 ② 21 ③ 22
④ 23 ⑤ 24

3-1

집합 $X=\{1, 2, 3, 4\}$에 대하여 함수 $f: X \longrightarrow X$가 $f(1)+f(2)+f(3)+f(4)=7$을 만족시킨다. 함수 f의 개수를 구하시오.

3-2

≫ 모평 기출

집합 $X=\{1, 2, 3, 4, 5\}$에 대하여 다음 조건을 만족시키는 함수 $f: X \longrightarrow X$의 개수를 구하시오.

(가) 함수 f의 치역의 원소의 개수는 4이다.
(나) $f(a)=a$인 X의 원소 a의 개수는 3이다.

4 도형의 개수

핵심 전략 (1) 어느 세 점도 한 직선 위에 있지 않은 서로 다른 n개의 점에 대하여
① 직선의 개수 → ${}_nC_2$
② 삼각형의 개수 → ${}_nC_3$
(2) m개의 평행한 직선과 이들 직선과 평행하지 않은 n개의 평행한 직선이 만날 때, 이 평행한 직선으로 만들 수 있는 평행사변형의 개수 → ${}_mC_2\times{}_nC_2$

대표 문제 4

오른쪽 그림과 같이 원 위에 같은 간격으로 놓인 10개의 점 중에서 3개의 점을 꼭짓점으로 하는 직각삼각형의 개수를 a, 4개의 점을 꼭짓점으로 하는 직사각형의 개수를 b라 할 때, $a-b$의 값을 구하시오.

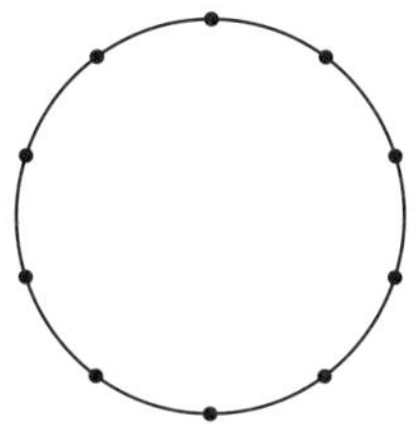

4-1

오른쪽 그림과 같이 합동인 정사각형 10개로 이루어진 도형이 있다. 이 도형의 선들로 이루어진 직사각형의 개수를 구하시오.

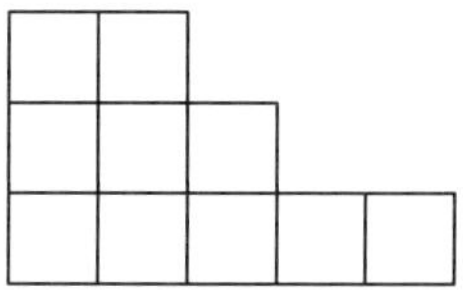

4-2

≫ 모평 기출

좌표평면 위에 9개의 점 (i, j) $(i=0, 4, 8, j=0, 4, 8)$이 있다. 이 9개의 점 중 네 점을 꼭짓점으로 하는 사각형 중에서 내부에 세 점 $(1, 1)$, $(3, 1)$, $(1, 3)$을 꼭짓점으로 하는 삼각형을 포함하는 사각형의 개수는?

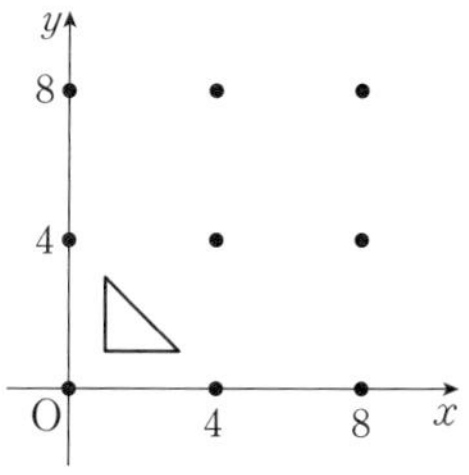

① 13 ② 15 ③ 17
④ 19 ⑤ 21

예상 기출

3 STEP 만점 도전 하기

A 예상 문제로 마무리

01

집합 $U=\{1, 2, 3, 4, 5, 6, 7\}$의 부분집합 중 원소의 개수가 3이고, 원소의 합이 12 이상인 부분집합의 개수를 구하시오.

02

전체집합 $U=\{a, b, c, d\}$의 두 부분집합 X, Y에 대하여 $X\cup Y=U$, $n(X-Y)=1$일 때, 함수 $f: X \longrightarrow Y$가 일대일함수가 되도록 하는 함수 f의 개수는?

① 152 ② 156 ③ 160
④ 164 ⑤ 168

03

오른쪽 그림과 같이 정오각형 모양의 도로가 있다. 한 꼭짓점에 한 명씩 모두 다섯 사람이 서 있고 모든 사람이 동시에 같은 속도로 도로를 따라 시계 방향과 시계 반대 방향 중 한 방향으로 움직여 본인이 처음 서있던 위치로 돌아오게 되면 멈추기로 했을 때, 모든 사람 사이에 만난 총 횟수가 12가 되는 경우의 수는? (단, 처음 출발 위치로 돌아올 때까지 같은 사람과 두 번 만났다면 만난 횟수는 2로 간주한다.)

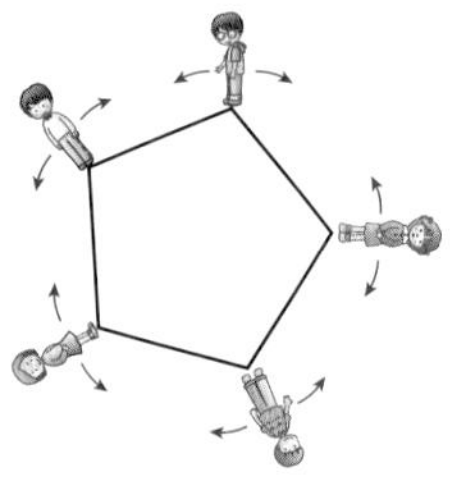

① 12 ② 14 ③ 16
④ 18 ⑤ 20

04

각각 4명의 선수로 구성된 테니스팀 A팀과 B팀이 경기를 하였다. 이 경기의 대전 방식은 각 팀에서 한 명씩 나와 대전을 하는데, 승리를 한 팀에서는 그 선수가 계속하여 경기를 하고, 패한 팀에서는 패한 선수를 대신하여 다른 선수가 나와 경기를 하는 것이다. 3전 2선승제로 먼저 2승을 하는 팀이 이 경기의 승자가 되는 것으로 하였을 때, B팀이 A팀에 게임 스코어 2 : 1로 승리하는 모든 경우의 수를 구하시오. (단, 경기에 출전하는 순서가 다른 경우는 전부 다른 경우로 취급한다. 예를 들어 A팀의 선수가 a, b, c, d일 때, 경기에 $a\rightarrow b\rightarrow c\rightarrow d$ 순서로 출전하는 것과 $b\rightarrow a\rightarrow c\rightarrow d$ 순서로 출전하는 것은 다른 경우로 본다.)

05

다음 조건을 만족시키는 자연수 a, b, c의 모든 순서쌍 (a, b, c)의 개수는?

> (가) $a+b+c$는 짝수이다.
> (나) $a\le b<c\le 12$

① 110 ② 122 ③ 134
④ 146 ⑤ 158

B 기출 문제로 마무리

06

》 학평 기출

집합 $X=\{-3,\ -2,\ -1,\ 1,\ 2,\ 3\}$에 대하여 X에서 X로의 함수 $f(x)$는 다음 조건을 만족시킨다.

> (가) X의 모든 원소 x에 대하여 $|f(x)+f(-x)|=1$이다.
> (나) $x>0$이면 $f(x)>0$이다.

함수 $f(x)$의 개수를 구하시오.

07 레벨 UP

》 학평 기출

교내 수학경시대회에 A 학급 학생 3명, B 학급 학생 3명, C 학급 학생 2명이 참가 신청하였다. 그림과 같이 두 분단, 네 줄의 좌석에 다음 조건을 만족시키도록 이 학생 8명을 배정하는 방법의 수를 구하시오.

> (가) 같은 줄의 바로 옆에 같은 학급 학생이 앉지 않도록 배정한다.
> (나) 같은 분단의 바로 앞뒤에 같은 학급 학생이 앉지 않도록 배정한다.
> (다) 같은 학급 학생을 같은 분단에 배정할 경우 학급 번호가 작을수록 교탁에 가까운 자리에 배정한다.

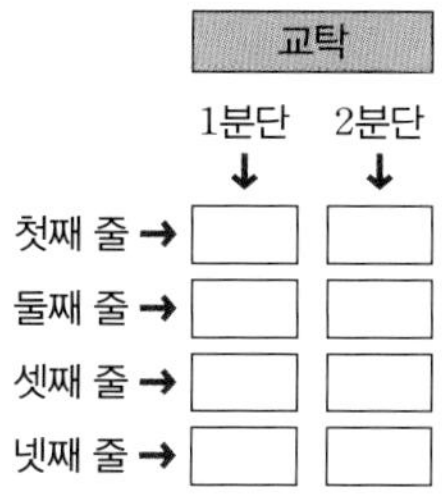

08

》 학평 기출

서로 다른 종류의 꽃 4송이와 같은 종류의 초콜릿 2개를 5명의 학생에게 남김없이 나누어 주려고 한다. 아무것도 받지 못하는 학생이 없도록 꽃과 초콜릿을 나누어 주는 경우의 수를 구하시오.

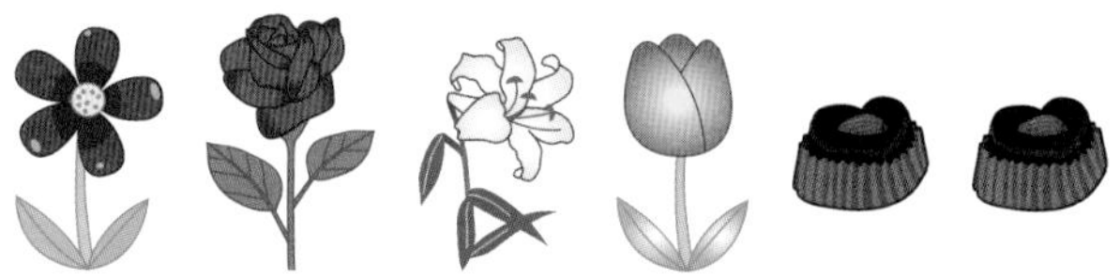

09

》 학평 기출

그림과 같이 한 변의 길이가 1인 정사각형 8개로 이루어진 도로망이 있다. 이 도로망을 따라 A 지점에서 출발하여 B 지점에 도착할 때, 가로 방향으로 이동한 길이의 합이 4이고 전체 이동한 길이가 12인 경우의 수를 구하시오. (단, 한 번 지나간 도로는 다시 지나지 않는다.)

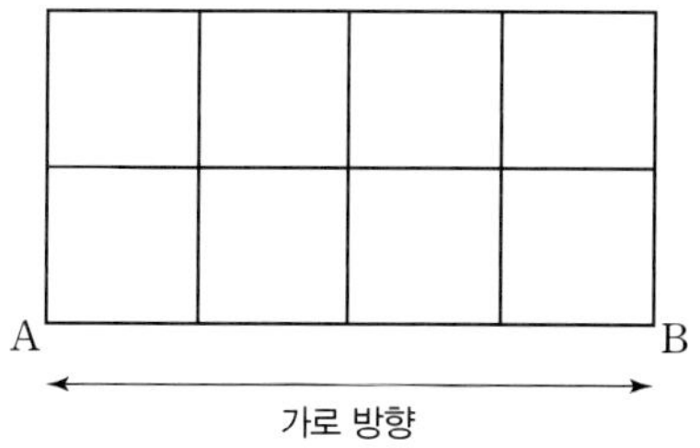

5지 선다형

01

집합 $A=\{x|x(x+1)\le 2,\ x$는 정수$\}$에 대하여 $n(A)$는?

① 1 ② 2 ③ 3
④ 4 ⑤ 5

02

집합 $A=\{x|x$는 16의 양의 약수$\}$의 부분집합 중 모든 원소의 합이 홀수인 부분집합의 개수는?

① 12 ② 14 ③ 16
④ 18 ⑤ 20

03

두 집합 $A=\{1,\ 4-a\}$, $B=\{a-1,\ a^2-2\}$에 대하여 $A=B$일 때, 상수 a의 값은?

① -2 ② -1 ③ 0
④ 1 ⑤ 2

04

전체집합 $U=\{x|x$는 20 이하의 자연수$\}$의 두 부분집합 A, B에 대하여

$A=\{x|x$는 2의 배수$\}$, $B=\{x|x$는 3의 배수$\}$

일 때, $n(A\cap B^C)$은?

① 6 ② 7 ③ 8
④ 9 ⑤ 10

05

전체집합 $U=\{x|x$는 자연수$\}$의 부분집합 A는 원소의 개수가 4이고, 모든 원소의 합이 37이다. 상수 k에 대하여 집합 $B=\{x-k|x\in A\}$가 다음 조건을 만족시킬 때, 집합 B의 모든 원소의 곱은?

(가) $A\cap B=\{5,\ 8\}$
(나) $A\cup B$의 모든 원소의 합은 49이다.

① 432 ② 560 ③ 700
④ 720 ⑤ 800

06

전체집합 U의 두 부분집합 A, B에 대하여 다음 중 $A\cup(A^C-B^C)$와 같은 집합은?

① $A\cap B$ ② $A\cup B$ ③ $A-B$
④ $B-A$ ⑤ $A^C\cap B^C$

07

전체집합 U의 두 부분집합 A, B에 대하여 $n(U)=30$, $n(A\cap B^C)=9$, $n(B-A)=10$, $n(A^C\cup B^C)=22$일 때, $n(A\cup B)$의 값은?

① 21 ② 23 ③ 25
④ 27 ⑤ 29

08

30명의 학생에게 두 수학 문제 A, B를 풀게 하였더니, 문제 A를 맞힌 학생은 13명, 문제 B를 맞힌 학생은 16명이었다. 두 문제를 모두 틀린 학생이 7명일 때, 두 문제를 모두 맞힌 학생 수는?

① 2 ② 4 ③ 6
④ 8 ⑤ 10

09

명제 '$x=a$이면 $(x+2)^2=2ax+a$이다.'가 참이 되도록 하는 모든 실수 a의 값의 합은?

① 1 ② 2 ③ 3
④ 4 ⑤ 5

10

전체집합 $U=\{0, 1, 2\}$에 대하여 $x \in U$일 때, 다음 명제가 참이 되도록 하는 정수 a의 최솟값은?

어떤 x에 대하여 $2x^2-3x \le a$이다.

① -2 ② -1 ③ 0
④ 1 ⑤ 2

11

세 조건 p, q, r의 진리집합을 각각 P, Q, R라 하자. $p \Longrightarrow q$, $\sim p \Longrightarrow r$일 때, 다음 중 옳지 않은 것은?

① $P \subset Q$ ② $P \subset R$ ③ $P^C \subset R$
④ $R^C \subset Q$ ⑤ $R^C \subset P$

12

다음 명제 중 거짓인 것은? (단, x, y는 실수이다.)

① $x+|x| \neq 0$이면 $x \ge |x|$이다.
② $x+y \neq 2$이면 $|x-1|+|y-1| \neq 0$이다.
③ $x+y>2$이면 $xy>1$이다.
④ $x^3>1$이면 $x>1$이다.
⑤ $x+y \neq 0$이면 $x^2+2xy+2y^2 \neq 0$이다.

13

두 조건 p, q에 대하여 p가 q이기 위한 충분조건이지만 필요조건이 아닌 것만을 **보기**에서 있는 대로 고른 것은?

(단, x, y는 실수이다.)

보기

ㄱ. p: $x=y=0$ q: $x+y=0$
ㄴ. p: $xy=|xy|$ q: $x>0$, $y>0$
ㄷ. p: $xy>0$ q: $|x+y|=|x|+|y|$

① ㄱ ② ㄴ ③ ㄷ
④ ㄱ, ㄴ ⑤ ㄱ, ㄷ

14

$|x-a|\le 2$는 $x^2-8x+b\le 0$이기 위한 필요충분조건일 때, 상수 a, b에 대하여 $a+b$의 값은?

① 12 ② 14 ③ 16
④ 18 ⑤ 20

15

다음은 명제 '자연수 a, b, c에 대하여 $a^2+b^2=c^2$이면 a, b, c 중 적어도 하나는 짝수이다.'를 **증명**하는 과정이다.

> **증명**
>
> 주어진 명제의 대우는
>
> 'a, b, c가 모두 ㈎ 이면 $a^2+b^2\ne c^2$이다.'
>
> 이다. a, b, c가 모두 ㈎ 이면 a^2, b^2, c^2은 모두 ㈏ 이므로 a^2+b^2은 ㈐ 이고 c^2은 ㈑ 이다.
>
> 즉, $a^2+b^2\ne c^2$이다.
>
> 따라서 주어진 명제의 대우가 참이므로 주어진 명제도 참이다.

위의 과정에서 ㈎~㈑에 알맞은 것을 차례대로 나열하면?

① 홀수, 홀수, 홀수, 홀수
② 홀수, 홀수, 짝수, 홀수
③ 홀수, 짝수, 홀수, 짝수
④ 홀수, 짝수, 짝수, 홀수
⑤ 짝수, 홀수, 홀수, 짝수

16

두 양수 a, b에 대하여 $\left(a+\frac{1}{b}\right)\left(b+\frac{9}{a}\right)$는 $ab=p$일 때 최솟값 q를 갖는다. 상수 p, q에 대하여 $p+q$의 값은?

① 6 ② 12 ③ 14
④ 16 ⑤ 19

17

세 실수 a, b, c에 대하여

$$a+b+c=4,\ a^2+b^2+c^2=16$$

일 때, a의 최댓값을 M, 최솟값을 m이라 하자. $M-3m$의 값은?

① 8 ② 12 ③ 16
④ 20 ⑤ 24

단답형

18

전체집합 $U=\{x\,|\,x$는 10 이하의 자연수$\}$의 두 부분집합 $A=\{1, 2, 4, 7\}$, $B=\{x\,|\,x$는 소수$\}$에 대하여 집합 $(A\cup B)\cup(A^C\cup B^C)^C$의 모든 원소의 합을 구하시오.

19

전체집합 $U=\{x\,|\,x$는 10 이하의 자연수$\}$의 두 부분집합 $A=\{1, 2, 3\}$, $B=\{4, 5\}$에 대하여

$$X\cup A=X,\ X\cap B^C=X$$

를 만족시키는 집합 X의 개수를 구하시오.

20

집합 $A=\{1,\ 2,\ 3,\ 4,\ 5,\ 6\}$의 부분집합 중 1, 2를 원소로 갖는 서로 다른 부분집합을 $A_1,\ A_2,\ A_3,\ \cdots,\ A_{16}$이라 하고, 각각의 집합에서 가장 큰 원소를 a_k $(1\le k\le 16)$라 하자. 이때 $a_1+a_2+a_3+\cdots+a_{16}$의 값을 구하시오.

21

어느 학급의 학생 30명을 대상으로 축제 프로그램에 대한 선호도를 조사하였다. A 프로그램을 좋아하는 학생 수는 B 프로그램을 좋아하는 학생 수보다 6명이 많고, 두 프로그램을 모두 좋아하는 학생 수와 두 프로그램을 모두 좋아하지 않는 학생 수가 각각 5명으로 같을 때, A 프로그램을 좋아하는 학생 수를 구하시오.

22

전체집합 $U=\{x\,|\,x^2<100,\ x는\ 정수\}$에 대하여 조건 '$x+2|x-1|\le 10$'의 진리집합을 P라 할 때, $n(P)$를 구하시오.

23

두 조건

p: $x<-2$ 또는 $x\ge 2$, q: $a-1<x\le a+5$

에 대하여 명제 $\sim p \longrightarrow q$가 참이 되도록 하는 실수 a의 최솟값을 구하시오.

24

실수 x에 대하여 두 조건 p, q가 다음과 같다.

p: $x^3+ax^2+b=0$, q: $|x-1|=2$

p는 q이기 위한 필요조건일 때, 상수 a, b에 대하여 $4ab$의 값을 구하시오.

25

오른쪽 그림과 같이 좌표평면에서 두 점 A(8, 0), B(0, 16)을 지나는 직선 위의 점을 P(a, b)라 할 때, ab의 최댓값을 구하시오.

(단, 점 P는 제1사분면 위의 점이다.)

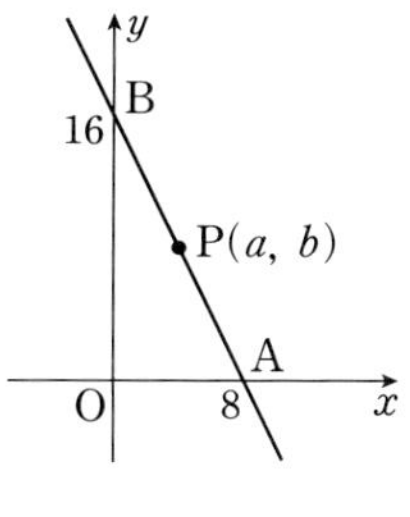

5지 선다형

01

집합 $X=\{1, 2, 3, 4\}$에 대하여 X에서 X로의 함수 f가 다음 조건을 만족시킬 때, 함수 f의 개수는?

> (가) $f(1) \le 2$
> (나) 집합 X의 임의의 원소 x_1, x_2에 대하여 $x_1 \ne x_2$일 때, $f(x_1) \ne f(x_2)$

① 6　② 12　③ 18　④ 24　⑤ 30

02

함수 $f(x)=-x+2$일 때, $(f \circ f \circ f)(a)=3$을 만족시키는 실수 a의 값은?

① -2　② -1　③ 0　④ 1　⑤ 2

03

$x \ge 0$일 때, 두 함수

$f(x)=x^2-1$, $g(x)=2x-1$

에 대하여 $(f \circ (g \circ f)^{-1} \circ f)(2)$의 값은?

① 2　② 3　③ 4　④ 5　⑤ 6

04

함수 $f(x)=\begin{cases} \frac{1}{5}x+4 & (x \ge 0) \\ 3x+4 & (x<0) \end{cases}$의 그래프와 그 역함수 $y=f^{-1}(x)$의 그래프로 둘러싸인 부분의 넓이는?

① 16　② 20　③ 24　④ 28　⑤ 32

05

다음 중 함수 $y=|x-2|$의 그래프와 직선 $y=m(x+2)-1$이 만나도록 하는 상수 m의 값으로 적당하지 않은 것은?

① -2　② $-\frac{3}{2}$　③ $-\frac{1}{2}$　④ $\frac{1}{4}$　⑤ 1

06

다음 등식을 만족시키는 p, q에 대하여 $p+q$의 값은?
(단, p와 q는 서로소인 자연수이다.)

$$\frac{1}{1^2+1}+\frac{1}{2^2+2}+\frac{1}{3^2+3}+\frac{1}{4^2+4}+\frac{1}{5^2+5}=\frac{q}{p}$$

① 9　② 10　③ 11　④ 12　⑤ 13

07

함수 $y=\frac{3x-1}{x-2}$의 치역이 $\{y|3<y\le8\}$일 때, 정의역은?

① $\{x|x\le2\}$ ② $\{x|1<x\le3\}$ ③ $\{x|x\ge3\}$
④ $\{x|2<x\le3\}$ ⑤ $\{x|x\ge4\}$

08

함수 $y=\frac{ax+1}{x+b}$의 그래프가 직선 $y=x+1$과 직선 $y=-x-5$에 대하여 대칭일 때, 상수 a, b에 대하여 ab의 값은?

① -8 ② -6 ③ -4
④ -2 ⑤ 0

09

$f(x)=\sqrt{x}+\sqrt{x-1}$일 때,

$$\frac{1}{f(2)}+\frac{1}{f(3)}+\frac{1}{f(4)}+\cdots+\frac{1}{f(9)}$$

의 값은?

① 0 ② 1 ③ 2
④ 3 ⑤ 4

10

함수 $y=\sqrt{ax}$의 그래프를 x축의 방향으로 -3만큼, y축의 방향으로 2만큼 평행이동한 후 y축에 대하여 대칭이동하면 함수 $y=\sqrt{-5x+b}+c$의 그래프와 일치한다. 상수 a, b, c에 대하여 $a+b+c$의 값은?

① 18 ② 20 ③ 22
④ 24 ⑤ 26

11

$-6\le x\le2$에서 함수 $y=\sqrt{-3x+a}+3$의 최댓값이 8일 때, 최솟값은?

① 3 ② 4 ③ 5
④ 6 ⑤ 7

12

함수 $y=\frac{bx+c}{ax+1}$의 그래프가 오른쪽 그림과 같을 때, 함수 $y=\sqrt{ax+b}-c$의 그래프가 지나는 사분면을 모두 고른 것은?

(단, a, b, c는 상수이다.)

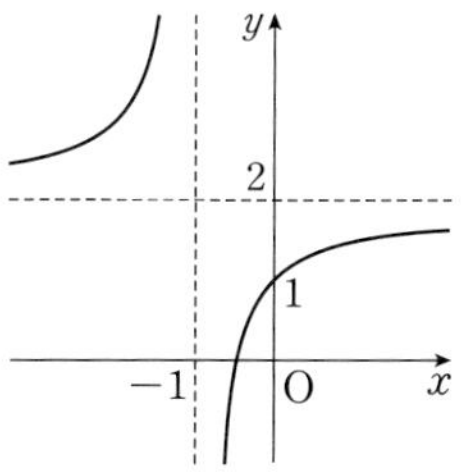

① 제1, 2사분면
② 제3, 4사분면
③ 제1, 2, 3사분면
④ 제1, 3, 4사분면
⑤ 제2, 3, 4사분면

13

한 개의 주사위를 두 번 던져서 나온 눈의 수를 차례로 a, b라 하자. $ab+b^2$이 짝수가 되도록 하는 a, b의 순서쌍 (a, b)의 개수는?

① 15 ② 18 ③ 21
④ 24 ⑤ 27

14

900의 양의 약수 중 2의 배수의 개수는?

① 6 ② 8 ③ 10
④ 12 ⑤ 18

15

남학생 3명과 여학생 3명을 일렬로 세울 때, 남학생은 남학생끼리 여학생은 여학생끼리 이웃하여 서는 경우의 수는?

① 60 ② 66 ③ 72
④ 78 ⑤ 84

16

원소의 개수가 8인 집합 A의 부분집합 중 원소의 개수가 적어도 3인 부분집합의 개수는?

① 200 ② 218 ③ 219
④ 246 ⑤ 249

17

1부터 20까지의 짝수 중에서 서로 다른 두 수를 택할 때, 택한 두 수의 합이 3의 배수가 되는 경우의 수는?

① 12 ② 13 ③ 14
④ 15 ⑤ 16

단답형

18

집합 $X=\{1, 2, 3, 4\}$에 대하여 X에서 X로의 세 함수 f, g, h가 각각 일대일대응, 항등함수, 상수함수이고 다음 조건을 만족시킬 때, $f(4)+g(4)+h(4)$의 값을 구하시오.

(가) $f(1)=g(3)+h(3)$
(나) $f(2)<g(1)+h(1)<f(3)$

19

실수 전체의 집합에서 정의된 함수

$$f(x)=|2x|+ax$$

의 역함수가 존재할 때, 자연수 a의 최솟값을 구하시오.

20

함수 $y=\frac{-2x+a}{x-3}$의 그래프는 함수 $y=\frac{2}{x}$의 그래프를 x축의 방향으로 b만큼, y축의 방향으로 c만큼 평행이동한 것이다. 상수 a, b, c에 대하여 $a+b+c$의 값을 구하시오.

21

함수 $f(x)=\frac{-2x+a}{x+b}$의 그래프와 그 역함수 $y=f^{-1}(x)$의 그래프가 모두 점 $(1, 3)$을 지날 때, 상수 a, b에 대하여 $a+b$의 값을 구하시오.

22

함수 $y=\sqrt{x-2}+1$의 그래프와 직선 $y=x+k$가 서로 다른 두 점에서 만나도록 하는 실수 k의 값의 범위가 $a\leq k<b$일 때, $4ab$의 값을 구하시오.

23

함수 $f(x)=-\sqrt{4-2x}+2$의 역함수를 $f^{-1}(x)$라 할 때, $(f\circ(f\circ f)^{-1})(0)+f^{-1}(-2)$의 값을 구하시오.

24

10000원짜리 지폐 2장, 5000원짜리 지폐 3장, 1000원짜리 지폐 4장이 있다. 이 지폐의 일부 또는 전부를 사용하여 지불할 수 있는 방법의 수를 a, 지불할 수 있는 금액의 수를 b라 할 때, $a+b$의 값을 구하시오. (단, 0원을 지불하는 경우는 제외한다.)

25

오른쪽 그림과 같이 정삼각형의 세 변 위에 같은 간격으로 놓인 9개의 점이 있다. 9개의 점 중에서 3개를 택하여 만들 수 있는 삼각형의 개수를 구하시오.

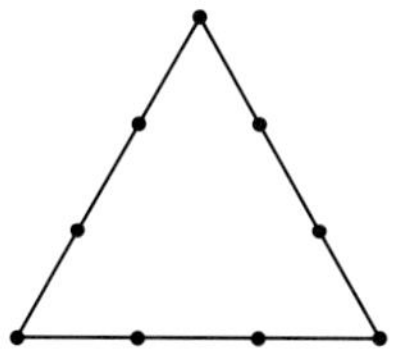

단기핵심공략서
SPURT CORE

스코어

SPURT 스퍼트

정답과 해설

고등 수학(하)

단기핵심공략서
SPURT CORE

스코어 SPURT 스퍼트

정답과 해설

고등 수학(하)

01강 집합의 뜻과 표현

기본 다지기

| 본문 6쪽 |

1 ①, ③　2 4　3 ②, ⑤　4 ③　5 ②

1 $A=\{1, 3, 5, 7, 9\}$이므로 $-3\notin A$, $2\notin A$ 　답 ①, ③

2 $n(\{0\})-n(\varnothing)+n(\{0, 1, \varnothing\})=1-0+3=4$ 　답 4

3 ② $1\in A$

⑤ $\{2, 4, 6, 8\}\not\subset A$

따라서 옳지 않은 것은 ②, ⑤이다. 　답 ②, ⑤

4 원소의 개수가 2인 부분집합은 $\{3, 6\}$, $\{3, 9\}$, $\{6, 9\}$의 3개이다. 　답 ③

5 $n(A)=5$이므로 $a=2^5=32$, $b=2^5-1=31$

$\therefore a+b=32+31=63$ 　답 ②

STEP 1 필수 유형 다지기

| 본문 7~9쪽 |

01 ①, ②	02 ⑤	03 ②	04 ①, ③	05 9	06 ③
07 6	08 ⑤	09 ③, ④	10 ⑤	11 ④	12 2
13 128	14 15	15 38	16 ④	17 ②	18 3
19 10	20 ⑤	21 6			

01 ③, ④, ⑤ '잘', '아름다운', '작은'의 기준이 명확하지 않으므로 집합이 아니다.

따라서 집합인 것은 ①, ②이다. 　답 ①, ②

02 $|x-1|\le 2$에서 $-2\le x-1\le 2$

$\therefore -1\le x\le 3$

즉, 정수 x는 $-1, 0, 1, 2, 3$이므로

$A=\{-1, 0, 1, 2, 3\}$

따라서 집합 A의 모든 원소의 합은

$-1+0+1+2+3=5$ 　답 ⑤

03 집합 A의 원소는 2와 3을 소인수로 가져야 한다.

① $12=2^2\times3^1$이므로 $12\in A$

② $16=2^4$이므로 $16\notin A$

③ $18=2^1\times3^2$이므로 $18\in A$

④ $24=2^3\times3^1$이므로 $24\in A$

⑤ $36=2^2\times3^2$이므로 $36\in A$

따라서 집합 A의 원소가 아닌 것은 ②이다. 　답 ②

04 ① $\{1, 2, 3, 4, 5\}$이므로 유한집합이다.

② 5 이하의 정수는 무수히 많으므로 무한집합이다.

③ $\{-5, -4, -3, \cdots, 3, 4, 5\}$이므로 유한집합이다.

④ 5 이하의 유리수는 무수히 많으므로 무한집합이다.

⑤ 5 이하의 실수는 무수히 많으므로 무한집합이다.

따라서 유한집합인 것은 ①, ③이다. 　답 ①, ③

05 $x^3=4x$에서 $x^3-4x=0$

$x(x+2)(x-2)=0$

$\therefore x=-2$ 또는 $x=0$ 또는 $x=2$

따라서 $A=\{-2, 0, 2\}$이므로 $n(A)=3$

또, $B=\{8, 16, 24, \cdots, 96\}$이므로 $n(B)=12$

$\therefore n(B)-n(A)=12-3=9$ 　답 9

06 두 집합 $A=\{0, 2, 4\}$, $B=\{-1, 0, 1\}$이므로 $a\in A$, $b\in B$에 대하여 ab의 값을 구하면 오른쪽 표와 같다. 따라서 집합 $C=\{-4, -2, 0, 2, 4\}$이므로 $n(C)=5$ 　답 ③

a \ b	-1	0	1
0	0	0	0
2	-2	0	2
4	-4	0	4

07 6의 양의 배수는 6, 12, 18, …이므로 k의 값이 될 수 있는 자연수는 1, 2, 3, 4, 5, 6이다. ······❶

따라서 k의 최댓값은 6이다. ······❷

답 6

단계	채점 기준	배점
❶	가능한 k의 값 구하기	60 %
❷	k의 최댓값 구하기	40 %

08 ㄱ. $\{1, 2\}$는 집합 A의 원소이다.

ㄴ. $\{1, 2\}$는 집합 A의 부분집합이다.

ㄷ. $\{1, 2, \{1, 2\}\}$는 집합 A의 부분집합이다.

따라서 ㄱ, ㄴ, ㄷ 모두 옳다. 　답 ⑤

09 ① 0은 집합 A의 원소이므로 $0\in A$

② $\{1\}$은 집합 A의 원소이므로 $\{1\}\in A$

⑤ $\{0, 1\}$은 집합 A의 원소이므로 $\{0, 1\}\in A$

따라서 옳은 것은 ③, ④이다. 　답 ③, ④

10 $A\subset B$가 성립하려면 $4\in B$이어야 하므로 $a^2=4$

$\therefore a=-2$ 또는 $a=2$

(i) $a=-2$일 때

$A=\{-1, 4\}$, $B=\{2, 3, 4\}$이므로 $A\not\subset B$

(ii) $a=2$일 때

$A=\{3, 4\}$, $B=\{2, 3, 4\}$이므로 $A\subset B$

(i), (ii)에 의하여 $a=2$ 　답 ⑤

11 $a \neq a+1$이므로 $A=B$가 성립하려면
$a=2b+3$, $b=a+1$
이어야 한다.
두 식을 연립하여 풀면
$a=-5$, $b=-4$
$\therefore a+b=-5+(-4)=-9$

답 ④

12 $A \subset B$가 성립하도록 두 집합 A, B를 수직선 위에 나타내면 오른쪽 그림과 같으므로 ········· ❶

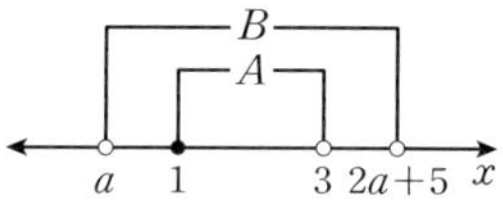

$a<1$이고 $2a+5 \geq 3$
$2a+5 \geq 3$에서 $a \geq -1$
$\therefore -1 \leq a < 1$ ········· ❷
따라서 정수 a는 -1, 0의 2개이다. ········· ❸

답 2

단계	채점 기준	배점
❶	$A \subset B$가 성립하도록 두 집합 A, B를 수직선 위에 나타내기	30 %
❷	a의 값의 범위 구하기	50 %
❸	정수 a의 개수 구하기	20 %

Core 특강

집합의 포함 관계를 만족시키는 미지수의 범위 구하기

집합의 포함 관계를 만족시키는 미지수의 범위를 구할 때는 수직선을 이용하면 편리하다. 이때 등호의 포함 여부에 주의해야 한다.

예 다음의 각 경우에 $B \subset A$가 되도록 하는 a의 값의 범위는

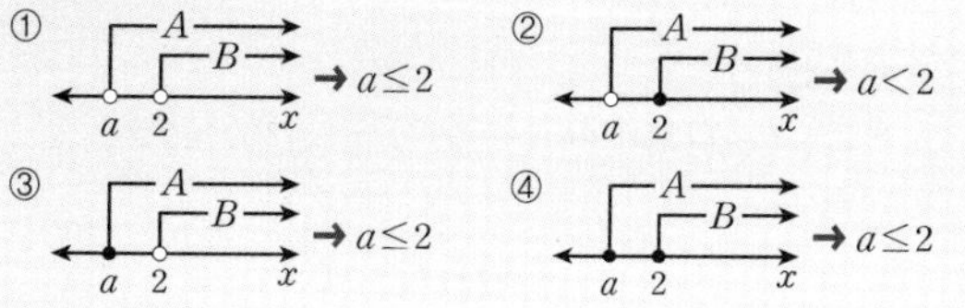

13 $x^2 \leq 2x+8$에서 $x^2-2x-8 \leq 0$
$(x+2)(x-4) \leq 0$
$\therefore -2 \leq x \leq 4$
$A=\{-2, -1, 0, 1, 2, 3, 4\}$이므로 $n(A)=7$
따라서 집합 A의 부분집합의 개수는
$2^7=128$

답 128

14 집합 A의 원소는 자연수이고, $x \in A$이면 $\frac{24}{x} \in A$이므로 x의 값이 될 수 있는 수는 24의 양의 약수인 1, 2, 3, 4, 6, 8, 12, 24이다.

$1 \in A$이면 $\frac{24}{1}=24 \in A$, $2 \in A$이면 $\frac{24}{2}=12 \in A$

$3 \in A$이면 $\frac{24}{3}=8 \in A$, $4 \in A$이면 $\frac{24}{4}=6 \in A$

$6 \in A$이면 $\frac{24}{6}=4 \in A$, $8 \in A$이면 $\frac{24}{8}=3 \in A$

$12 \in A$이면 $\frac{24}{12}=2 \in A$, $24 \in A$이면 $\frac{24}{24}=1 \in A$

따라서 1과 24, 2와 12, 3과 8, 4와 6은 어느 하나가 집합 A의 원소이면 나머지 하나도 반드시 집합 A의 원소이고 집합 A는 공집합이 아니므로 구하는 집합 A의 개수는
$2^4-1=16-1=15$

답 15

다른 풀이 (i) 집합 A의 원소가 2개일 때
$\{1, 24\}$, $\{2, 12\}$, $\{3, 8\}$, $\{4, 6\}$
(ii) 집합 A의 원소가 4개일 때
$\{1, 2, 12, 24\}$, $\{1, 3, 8, 24\}$, $\{1, 4, 6, 24\}$,
$\{2, 3, 8, 12\}$, $\{2, 4, 6, 12\}$, $\{3, 4, 6, 8\}$
(iii) 집합 A의 원소가 6개일 때
$\{1, 2, 3, 8, 12, 24\}$, $\{1, 2, 4, 6, 12, 24\}$,
$\{1, 3, 4, 6, 8, 24\}$, $\{2, 3, 4, 6, 8, 12\}$
(iv) 집합 A의 원소가 8개일 때
$\{1, 2, 3, 4, 6, 8, 12, 24\}$
(i)~(iv)에 의하여 집합 A의 개수는 $4+6+4+1=15$

15 부분집합의 개수가 8이고 $2^3=8$이므로
$n(A)=3$ ········· ❶
양의 약수의 개수가 3인 자연수 k는 소수의 제곱인 수이므로 k는 2^2, 3^2, 5^2, 즉 4, 9, 25이다. ········· ❷
따라서 k의 값의 합은 $4+9+25=38$ ········· ❸

답 38

단계	채점 기준	배점
❶	집합 A의 원소의 개수 구하기	40 %
❷	k의 값 구하기	40 %
❸	모든 k의 값의 합 구하기	20 %

16 집합 A의 부분집합 중 1은 반드시 원소로 갖고 3은 원소로 갖지 않는 부분집합의 개수는
$2^{5-1-1}=2^3=8$

답 ④

Core 특강

특정한 원소를 갖는 (또는 갖지 않는) 부분집합의 개수

집합 $A=\{a_1, a_2, a_3, \cdots, a_n\}$에 대하여
① 집합 A의 특정한 원소 k개를 반드시 원소로 갖는 부분집합의 개수
→ 2^{n-k} (단, $k<n$)
② 집합 A의 특정한 원소 l개를 원소로 갖지 않는 부분집합의 개수
→ 2^{n-l} (단, $l<n$)
③ 집합 A의 원소 중 k개는 반드시 원소로 갖고, l개는 원소로 갖지 않는 부분집합의 개수 → 2^{n-k-l} (단, $k+l<n$)

17 $A=\{6, 12, 18, 24, 30, 36, 42, 48\}$이므로 집합 A의 부분집합의 개수는 $2^8=256$
한편, 집합 A의 부분집합 중 9의 배수인 18, 36을 원소로 갖지 않는 부분집합의 개수는 $2^{8-2}=2^6=64$
따라서 구하는 부분집합의 개수는
$256-64=192$

답 ②

18 조건 ㈎에서 집합 X는 3은 반드시 원소로 갖고 1은 원소로 갖지 않는다.
조건 ㈏에서 집합 X는 3을 제외한 원소가 2개 있다.
따라서 조건을 만족시키는 집합 X는 $\{3, 5, 7\}$, $\{3, 5, 9\}$, $\{3, 7, 9\}$의 3개이다.
답 3

19 m 이하의 자연수의 개수는 m이므로
$n(A)=m$
집합 A의 부분집합 중 1, 3, 5는 모두 원소로 갖고 2, 4는 모두 원소로 갖지 않는 부분집합의 개수는
$2^{m-3-2}=32=2^5$ ········· ❶
따라서 $m-5=5$이므로
$m=10$ ········· ❷
답 10

단계	채점 기준	배점
❶	1, 3, 5는 모두 원소로 갖고 2, 4는 모두 원소로 갖지 않는 부분집합의 개수를 식으로 나타내기	70 %
❷	m의 값 구하기	30 %

20 $A=\{2, 4, 6, 8, 10, 12, 14, 16, 18, 20\}$,
$B=\{4, 8, 12, 16, 20\}$
집합 X의 개수는 집합 A의 부분집합 중 집합 B의 원소 4, 8, 12, 16, 20을 반드시 원소로 갖는 부분집합의 개수와 같으므로
$2^{10-5}=2^5=32$
답 ⑤

21 $A=\{1, n\}$, $B=\{1, 2, 3, \cdots, n\}$이므로 집합 X의 개수는 집합 B의 부분집합 중 집합 A의 원소 1, n을 반드시 원소로 갖는 부분집합의 개수와 같다.
즉, $2^{n-2}=16=2^4$
따라서 $n-2=4$이므로
$n=6$
답 6

2 STEP 출제 유형 PICK

| 본문 10쪽 |

대표 문제 ❶ 24	1-1 3	1-2 ④
대표 문제 ❷ ①	2-1 170	2-2 ③

대표 문제 ❶ 조건 ㈏에서
$1\in A$이면 $6-1=5\in A$, $2\in A$이면 $6-2=4\in A$
$3\in A$이면 $6-3=3\in A$, $4\in A$이면 $6-4=2\in A$
$5\in A$이면 $6-5=1\in A$
이때 1과 5, 2와 4는 어느 하나가 집합 A의 원소이면 나머지 하나도 반드시 집합 A의 원소이다.
조건 ㈎에서 $n(A)=3$이므로
$A=\{1, 3, 5\}$ 또는 $A=\{2, 3, 4\}$
따라서 집합 A의 모든 원소의 곱은
$1\times3\times5=15$ 또는 $2\times3\times4=24$
이므로 집합 A의 모든 원소의 곱의 최댓값은 24이다.
답 24

1-1 $7\in A$이므로 $\frac{1}{1-7}\in A$ $\quad\therefore -\frac{1}{6}\in A$

$-\frac{1}{6}\in A$이므로 $\frac{1}{1-\left(-\frac{1}{6}\right)}\in A$ $\quad\therefore \frac{6}{7}\in A$

$\frac{6}{7}\in A$이므로 $\frac{1}{1-\frac{6}{7}}\in A$ $\quad\therefore 7\in A$

집합 A는 $-\frac{1}{6}$, $\frac{6}{7}$, 7을 반드시 원소로 가지므로 원소의 개수가 가장 작은 집합은
$A=\left\{-\frac{1}{6}, \frac{6}{7}, 7\right\}$
따라서 $n(A)$의 최솟값은 3이다.
답 3

1-2 조건 ㈎에서

$$\left(\frac{-1+\sqrt{3}i}{2}\right)^2=\frac{-2-2\sqrt{3}i}{4}=\frac{-1-\sqrt{3}i}{2}$$

$$\left(\frac{-1+\sqrt{3}i}{2}\right)^3=\left(\frac{-1+\sqrt{3}i}{2}\right)^2\times\frac{-1+\sqrt{3}i}{2}$$
$$=\frac{-1-\sqrt{3}i}{2}\times\frac{-1+\sqrt{3}i}{2}$$
$$=\frac{1+3}{4}=1$$

이므로 자연수 k에 대하여 $n=3k$ 꼴이어야 한다.
조건 ㈏에서

$$\left(-\frac{-1+\sqrt{3}i}{2}\right)^{3k}=(-1)^{3k}\left(\frac{-1+\sqrt{3}i}{2}\right)^{3k}$$
$$=(-1)^{3k}\times1=1$$

이므로 자연수 l에 대하여 $k=2l$ 꼴이어야 한다.
따라서 $n=6l$ (l은 자연수) 꼴이므로 n의 최솟값은 6이다.
답 ④

대표 문제 ❷ 1을 반드시 원소로 갖고 원소가 2개 이상인 부분집합의 개수는
$2^{5-1}-1=15$ ← 가장 작은 원소가 1
1은 원소로 갖지 않고 2는 반드시 원소로 가지며 원소가 2개 이상인 부분집합의 개수는
$2^{5-2}-1=7$ ← 가장 작은 원소가 2
1, 2는 원소로 갖지 않고 3은 반드시 원소로 가지며 원소가 2개 이상인 부분집합의 개수는
$2^{5-3}-1=3$ ← 가장 작은 원소가 3
1, 2, 3은 원소로 갖지 않고 4는 반드시 원소로 가지며 원소가 2개 이상인 부분집합의 개수는
$2^{5-4}-1=1$ ← 가장 작은 원소가 4
1, 2, 3, 4는 원소로 갖지 않고 5는 반드시 원소로 가지며 원소가 2개 이상인 부분집합은 없다.
따라서 각 집합의 가장 작은 원소를 모두 더한 값은
$15\times1+7\times2+3\times3+1\times4=42$
답 ①

2-1 $10=9+1=8+2=7+3=6+4$이므로

(i) 집합 X의 원소 중 가장 큰 수가 9, 가장 작은 수가 1일 때, 집합 X의 개수는 집합 $\{2, 3, 4, 5, 6, 7, 8\}$의 부분집합의 개수와 같으므로

$2^7=128$

(ii) 집합 X의 원소 중 가장 큰 수가 8, 가장 작은 수가 2일 때, 집합 X의 개수는 집합 $\{3, 4, 5, 6, 7\}$의 부분집합의 개수와 같으므로

$2^5=32$

(iii) 집합 X의 원소 중 가장 큰 수가 7, 가장 작은 수가 3일 때, 집합 X의 개수는 집합 $\{4, 5, 6\}$의 부분집합의 개수와 같으므로 $2^3=8$

(iv) 집합 X의 원소 중 가장 큰 수가 6, 가장 작은 수가 4일 때, 집합 X는 $\{4, 6\}$, $\{4, 5, 6\}$의 2개이다.

(i)~(iv)에 의하여 구하는 집합 X의 개수는

$128+32+8+2=170$

답 170

2-2 n을 최소의 원소로 갖는 집합 X의 부분집합은 n을 반드시 원소로 갖고 n보다 작은 $1, 2, 3, \cdots, n-1$을 원소로 갖지 않으므로 $f(n)=2^{10-1-(n-1)}=2^{10-n}$

ㄱ. $f(8)=2^{10-8}=2^2=4$ (참)

ㄴ. $a=5$, $b=7$이라 하면

$f(5)=2^{10-5}=2^5=32$, $f(7)=2^{10-7}=2^3=8$

이므로 $f(5)>f(7)$ (거짓)

ㄷ. $f(1)+f(3)+f(5)+f(7)+f(9)$

$=2^{10-1}+2^{10-3}+2^{10-5}+2^{10-7}+2^{10-9}$

$=2^9+2^7+2^5+2^3+2^1$

$=512+128+32+8+2=682$ (참)

따라서 옳은 것은 ㄱ, ㄷ이다.

답 ③

3 STEP 만점 도전 하기

| 본문 11쪽 |

01 ② **02** 135 **03** 27 **04** 11 **05** ④

01 $A=\{1, 2, 3, 4, 5, 6, 7, 8, 9, 10\}$이고 원소를 3으로 나누었을 때 나머지가 1인 수의 집합을 B, 나머지가 2인 수의 집합을 C, 나머지가 0인 수의 집합을 D라 하면

$B=\{1, 4, 7, 10\}$, $C=\{2, 5, 8\}$, $D=\{3, 6, 9\}$

(i) 집합 $B=\{1, 4, 7, 10\}$의 원소로만 집합 X를 구성하는 경우

집합 B의 부분집합 중 원소의 개수가 1인 집합과 공집합을 뺀 것과 같으므로 집합 X의 개수는

$2^4-4-1=11$

(ii) 집합 $C=\{2, 5, 8\}$의 원소로만 집합 X를 구성하는 경우

집합 C의 부분집합 중 원소의 개수가 1인 집합과 공집합을 뺀 것과 같으므로 집합 X의 개수는

$2^3-3-1=4$

(iii) 집합 $B=\{1, 4, 7, 10\}$과 집합 $D=\{3, 6, 9\}$의 원소로 집합 X를 구성하는 경우

집합 D의 원소 중 단 하나만 집합 X에 속해야 하고 집합 B의 원소는 한 개 이상만 집합 X에 속하기만 하면 되므로 집합 X의 개수는

$3\times(2^4-1)=45$

(iv) 집합 $C=\{2, 5, 8\}$과 집합 $D=\{3, 6, 9\}$의 원소로 집합 X를 구성하는 경우

집합 D의 원소 중 단 하나만 집합 X에 속해야 하고 집합 C의 원소는 한 개 이상 집합 X에 속하기만 하면 되므로 집합 X의 개수는

$3\times(2^3-1)=21$

(i)~(iv)에서 조건을 만족시키는 집합 X의 개수는

$11+4+45+21=81$

답 ②

02 (i) $a-b\neq b$, 즉 $a\neq 2b$인 경우

① $a=3$일 때,

$a-b=2$, $b=1$로 1가지

② $a=4$일 때,

$a-b=3$, $b=1$로 1가지

③ $a=5$일 때,

$a-b=4$, $b=1$

$a-b=3$, $b=2$로 2가지

④ $a=6$일 때,

$a-b=5$, $b=1$

$a-b=4$, $b=2$로 2가지

⑤ $a=7$일 때,

$a-b=6$, $b=1$

$a-b=5$, $b=2$

$a-b=4$, $b=3$으로 3가지

⑥ $a=8$일 때,

$a-b=7$, $b=1$

$a-b=6$, $b=2$

$a-b=5$, $b=3$으로 3가지

⋮

⑰ $a=19$일 때,

$a-b=18$, $b=1$

$a-b=17$, $b=2$

⋮

$a-b=10$, $b=9$로 9가지

⑱ $a=20$일 때,

$a-b=19$, $b=1$

$a-b=18$, $b=2$

⋮

$a-b=11$, $b=9$로 9가지

따라서 집합 X의 개수는

$2\times(1+2+3+\cdots+9)=90$

(ii) $a-b=b$, 즉 $a=2b$인 경우

이때는 $2b(=a)$와 $b(=a-b)$ 사이에 있는 어떤 하나의 수가 집합 X의 원소가 되면 된다. 즉, $2b$와 b 사이에는 모두 $(b-1)$개의 수가 있다.

① $b=1$일 때, 0가지

② $b=2$일 때, 1가지

③ $b=3$일 때, 2가지

⋮

⑩ $b=10$일 때, 9가지

따라서 집합 X의 개수는 $0+1+2+3+\cdots+9=45$

(i), (ii)에서 $n(X)=3$을 만족시키는 집합 X의 개수는

$90+45=135$

답 135

03 $X=\{7, 15, 23\}$,

$Z=\{1, 3, 5, 7, 9, 11, 13, 15, 17, 19, 21, 23\}$

조건 ㈎에서 $7\in Y$, $15\in Y$, $23\in Y$이므로 조건 ㈏에서

$17\notin Y$, $9\notin Y$, $1\notin Y$이다.

이제 집합 Z의 원소 3, 5, 11, 13, 19, 21이 집합 Y에 속하는 경우를 알아보자.

$3\in Y$이면 $21\notin Y$, $5\in Y$이면 $19\notin Y$, $11\in Y$이면 $13\notin Y$이고 $21\in Y$이면 $3\notin Y$, $19\in Y$이면 $5\notin Y$, $13\in Y$이면 $11\notin Y$이다.

즉, 원소 3과 21에 대하여

(i) $3\in Y$이고 $21\notin Y$

(ii) $3\notin Y$이고 $21\in Y$

(iii) $3\notin Y$이고 $21\notin Y$

의 세 가지 경우가 존재한다.

마찬가지로 원소 5와 19, 11과 13에 대해서도 위와 같이 각각 세 가지 경우가 존재하므로 조건을 만족시키는 집합 Y의 개수는

$3\times3\times3=27$

답 27

04 집합 A의 조건 '$P(x)Q(y)=0$이고 $Q(x)P(y)=0$'을 만족시키는 경우는 두 방정식의 공통근이 존재하는 경우와 공통근이 존재하지 하지 않는 경우로 나누어 생각할 수 있다.

방정식 $P(x)=0$의 서로 다른 5개의 실근을 $p_1, p_2, \cdots, p_5$, 방정식 $Q(x)=0$의 서로 다른 7개의 실근을 $q_1, q_2, \cdots, q_7$이라 하자.

(i) 공통근이 존재하지 않는 경우

㉠ $P(x)=0$일 때

공통근이 존재하지 않으므로 $Q(x)\neq0$, $P(y)=0$

$P(x)=0$, $P(y)=0$의 x, y에 대입할 수 있는 실근은 $p_1, p_2, \cdots, p_5$ 각각 5가지 경우이므로 $n(A)=25$

즉, 집합 A는 유한집합이다.

㉡ $Q(y)=0$일 때

공통근이 존재하지 않으므로 $P(y)\neq0$, $Q(x)=0$

$Q(y)=0$, $Q(x)=0$의 x, y에 대입할 수 있는 실근은 $q_1, q_2, \cdots, q_7$ 각각 7가지 경우이므로 $n(A)=49$

즉, 집합 A는 유한집합이다.

(ii) 공통근이 존재하는 경우

$P(x)=0$, $Q(x)=0$을 만족시키는 실근이 존재하면 y에 대입할 수 있는 실수는 무한개이므로 '집합 A는 무한집합이다.'라는 문제의 조건을 만족시킨다.

(i), (ii)에 의하여 공통근이 존재하며 $n(B)$가 최대가 되려면 공통근의 개수가 최소가 되어야 하므로 $n(B)$가 최대일 때 공통근은 1개이다.

따라서 $n(B)$의 최댓값은

$5+7-1=11$

답 11

05 $\{1, 2, 3, 4, 5\}$의 2^5개의 부분집합 중 최대의 원소인 5를 원소로 갖는 것과 5를 원소로 갖지 않는 것을 다음과 같이 대응시킬 수 있다.

$\varnothing \longleftrightarrow \{5\}$

$\{1\} \longleftrightarrow \{1, 5\}$

$\{2\} \longleftrightarrow \{2, 5\}$

$\{3\} \longleftrightarrow \{3, 5\}$

⋮

$\{1, 2, 3, 4\} \longleftrightarrow \{1, 2, 3, 4, 5\}$

두 집합 A, B가 위와 같이 대응될 때 $m(\varnothing)=0$으로 정하고 $m(A)+m(B)$의 값을 구하면

$\varnothing \longleftrightarrow \{5\}$의 경우: $0+5=5$

$\{1\} \longleftrightarrow \{1, 5\}$의 경우: $1+(5-1)=5$

$\{2\} \longleftrightarrow \{2, 5\}$의 경우: $2+(5-2)=5$

$\{3\} \longleftrightarrow \{3, 5\}$의 경우: $3+(5-3)=5$

⋮

$\{1, 2, 3, 4\} \longleftrightarrow \{1, 2, 3, 4, 5\}$의 경우:

$(4-3+2-1)+(5-4+3-2+1)=5$

따라서 대응시키는 경우가 $2^4=16$(가지)이므로

$m(X_1)+m(X_2)+\cdots+m(X_{31})=5\times16=80$

답 ④

02강 집합의 연산

기본 다지기

| 본문 12쪽 |

1 5　　2 ③　　3 ⑤　　4 ⑤　　5 5

1 $A\cap B=\{2, 3\}$이므로 집합 $A\cap B$의 모든 원소의 합은
$2+3=5$ 　답 5

2 $A^C=\{4, 5, 7, 8, 9\}$, $A-B=\{1, 2\}$이므로
$n(A^C)+n(A-B)=5+2=7$ 　답 ③

3 ② $(A\cap A^C)^C=\varnothing^C=U$
④ $(A\cup A^C)^C=U^C=\varnothing$
⑤ $A-A^C=A$
따라서 옳지 않은 것은 ⑤이다. 　답 ⑤

4 ② $(A\cap B)-A=(A\cap B)\cap A^C$
$=A\cap A^C\cap B$
$=\varnothing\cap B=\varnothing$
⑤ $A-B^C=A\cap(B^C)^C=A\cap B$
따라서 옳지 않은 것은 ⑤이다. 　답 ⑤

5 $n(A\cup B)=n(A)+n(B)-n(A\cap B)$
$=3+4-2=5$ 　답 5

1 STEP 필수 유형 다지기

| 본문 13~15쪽 |

01 ⑤	02 ③	03 ③	04 4	05 8	06 ④
07 30	08 ③, ⑤	09 ①	10 ⑤	11 ①	12 24
13 ③	14 ②	15 ②	16 34	17 ④	18 32
19 ③	20 8	21 27			

01 (ⅰ) $k\in A$일 때
$A\cup B=\{1, 3, 5, 6, 7, 9\}$이고 이때 모든 원소의 합은 31이므로 조건을 만족시키지 않는다.
(ⅱ) $k\notin A$일 때
$A\cup B=\{1, 3, 5, 6, 7, 9, k\}$이고 이때 모든 원소의 합은 $31+k$이다.
(ⅰ), (ⅱ)에 의하여 $k\notin A$이므로
$31+k=41$ 　$\therefore k=10$ 　답 ⑤

02 $A\cap B=\{2, 3\}$에서 $3\in A$이므로 $a=3$
또한, $A\cap B=\{2, 3\}$에서 $2\in B$이므로
$b=2$ 또는 $b-2=2$
(ⅰ) $b=2$일 때, $B=\{0, 2, 3\}$
즉, $A\cap B=\{0, 2, 3\}$이 되어 조건을 만족시키지 않는다.
(ⅱ) $b-2=2$, 즉 $b=4$일 때, $B=\{2, 3, 4\}$
즉, $A\cap B=\{2, 3\}$이 되어 조건을 만족시킨다.
(ⅰ), (ⅱ)에 의하여 $b=4$
$\therefore a+b=3+4=7$ 　답 ③

03 $B^C=\{1, 2\}$이므로 $A\cup B^C=\{1, 2, 3, 5\}$
$\therefore n(A\cup B^C)=4$ 　답 ③

04 $A\cap B^C=A-B=\{1, 5\}$이므로 $2\in B$이어야 한다.
따라서 $a-2=2$이므로 $a=4$ 　답 4

05 $A-B=\{5, 7\}$, $A\cup B=\{1, 3, 5, 7, 9\}$ ······❶
이므로 $\{5, 7\}\subset X\subset\{1, 3, 5, 7, 9\}$
따라서 집합 X의 개수는 집합 $A\cup B$의 부분집합 중 집합 $A-B$의 원소 5, 7을 반드시 원소로 갖는 부분집합의 개수와 같으므로
$2^{5-2}=2^3=8$ ······❷
답 8

단계	채점 기준	배점
❶	집합 $A-B$, $A\cup B$의 원소 구하기	40 %
❷	집합 X의 개수 구하기	60 %

06 ① $U-A=A^C$　　② $A^C\cap A=\varnothing$
③ $A^C\cup A=U$　　⑤ $U\cap B^C=B^C$
따라서 항상 옳은 것은 ④이다. 　답 ④

07 $(A^C)^C=A=\{3, 5, 7\}$이므로
$U=A\cup A^C$
$=\{3, 5, 7\}\cup\{1, 2, 4, 8\}$
$=\{1, 2, 3, 4, 5, 7, 8\}$
따라서 전체집합 U의 모든 원소의 합은
$1+2+3+4+5+7+8=30$ 　답 30

08 $A\cap B=A$이므로 $A\subset B$
③ $A\subset B$이면 $B^C\subset A^C$이므로 $A^C\cap B^C=B^C$
⑤ $A\subset B$이고 $A\neq B$이므로 $B-A\neq\varnothing$ 　답 ③, ⑤

Core 특강

두 집합의 포함 관계

(1) $A\subset B$이면
① $A\cup B=B$, $A\cap B=A$
② $A-B=\varnothing$, $A\cap B^C=\varnothing$
③ $A^C\cup B=U$
④ $B^C\subset A^C$

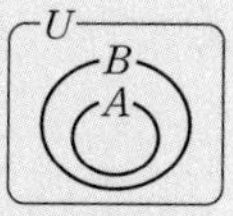

(2) $A\cap B=\varnothing$이면
① $A-B=A$, $B-A=B$
② $A\subset B^C$, $B\subset A^C$

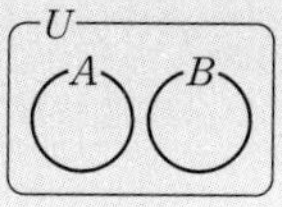

09 $A-B=A$이므로 $A\cap B=\varnothing$

즉, 두 집합 A, B는 서로소이므로 벤다이어그램으로 나타내면 오른쪽 그림과 같다.

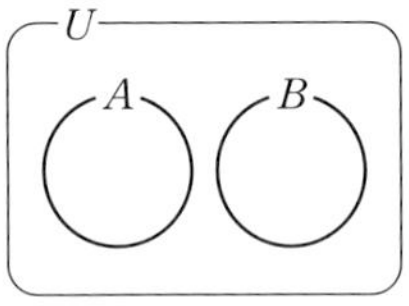

ㄱ. $A\cap B=\varnothing$ (참)

ㄴ. $A\cup B\neq B$ (거짓)

ㄷ. $B-A=B$ (참)

ㄹ. $A^C\not\subset B^C$ (거짓)

따라서 옳은 것은 ㄱ, ㄷ이다. 답 ①

10 ㄱ. $A-B^C=A\cap(B^C)^C=A\cap B$ (참)

ㄴ. $A\subset B^C$이면 $A\cap B=\varnothing$이므로

$B-A^C=B\cap(A^C)^C=B\cap A=\varnothing$ (참)

ㄷ. $A\cap B=A$이면 $A\subset B$이므로

$A\cup B=B$ (참)

따라서 ㄱ, ㄴ, ㄷ 모두 옳다. 답 ⑤

11 $A\cap X=A$에서 $A\subset X$

$B\cup X=B$에서 $X\subset B$

$\therefore A\subset X\subset B$

따라서 집합 X의 개수는 집합 B의 부분집합 중 집합 A의 원소 1, 3을 반드시 원소로 갖는 부분집합의 개수와 같으므로

$2^{5-2}=2^3=8$ 답 ①

12 $A\cap(B\cap C)^C=A\cap(B^C\cup C^C)$

$=(A\cap B^C)\cup(A\cap C^C)$

$=(A-B)\cup(A-C)$

$=\{1, 2, 3, 6\}\cup\{1, 2, 4, 8\}$

$=\{1, 2, 3, 4, 6, 8\}$ ······❶

따라서 집합 $A\cap(B\cap C)^C$의 모든 원소의 합은

$1+2+3+4+6+8=24$ ······❷

답 24

단계	채점 기준	배점
❶	집합 $A\cap(B\cap C)^C$의 원소 구하기	70 %
❷	집합 $A\cap(B\cap C)^C$의 원소의 합 구하기	30 %

13 $(P-R)\cup(Q\cap R^C)=(P\cap R^C)\cup(Q\cap R^C)$

$=(P\cup Q)\cap R^C$

$=(P\cup Q)-R$ 답 ③

14 $\{(A\cap B)\cup(A-B)\}\cup B=\{(A\cap B)\cup(A\cap B^C)\}\cup B$

$=\{A\cap(B\cup B^C)\}\cup B$

$=(A\cap U)\cup B$

$=A\cup B$

$A\cup B=A$이므로 $B\subset A$

② $A-B\neq\varnothing$

따라서 항상 옳지 않은 것은 ②이다. 답 ②

15 $(A\cup B^C)\cup(A\cap B)^C=(A\cup B^C)\cup(A^C\cup B^C)$

$=(A\cup A^C)\cup B^C$

$=U\cup B^C=U$

이므로

$U=\{1, 3, 5, 7, 9\}\cup\{2, 4, 5, 8, 9\}$

$=\{1, 2, 3, 4, 5, 7, 8, 9\}$

$(A\cup B^C)\cap(A\cap B)^C=(A\cup B^C)\cap(A^C\cup B^C)$

$=(A\cap A^C)\cup B^C$

$=\varnothing\cup B^C=B^C$

즉,

$B^C=\{1, 3, 5, 7, 9\}\cap\{2, 4, 5, 8, 9\}$

$=\{5, 9\}$

이므로 $B=\{1, 2, 3, 4, 7, 8\}$

따라서 집합 B의 모든 원소의 합은

$1+2+3+4+7+8=25$ 답 ②

16 $A^C\cap B^C=(A\cup B)^C$이므로

$n(A\cup B)=n(U)-n(A^C\cap B^C)=30-6=24$

$n(A\cup B)=n(A)+n(B)-n(A\cap B)$에서

$24=n(A)+n(B)-10$

$\therefore n(A)+n(B)=34$ 답 34

17 $n(A\cup B)=n(A)+n(B)-n(A\cap B)$에서

$32=24+16-n(A\cap B)$ $\therefore n(A\cap B)=8$

$\therefore n(A-B)=n(A)-n(A\cap B)$

$=24-8=16$ 답 ④

다른 풀이 $n(A-B)=n(A\cup B)-n(B)=32-16=16$

18 $n(A\cap B)=8$이므로 $n(B)\geq 8$

$n(A\cup B)=n(A)+n(B)-n(A\cap B)$

$=14+n(B)-8=n(B)+6$

이때 $n(A\cup B)\leq n(U)=30$이므로

$n(B)+6\leq 30$에서 $n(B)\leq 24$

$\therefore 8\leq n(B)\leq 24$

따라서 $M=24$, $m=8$이므로

$M+m=24+8=32$ 답 32

19 반 전체 학생의 집합을 U, 수학을 신청한 학생의 집합을 A, 과학을 신청한 학생의 집합을 B라 하면 두 과목 모두 신청하지 않은 학생이 12명이므로

$n(U)=35$, $n(A)=16$, $n(B)=14$, $n((A\cup B)^C)=12$

$n(A\cup B)=n(U)-n((A\cup B)^C)=35-12=23$

$n(A\cup B)=n(A)+n(B)-n(A\cap B)$에서

$23=16+14-n(A\cap B)$

$\therefore n(A\cap B)=30-23=7$

따라서 수학과 과학을 모두 신청한 학생은 7명이다. 답 ③

Core 특강

집합의 원소의 개수의 실생활에의 활용

주어진 조건을 전체집합 U와 그 부분집합 A, B로 나타낸 후 다음을 이용한다.

(1) 둘 다 ~하는 → $A\cap B$

(2) 둘 다 ~하지 않는 → $A^C\cap B^C=(A\cup B)^C$

(3) ~만 ~하는 → $A-B$ 또는 $B-A$

(4) 둘 중 하나만 ~하는 → $(A-B)\cup(B-A)$

20 회원 전체의 집합을 U, 액션 영화를 좋아하는 회원의 집합을 A, 코미디 영화를 좋아하는 회원의 집합을 B라 하면

$n(U)=50$, $n(A)=26$, $n(B)=28$, $n(A\cap B)=12$ ······ ❶

$n(A\cup B)=n(A)+n(B)-n(A\cap B)$

$=26+28-12=42$ ······ ❷

액션 영화와 코미디 영화를 모두 좋아하지 않는 회원의 집합은 $A^C\cap B^C=(A\cup B)^C$이므로

$n((A\cup B)^C)=n(U)-n(A\cup B)$

$=50-42=8$

따라서 구하는 회원 수는 8이다. ······ ❸

답 8

단계	채점 기준	배점
❶	주어진 조건을 집합으로 나타내기	30 %
❷	$n(A\cup B)$ 구하기	40 %
❸	두 장르의 영화를 모두 좋아하지 않는 회원 수 구하기	30 %

21 설악산과 지리산에 가본 적이 있는 회원의 집합을 각각 A, B라 하자.

조건 (가)에서

$n(B)=2\times n(A)$

조건 (나), (다)에서

$n(A\cap B)=6$, $n(B-A)=16$

$\therefore n(B)=n(B-A)+n(A\cap B)=16+6=22$

$n(A)=\frac{1}{2}\times n(B)=\frac{1}{2}\times 22=11$

설악산 또는 지리산에 가본 적이 있는 회원의 집합은 $A\cup B$이므로

$n(A\cup B)=n(A)+n(B)-n(A\cap B)$

$=11+22-6=27$

따라서 구하는 회원 수는 27이다.

답 27

2STEP 출제 유형 PICK

| 본문 16~17쪽 |

대표 문제 1 ④	1-1 180	1-2 ⑤
대표 문제 2 12	2-1 ④	2-2 ③
대표 문제 3 ②	3-1 16	3-2 127
대표 문제 4 60	4-1 20	4-2 ④

대표 문제 1 집합 $A_8\cap A_{12}$는 8과 12의 공배수의 집합, 즉 24의 배수의 집합이므로

$A_8\cap A_{12}=A_{24}$

따라서 $A_p\subset A_{24}$를 만족시키는 p는 24의 배수이므로 자연수 p의 최솟값은 24이다.

또, 집합 $B_{16}\cap B_{24}$는 16과 24의 공약수의 집합, 즉 8의 약수의 집합이므로

$B_{16}\cap B_{24}=B_8$

따라서 $B_q\subset B_8$을 만족시키는 q는 8의 약수이므로 자연수 q의 최댓값은 8이다.

$\therefore 24+8=32$

답 ④

1-1 $(A_{30}\cup A_{18})\subset A_m$이려면 $A_{30}\subset A_m$, $A_{18}\subset A_m$을 모두 만족시켜야 하므로 m은 30과 18의 공약수이어야 한다.

따라서 m은 6의 약수이므로 m의 최댓값은 $\alpha=6$

또, 집합 $A_6\cap A_{10}$은 6과 10의 공배수의 집합, 즉 30의 배수의 집합이므로 $A_6\cap A_{10}=A_{30}$

따라서 $A_n\subset A_{30}$을 만족시키는 n은 30의 배수이므로 n의 최솟값은 $\beta=30$

$\therefore \alpha\beta=6\times 30=180$

답 180

1-2 ㄱ. m, n이 서로소일 때, m과 n의 공약수는 1뿐이므로

$A_m\cap A_n=\{1\}\neq\varnothing$ (거짓)

ㄴ. n이 m의 배수이면 m은 n의 약수이므로 m의 양의 약수 전체의 집합은 n의 양의 약수 전체의 집합에 포함된다.

$\therefore A_m\subset A_n$ (참)

ㄷ. $x\in(A_m\cap A_n)$이라 하면 x는 m과 n의 공약수이므로

$m=xm'$, $n=xn'$ (단, m', n'은 자연수)

$m+n=xm'+xn'=x(m'+n')$이므로 x는 $m+n$의 약수이다. 즉, $x\in A_{m+n}$이므로 $(A_m\cap A_n)\subset A_{m+n}$ (참)

따라서 옳은 것은 ㄴ, ㄷ이다.

답 ⑤

대표 문제 2 $A^C\cap B^C=(A\cup B)^C=\{5, 8\}$이므로

$A\cup B=\{1, 2, 3, 4, 6, 7\}$

$(A-B)^C\cap\{B-(A\cap B)\}=(A\cap B^C)^C\cap(B-A)$

$=(A^C\cup B)\cap(B\cap A^C)$

$=\{(A^C\cup B)\cap B\}\cap A^C$

$=\{(A^C\cap B)\cup(B\cap B)\}\cap A^C$

$=\{(B-A)\cup B\}\cap A^C$

$=B\cap A^C=B-A$

즉, $B-A=\{4, 7\}$이므로

$A=(A\cup B)-(B-A)=\{1, 2, 3, 6\}$

따라서 집합 A의 모든 원소의 합은

$1+2+3+6=12$

답 12

2-1 $\{(B-A)\cup(A^C\cap B^C)\}\cap\{(A\cup B)\cap(A^C\cup B)\}$

$=\{(B\cap A^C)\cup(A^C\cap B^C)\}\cap\{(A\cup B)\cap(A^C\cup B)\}$

$=\{A^C\cap(B\cup B^C)\}\cap\{(A\cap A^C)\cup B\}$

$=(A^C\cap U)\cap(\varnothing\cup B)$

$=A^C\cap B=B-A$ 답 ④

2-2 ㄱ. $A^C\triangledown B^C=(A^C-B^C)\cup(B^C-A^C)$

$=\{A^C\cap(B^C)^C\}\cup\{B^C\cap(A^C)^C\}$

$=(A^C\cap B)\cup(B^C\cap A)$

$=(A\cap B^C)\cup(B\cap A^C)$

$=(A-B)\cup(B-A)$

$=A\triangledown B$ (참)

ㄴ. $(A\triangledown B)\triangledown A=\{(A\triangledown B)-A\}\cup\{A-(A\triangledown B)\}$

$=(B-A)\cup(A\cap B)=B$

$(A\triangledown B)\triangledown B=\{(A\triangledown B)-B\}\cup\{B-(A\triangledown B)\}$

$=(A-B)\cup(A\cap B)=A$

$\therefore (A\triangledown B)\triangledown A\neq(A\triangledown B)\triangledown B$ (거짓)

ㄷ. $A\triangledown(A-B)=\{A-(A-B)\}\cup\{(A-B)-A\}$

$=\{A\cap(A\cap B^C)^C\}\cup\{(A\cap B^C)\cap A^C\}$

$=\{A\cap(A^C\cup B)\}\cup(A\cap A^C\cap B^C)$

$=\{(A\cap A^C)\cup(A\cap B)\}\cup(\varnothing\cap B^C)$

$=\{\varnothing\cup(A\cap B)\}\cup\varnothing$

$=A\cap B$

$B\triangledown(B-A)=\{B-(B-A)\}\cup\{(B-A)-B\}$

$=\{B\cap(B\cap A^C)^C\}\cup\{(B\cap A^C)\cap B^C\}$

$=\{B\cap(B^C\cup A)\}\cup(B\cap B^C\cap A^C)$

$=\{(B\cap B^C)\cup(B\cap A)\}\cup(\varnothing\cap A^C)$

$=\{\varnothing\cup(A\cap B)\}\cup\varnothing$

$=A\cap B$

$\therefore A\triangledown(A-B)=B\triangledown(B-A)$ (참)

따라서 옳은 것은 ㄱ, ㄷ이다. 답 ③

대표문제 3 $A-X=\varnothing$에서 $A\subset X$ ...... ㉠

$B-A=\{1, 3, 7\}$이고, $(B-A)\cap X=\{1, 3\}$이므로

$1\in X$, $3\in X$, $7\notin X$ ...... ㉡

㉠, ㉡에서 집합 X는 1, 2, 3, 5를 반드시 원소로 갖고 7을 원소로 갖지 않아야 한다.

따라서 집합 X의 개수는

$2^{7-4-1}=2^2=4$ 답 ②

3-1 조건 (가)에서 집합 X는 집합 A의 원소 1, 2, 4를 원소로 갖지 않으므로 $X\subset A^C$

조건 (나)에서 $B\subset X$

$\therefore B\subset X\subset A^C$

즉, $\{3, 5, 7\}\subset X\subset\{3, 5, 6, 7, 8, 9, 10\}$

따라서 집합 X의 개수는 집합 A^C의 부분집합 중 집합 B의 원소 3, 5, 7을 반드시 원소로 갖는 부분집합의 개수와 같으므로

$2^{7-3}=2^4=16$ 답 16

3-2 $50=2\times5^2$이므로 집합 B의 모든 원소는 2의 배수도 아니고, 5의 배수도 아니다.

조건 (나)에서 $X\cap B=\varnothing$이므로 집합 X의 모든 원소는 2의 배수이거나 5의 배수이어야 한다.

조건 (다)에서 $12=2^2\times3$이므로 집합 X의 모든 원소는 2의 배수도 아니고, 3의 배수도 아니다.

따라서 집합 X의 모든 원소는 100 이하의 5의 배수 중에서 2의 배수도 아니고, 3의 배수도 아닌 수이므로 집합 X의 원소가 될 수 있는 수는 5, 25, 35, 55, 65, 85, 95이다.

조건 (가)에서 집합 X는 집합 $\{5, 25, 35, 55, 65, 85, 95\}$의 공집합이 아닌 부분집합이어야 하므로 집합 X의 개수는

$2^7-1=128-1=127$ 답 127

다른 풀이 집합 A를 전체집합으로 생각하자.

조건 (가)에서 $X\subset A$이므로 집합 X의 모든 원소는 100 이하의 자연수이다.

이때 집합 A의 부분집합 중에서 2의 배수의 집합을 A_2, 3의 배수의 집합을 A_3, 5의 배수의 집합을 A_5라 하자.

조건 (나)에서 $X\cap B=\varnothing$이고, $50=2\times5^2$이므로 집합 X의 모든 원소는 2의 배수이거나 5의 배수이다.

즉, 집합 X의 모든 원소는 $A_2\cup A_5$에 속한다.

조건 (다)에서 $12=2^2\times3$이므로 집합 X의 모든 원소는 2의 배수도 아니고, 3의 배수도 아니다.

즉, 집합 X의 모든 원소는 $A_2{}^C\cap A_3{}^C=(A_2\cup A_3)^C$에 속한다.

조건 (가), (나), (다)에 의하여 집합 X의 모든 원소는

$(A_2\cup A_5)\cap(A_2\cup A_3)^C$

$=A_5-(A_2\cup A_3)$

에 속한다.

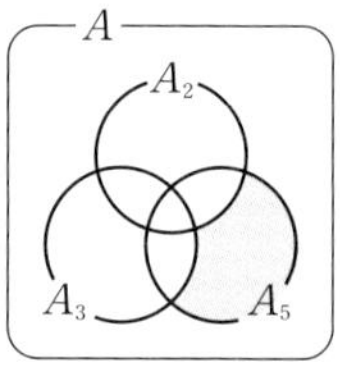

따라서 집합 X의 모든 원소는 100 이하의 5의 배수 중에서 2의 배수도 아니고, 3의 배수도 아닌 수이므로 집합 X의 원소가 될 수 있는 수는 5, 25, 35, 55, 65, 85, 95이다.

조건 (가)에서 집합 X는 집합 $\{5, 25, 35, 55, 65, 85, 95\}$의 공집합이 아닌 부분집합이어야 하므로 집합 X의 개수는

$2^7-1=128-1=127$

대표문제 4 조사한 학원 수강생 전체의 집합을 U, 두 자격증 A, B를 취득한 수강생의 집합을 각각 A, B라 하자.

이때 하나 이상의 자격증을 취득한 수강생의 집합은 $A\cup B$이고, 두 자격증 A, B를 모두 취득하지 못한 수강생의 집합은 $A^C\cap B^C$, 즉 $(A\cup B)^C$이므로

$n(U)=150$

$n(A)=n(B)+10$ ...... ㉠

$n(A\cup B)=n((A\cup B)^C)+70$ ...... ㉡

㉡에서 $n(A\cup B)=n(U)-n(A\cup B)+70$

$2n(A\cup B)=150+70=220$

$\therefore n(A\cup B)=110$

또, $n(A\cup B)=n(A)+n(B)-n(A\cap B)$이므로

$110=n(A)+n(A)-10-n(A\cap B)$ ($\because$ ㉠)

$2n(A)=120+n(A\cap B)$

$\therefore n(A)=60+\frac{1}{2}n(A\cap B)$ …… ㉢

자격증 A만 취득한 수강생의 집합은 $A-B$이고

$n(A-B)=n(A)-n(A\cap B)$

$=60+\frac{1}{2}n(A\cap B)-n(A\cap B)$

$=60-\frac{1}{2}n(A\cap B)$ ($\because$ ㉢)

이때 $n(A-B)$는 $n(A\cap B)=0$일 때 최대가 된다.

즉, $n(A-B)$의 최댓값은 $n(A)=60$

따라서 자격증 A만 취득한 수강생 수의 최댓값은 60이다.

답 60

4-1 조사한 학급 학생 전체의 집합을 U, 체험 활동 A를 신청한 학생의 집합을 A, 체험 활동 B를 신청한 학생의 집합을 B라 하면

$n(U)=35$, $n(A)=25$, $n(B)=20$

체험 활동 A, B 중 하나만 신청한 학생의 집합은

$(A-B)\cup(B-A)$이므로

$n((A-B)\cup(B-A))$

$=n(A-B)+n(B-A)$

$=n(A\cup B)-n(B)+n(A\cup B)-n(A)$

$=2n(A\cup B)-n(A)-n(B)$

$=2n(A\cup B)-45$

이때 $n(A\cup B)$는 $B\subset A$일 때 최소, $A\cup B=U$일 때 최대이므로

$n(A)\le n(A\cup B)\le n(U)$

$25\le n(A\cup B)\le 35$

$\therefore 5\le n((A-B)\cup(B-A))\le 25$

따라서 $M=25$, $m=5$이므로

$M-m=25-5=20$

답 20

4-2 $A^C\cap B^C\cap C^C=(A\cup B\cup C)^C$

이므로 전체집합을 U,

$n(A\cap B\cap C)=x$,

$n((B\cap C)-A)=y$

라 하고 벤다이어그램에 각각의 영역에 해당하는 원소의 개수를 표시하면 오른쪽과 같다.

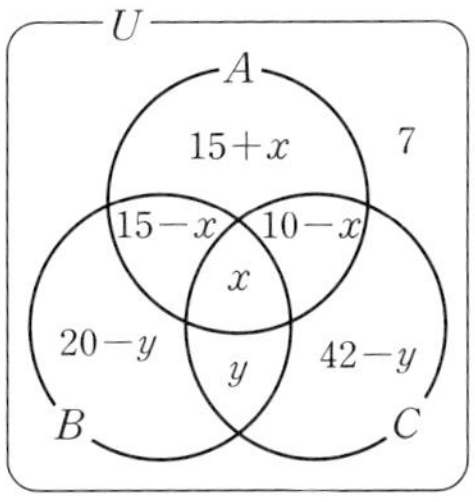

$n(A\cup B\cup C)$

$=(15+x)+(15-x)+x+(10-x)+(20-y)+y+(42-y)$

$=102-y=93$

$\therefore y=9$

이때 두 문제 이상 맞힌 학생 수는

$(15-x)+x+(10-x)+y=34-x$

$0\le x\le 10$이므로 두 문제 이상을 맞힌 학생 수는 $x=10$일 때 최솟값 24를 갖는다.

답 ④

3 STEP 만점 도전 하기

| 본문 18~19쪽 |

01 548 **02** ④ **03** 30 **04** ④ **05** 32 **06** ③
07 ② **08** 12 **09** 63

01 m과 n의 최대공약수를 g라 하고

$m=ga$, $n=gb$ ($a<b$이고 a, b는 서로소인 자연수)라 하면

조건 (나)에서 $l=gab$

조건 (가)에서 $n(A_m\cap A_n)=n(A_g)=3$이므로 g는 소수의 제곱인 수이어야 한다.

즉, 주어진 조건을 만족시키는 g의 최솟값은 $2^2=4$이고, 이때 m도 최솟값을 가진다.

그런데 $a=1$이면 $m=g$, $n=gb$, $l=gb$에서 $n=l$이 되므로 $m<n<l$에 모순이다.

따라서 주어진 조건을 만족시키는 자연수 m의 최솟값은 $g=4$, $a=2$일 때 $4\times 2=8$이다.

이때 $n(A_m)=n(A_8)=4$ …… ㉠

$b=p^\alpha\times q^\beta\times r^\gamma\times\cdots$

(p, q, r, $\cdots$는 $3\le p<q<r<\cdots$인 소수, α, β, γ, $\cdots$는 자연수)라 하면

$n=gb=2^2\times p^\alpha\times q^\beta\times r^\gamma\times\cdots$에서

$n(A_n)=3(\alpha+1)(\beta+1)(\gamma+1)\cdots$ …… ㉡

$l=gab=2^3\times p^\alpha\times q^\beta\times r^\gamma\times\cdots$에서

$n(A_l)=4(\alpha+1)(\beta+1)(\gamma+1)\cdots$ …… ㉢

조건 (다)에서 $n(A_m)+n(A_n)<n(A_l)$이므로 ㉠, ㉡, ㉢에서

$4+3(\alpha+1)(\beta+1)(\gamma+1)\cdots<4(\alpha+1)(\beta+1)(\gamma+1)\cdots$

$\therefore 4<(\alpha+1)(\beta+1)(\gamma+1)\cdots$ …… ㉣

㉣을 만족시키는 자연수 b의 최솟값은 $3^2\times 5$이므로

n의 최솟값은 $2^2\times 3^2\times 5=180$, l의 최솟값은 $2^3\times 3^2\times 5=360$

따라서 $m+n+l$의 최솟값은 $8+180+360=548$ 답 548

02 집합 A의 모든 원소의 합을 t라 하자.

ㄱ. $X=A$일 때, $S_B=t-6$, $S_C=t-24$이므로 $S_B>S_C$

$\therefore A\in Y$ (참)

ㄴ. $X\in Y$이려면 $7\in X$ 또는 $8\in X$ 또는 $9\in X$이어야 하고, 이때 $t-7\ge S_C$이다.

또한, 1, 2, 3은 집합 X의 원소이든 원소가 아니든 $S_B\ge t-6$이므로 $S_B>S_C$를 만족시킨다.

따라서 $X\cap B=\varnothing$인 경우도 존재하고 $X\cap B\ne\varnothing$인 경우도 존재한다. (거짓)

ㄷ. ㄴ에서 $X\in Y$이려면 $7\in X$ 또는 $8\in X$ 또는 $9\in X$이어야 한다. …… ㉠

집합 Y의 원소의 개수는 집합 A의 모든 부분집합의 개수 2^n에서 ㉠을 만족시키지 못하는 부분집합의 개수, 즉 $7\notin X$, $8\notin X$, $9\notin X$인 부분집합의 개수 2^{n-3}을 뺀 것과 같으므로 $2^n-2^{n-3}=7\times 2^{n-3}$ (참)

따라서 옳은 것은 ㄱ, ㄷ이다. 답 ④

03 $A-X=A-(A\cap X)$, $X-A=X-(A\cap X)$이므로 $A \lhd X$이면 집합 $A-X=A-(A\cap X)$의 모든 원소의 곱보다 집합 $X-A=X-(A\cap X)$의 모든 원소의 곱이 크므로 집합 A의 모든 원소의 곱보다 집합 X의 모든 원소의 곱이 커야 한다.
같은 방법으로 $X \lhd B$이면 집합 $X-B=X-(X\cap B)$의 모든 원소의 곱보다 집합 $B-X=B-(X\cap B)$의 모든 원소의 곱이 크므로 집합 X의 모든 원소의 곱보다 집합 B의 모든 원소의 곱이 커야 한다.
즉, 집합 A의 모든 원소의 곱은 $2\times3=6$, 집합 B의 모든 원소의 곱은 $2\times3\times4=24$이므로 집합 X의 모든 원소의 곱은 6보다 크고 24보다 작아야 한다.

(i) 집합 X의 원소의 개수가 1일 때
집합 X는 $\{7\}$, $\{8\}$, $\{9\}$, $\cdots$, $\{23\}$으로 모두 17개이다.

(ii) 집합 X의 원소의 개수가 2일 때
㉠ 집합 X의 원소 중 가장 작은 수가 2인 경우
집합 X는 $\{2, 4\}$, $\{2, 5\}$, $\{2, 6\}$, $\cdots$, $\{2, 11\}$로 모두 8개이다.
㉡ 집합 X의 원소 중 가장 작은 수가 3인 경우
집합 X는 $\{3, 4\}$, $\{3, 5\}$, $\{3, 6\}$, $\{3, 7\}$로 모두 4개이다.
㉢ 집합 X의 원소 중 가장 작은 수가 4인 경우
집합 X는 $\{4, 5\}$로 모두 1개이다.
㉣ 집합 X의 원소 중 가장 작은 수가 5 이상인 경우는 존재하지 않는다.

(iii) 집합 X의 원소의 개수가 3 이상인 경우는 존재하지 않는다.

(i), (ii), (iii)에 의하여 주어진 조건을 만족시키는 집합 X의 개수는
$17+8+4+1=30$ 답 30

04 조사한 학교 학생 전체의 집합을 U, 부산에 가 본 적이 있는 학생의 집합을 A, 제주도에 가 본 적이 있는 학생의 집합을 B라 하면
$n(U)=300$, $n(A-B)=a-x$, $n(B-A)=b-x$,
$n(A\cap B)=x$, $n((A\cup B)^C)=y$
각 집합의 원소의 개수를 벤다이어그램으로 나타내면 오른쪽과 같으므로

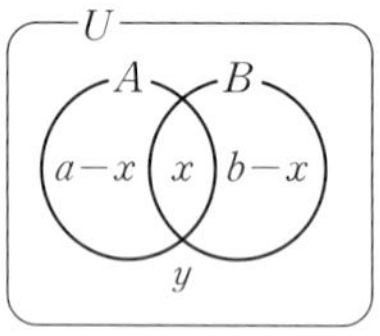

$n(U)=n(A-B)+n(A\cap B)$
$\qquad +n(B-A)+n((A\cup B)^C)$
$\quad =a-x+x+b-x+y$
$\quad =a+b-x+y=300$
$\therefore x-y=a+b-300$ …… ㉠
이때 a, b는 상수이므로 $x-y$의 값은 일정하다. …… ㉡
ㄱ. ㉡에서 $x-y$의 값이 일정하므로 x의 값이 커지면 y의 값도 커진다. (거짓)
ㄴ. ㉠에서 y의 값이 최소일 때, 즉 $y=0$일 때 x의 값이 최소가 되므로 x의 최솟값은 $a+b-300$이다. (참)
ㄷ. ㉠에서 $y=x-(a+b-300)$이므로
$x+y=x+x-(a+b-300)=2x+300-a-b$ …… ㉢
한편, $a-x\geq0$, $b-x\geq0$에서 $x\leq a<b$이므로 x의 최댓값은 a
㉢의 x에 a를 대입하면
$x+y=2a+300-a-b=a-b+300$
즉, $x+y$의 최댓값은 $a-b+300$이다. (참)
따라서 옳은 것은 ㄴ, ㄷ이다. 답 ④

05 조사한 학급 학생 전체의 집합을 U, 국어를 좋아하는 학생의 집합을 A, 영어를 좋아하는 학생의 집합을 B, 수학을 좋아하는 학생의 집합을 C라 하면
$n(U)=40$, $n(A)=17$, $n(B)=12$, $n(C)=20$,
$n(A\cap B)=10$, $n(B\cap C)=9$, $n(A\cap C)=14$
$n(A\cap B\cap C)=x$, $n(A^C\cap B^C\cap C^C)=y$라 하면
$n(U)=n(A)+n(B)+n(C)-n(A\cap B)-n(B\cap C)$
$\qquad -n(A\cap C)+n(A\cap B\cap C)+n(A^C\cap B^C\cap C^C)$
$\quad =17+12+20-10-9-14+x+y=40$
$\therefore x+y=24$ …… ㉠
이때 $n(A\cap B\cap C)\leq n(A\cap B)$,
$n(A\cap B\cap C)\leq n(B\cap C)$,
$n(A\cap B\cap C)\leq n(A\cap C)$에서
$x\leq10$, $x\leq9$, $x\leq14$이므로 $x\leq9$ …… ㉡
또한, 국어만 좋아하는 학생 수는
$n(A\cap B^C\cap C^C)=17-10-14+x=x-7\geq0$ $\quad\therefore x\geq7$
영어만 좋아하는 학생 수는
$n(A^C\cap B\cap C^C)=12-10-9+x=x-7\geq0$ $\quad\therefore x\geq7$
수학만 좋아하는 학생 수는
$n(A^C\cap B^C\cap C)=20-9-14+x=x-3\geq0$ $\quad\therefore x\geq3$
$\therefore x\geq7$ …… ㉢
㉠, ㉡, ㉢에서 $x+y=24$, $7\leq x\leq9$이므로
$x=7$일 때, y의 최댓값은 17
$x=9$일 때, y의 최솟값은 15
$\therefore 17+15=32$ 답 32

06 ㄱ. $A\cap B=\{2, 5\}$에서 $2\in A$, $5\in A$
2와 5가 k의 약수이므로 k는 10의 배수이다.
k는 18 이하의 자연수이므로 $k=10$ (참)
ㄴ. $A\cap B=\{5, 6\}$에서 $5\in A$, $6\in A$
5와 6이 k의 약수이므로 k는 30의 배수이다.
k는 18 이하의 자연수이므로 존재하지 않는다. (거짓)
ㄷ. (i) $A\cap B=\{2, 5\}$일 때,
$k=10$이고 $A=\{1, 2, 5, 10\}$이므로
집합 $A-B=\{1, 10\}$의 모든 원소의 합은 11
(ii) $A\cap B=\{2, 6\}$일 때, $2\in A$, $6\in A$
2와 6이 k의 약수이므로 k는 6의 배수이다.
k는 18 이하의 자연수이므로 가능한 k는 6, 12, 18이다.

㉠ $k=6$인 경우

$A=\{1, 2, 3, 6\}$이므로

집합 $A-B=\{1, 3\}$의 모든 원소의 합은 4

㉡ $k=12$인 경우

$A=\{1, 2, 3, 4, 6, 12\}$이므로

집합 $A-B=\{1, 3, 4, 12\}$의 모든 원소의 합은 20

㉢ $k=18$인 경우

$A=\{1, 2, 3, 6, 9, 18\}$이므로

집합 $A-B=\{1, 3, 9, 18\}$의 모든 원소의 합은 31

(i), (ii)에서 집합 $A-B$의 모든 원소의 합이 홀수가 되는 모든 k의 값의 합은 $10+18=28$ (참)

따라서 옳은 것은 ㄱ, ㄷ이다. 답 ③

07 집합 A_k는 전체집합 U의 부분집합이므로 x는 20 이하의 자연수이고 $y-k$는 30의 약수이다.

$y \in U$이므로 $y-k<30$이고 $x \neq 1$

$x \in U$이므로 $x \neq 30$

$y-k$와 x 사이의 관계는 다음과 같다.

$y-k$	2	3	5	6	10	15
x	15	10	6	5	3	2

$\therefore A_k \subset \{2, 3, 5, 6, 10, 15\}$

$\dfrac{30-x}{5} \in U$에서 $30-x$는 5의 배수이므로

$B=\{5, 10, 15, 20\}$

$\therefore (A_k \cap B^C) \subset \{2, 3, 6\}$

(i) $2 \in (A_k \cap B^C)$일 때

$x=2$, $y-k=15$이고 $y=15+k \leq 20$

$\therefore k \leq 5$

(ii) $3 \in (A_k \cap B^C)$일 때

$x=3$, $y-k=10$이고 $y=10+k \leq 20$

$\therefore k \leq 10$

(iii) $6 \in (A_k \cap B^C)$일 때

$x=6$, $y-k=5$이고 $y=5+k \leq 20$

$\therefore k \leq 15$

(i), (ii), (iii)에 의하여

$k \leq 5$일 때 $A_k \cap B^C=\{2, 3, 6\}$

$5<k \leq 10$일 때 $A_k \cap B^C=\{3, 6\}$

$10<k \leq 15$일 때 $A_k \cap B^C=\{6\}$

이때 $n(A_k \cap B^C)=1$이므로 $10<k \leq 15$

따라서 자연수 k는 11, 12, 13, 14, 15의 5개이다. 답 ②

08 집합 $A=\{x_1, x_2, x_3, x_4, x_5\}$라 하면

$x_1+x_2+x_3+x_4+x_5=28$

집합 $B=\left\{\dfrac{x_1+a}{2}, \dfrac{x_2+a}{2}, \dfrac{x_3+a}{2}, \dfrac{x_4+a}{2}, \dfrac{x_5+a}{2}\right\}$이므로

집합 B의 모든 원소의 합은

$$\frac{1}{2}(x_1+x_2+x_3+x_4+x_5)+\frac{5}{2}a=\frac{1}{2}\times 28+\frac{5}{2}a$$
$$=14+\frac{5}{2}a$$

따라서 집합 $A \cup B$의 모든 원소의 합은 집합 A의 모든 원소의 합과 집합 B의 모든 원소의 합에서 집합 $A \cap B$의 모든 원소의 합을 뺀 것과 같으므로

$49=28+\left(14+\dfrac{5}{2}a\right)-(10+13)$

$\dfrac{5}{2}a=30 \qquad \therefore a=12$ 답 12

09 조건 (가), (나), (다)를 만족시키는 두 집합 A, B에 대하여 $S(A)-S(B)$의 값이 최대가 되려면 $S(A)$의 값이 최대이고 $S(B)$의 값이 최소이어야 한다.

9로 나눈 나머지가 같은 원소들로 이루어진 부분집합을 표로 나타내면 다음과 같다.

나머지	부분집합	나머지	부분집합
1	{1, 10, 19}	8	{8, 17}
2	{2, 11, 20}	7	{7, 16}
3	{3, 12}	6	{6, 15}
4	{4, 13}	5	{5, 14}
0	{9}	0	{18}

이때 나머지의 합이 0 또는 9가 되는 두 부분집합 중 한 집합의 원소들만 집합 A에 속할 수 있다.

따라서 $S(A)$가 최대가 되려면 전체집합 U의 부분집합 $\{1, 10, 19\}$, $\{2, 11, 20\}$, $\{6, 15\}$, $\{5, 14\}$, $\{18\}$의 원소 중 큰 수부터 차례대로 집합 A의 원소가 되어야 한다.

조건 (가)에서 $n(A)=8$이므로 $S(A)$가 최대가 되기 위해 가능한 집합 A는 $\{6, 10, 11, 14, 15, 18, 19, 20\}$ …… ㉠

또, 10으로 나눈 나머지가 같은 원소들로 이루어진 부분집합을 표로 나타내면 다음과 같다.

나머지	부분집합	나머지	부분집합
1	{1, 11}	9	{9, 19}
2	{2, 12}	8	{8, 18}
3	{3, 13}	7	{7, 17}
4	{4, 14}	6	{6, 16}
5	{5}	5	{15}
0	{10}	0	{20}

이때 나머지의 합이 0 또는 10이 되는 두 부분집합 중 한 집합의 원소들만 집합 B에 속할 수 있다.

따라서 $S(B)$가 최소가 되려면 전체집합 U의 부분집합 $\{1, 11\}$, $\{2, 12\}$, $\{3, 13\}$, $\{4, 14\}$, $\{5\}$, $\{10\}$의 원소 중 작은 수부터 차례대로 집합 B의 원소가 되어야 한다.

조건 (가)에서 $n(B)=8$이므로 $S(B)$가 최소가 되기 위해 가능한 집합 B는 $\{1, 2, 3, 4, 5, 10, 11, 12\}$ …… ㉡

㉠, ㉡에서 조건 ㈎의 $n(A\cap B)=1$을 만족시키려면 10, 11은 동시에 집합 $A\cap B$에 속할 수 없다.
$10\in B$, $11\in B$이면 $10\notin A$ 또는 $11\notin A$이다.
이때 1, 2, 5 중 적어도 하나가 집합 A에 속해야 하므로
$n(A\cap B)\neq 1$이 되어 조건 ㈎를 만족시키지 않는다.
즉, $S(B)$가 최소가 되려면 $10\in B$, $11\notin B$이어야 한다.
따라서 $A=\{6, 10, 11, 14, 15, 18, 19, 20\}$,
$B=\{1, 2, 3, 4, 5, 10, 12, 13\}$일 때 $S(A)-S(B)$는 최대이고 최댓값은
$113-50=63$ 답 63

03강 명제(1)

기본 다지기

| 본문 20쪽 |

1 ㄴ, ㄷ　2 3　3 ③　4 2　5 ⑤
6 풀이 참조

1 ㄱ. 1은 0에 가까운 수이다.
→ '가깝다.'는 기준이 명확하지 않으므로 명제가 아니다.
ㄴ. $1+2=3$ → 참인 명제이다.
ㄷ. 4는 7의 약수이다. → 거짓인 명제이다.
ㄹ. $2x+1>3$ → x의 값에 따라 참일 수도 있고 거짓일 수도 있으므로 명제가 아니다.
따라서 명제인 것은 ㄴ, ㄷ이다. 답 ㄴ, ㄷ

2 진리집합은 $\{-1, 0, 1\}$이므로 원소의 개수는 3이다. 답 3

3 $a=0$의 부정은 $a\neq 0$, '또는'의 부정은 '그리고', $b=0$의 부정은 $b\neq 0$이므로 '$a=0$ 또는 $b=0$'의 부정은 '$a\neq 0$이고 $b\neq 0$'이다.
답 ③

4 $x=a$일 때 등식이 성립해야 하므로
$a+1=2a-1$　$\therefore a=2$ 답 2

5 '모든'의 부정은 '어떤'이고 '$x>1$'의 부정은 '$x\leq 1$'이다. 답 ⑤

6 대우: 자연수 n에 대하여 n이 홀수이면 n^2은 홀수이다.
$n=2k-1$(k는 자연수)이라 하면
$n^2=(2k-1)^2=4k^2-4k+1$
$=2(2k^2-2k)+1$
이므로 n^2은 홀수이다.
따라서 주어진 명제의 대우는 참이다. 답 풀이 참조

1 STEP 필수 유형 다지기

| 본문 21~23쪽 |

01 ⑤　02 ②　03 $-1<x<1$ 또는 $3\leq x\leq 5$　04 ②
05 -2　06 ①　07 ③, ④　08 ⑤　09 ①　10 ①
11 6　12 ①　13 6　14 ①　15 풀이 참조
16 ⑤　17 ③　18 ④　19 4

01 각 명제의 부정은 다음과 같다.
① $2-(-2)\neq 4$ (거짓)
② 2는 6의 약수가 아니다. (거짓)

③ $\sqrt{2}$는 무리수가 아니다. (거짓)

④ $(\sqrt{2})^2 \neq 2$ (거짓)

⑤ $-\sqrt{2} \geq -2$ (참)

따라서 명제의 부정이 참인 것은 ⑤이다. 답 ⑤

02 $x^2+y^2=0$에서 $x=0$이고 $y=0$

따라서 '$x^2+y^2=0$'의 부정은 '$x \neq 0$ 또는 $y \neq 0$'이다. 답 ②

03 'p 또는 $\sim q$'의 부정은 '$\sim p$ 그리고 q' ❶

$\sim p$: $x<1$ 또는 $x \geq 3$

q: $-1<x\leq 5$ ❷

따라서 오른쪽 그림에서

'p 또는 $\sim q$'의 부정은

$-1<x<1$ 또는 $3\leq x\leq 5$ ❸

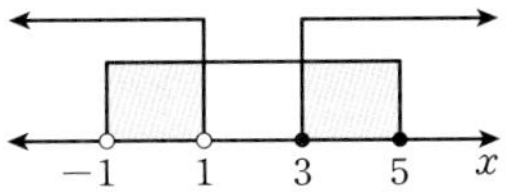

답 $-1<x<1$ 또는 $3\leq x\leq 5$

단계	채점 기준	배점
❶	'p 또는 $\sim q$'의 부정이 '$\sim p$ 그리고 q'임을 알기	30 %
❷	$\sim p$ 구하기	30 %
❸	'p 또는 $\sim q$'의 부정 구하기	40 %

04 $(x+2)(x-2)\leq 0$에서 $-2\leq x\leq 2$

이때 자연수 x는 1, 2이므로

$P=\{1, 2\}$

6의 양의 약수는 1, 2, 3, 6이므로

$Q=\{1, 2, 3, 6\}$

$|x-1|\leq 2$에서 $-2\leq x-1\leq 2$

$\therefore -1\leq x\leq 3$

이때 자연수 x는 1, 2, 3이므로

$R=\{1, 2, 3\}$

$\therefore P\subset R\subset Q$ 답 ②

05 $4x-x^3=0$에서 $x(x^2-4)=0$

$x(x+2)(x-2)=0$

$\therefore x=-2$ 또는 $x=0$ 또는 $x=2$

조건 p의 진리집합을 P라 하면

$P=\{-2, 0, 2\}$ ❶

또, $x^2+2x-3=0$에서 $(x+3)(x-1)=0$

$\therefore x=-3$ 또는 $x=1$

조건 q의 진리집합을 Q라 하면

$Q=\{-3, 1\}$ ❷

이때 조건 '$\sim p$ 그리고 q'의 진리집합은 $P^C\cap Q$이고

$P^C=\{-3, -1, 1, 3\}$이므로

$P^C\cap Q=\{-3, 1\}$ ❸

따라서 구하는 원소의 합은 $-3+1=-2$ ❹

답 -2

단계	채점 기준	배점
❶	조건 p의 진리집합 구하기	20 %
❷	조건 q의 진리집합 구하기	20 %
❸	조건 '$\sim p$ 그리고 q'의 진리집합 구하기	50 %
❹	원소의 합 구하기	10 %

06 ㄱ. $x\leq 1$, $y\leq 1$이면 $x+y\leq 2$이다. (참)

ㄴ. 두 조건 p, q를

p: x는 2의 양의 약수이다.

q: x는 4의 양의 약수이다.

라 하고, 두 조건 p, q의 진리집합을 각각 P, Q라 하면

$P=\{1, 2\}$, $Q=\{1, 2, 4\}$

이므로 $P\subset Q$

따라서 주어진 명제는 참이다.

ㄷ. [반례] $x=1$, $y=0$이면 $x^2+y^2>0$이지만 $y=0$이다.

ㄹ. [반례] $x=0$, $y=1$이면 $xy=0$이지만 $x^2+y^2\neq 0$이다.

따라서 참인 명제는 ㄱ, ㄴ이다. 답 ①

07 세 조건 p, q, r의 진리집합을 각각 P, Q, R라 하면

$P=\{-1\}$, $Q=\{-1, 1\}$

r: $x^3+1=0$에서 $(x+1)(x^2-x+1)=0$

x가 실수이므로 $x^2-x+1=\left(x-\frac{1}{2}\right)^2+\frac{3}{4}>0$

따라서 $x=-1$이므로 $R=\{-1\}$

$\therefore P=R$, $P\subset Q$

① $P\subset Q$이므로 명제 $p \longrightarrow q$는 참이다.

② $P\subset R$이므로 명제 $p \longrightarrow r$는 참이다.

③ $Q\not\subset R$이므로 명제 $q \longrightarrow r$는 거짓이다.

④ $Q\not\subset P$이므로 명제 $q \longrightarrow p$는 거짓이다.

⑤ $R\subset P$이므로 명제 $r \longrightarrow p$는 참이다.

따라서 거짓인 명제는 ③, ④이다. 답 ③, ④

08 명제 $p \longrightarrow q$가 참이면 $P\subset Q$이다.

⑤ $P\subset Q$이므로 $P\neq Q$인 경우 $P^C\cap Q=Q-P\neq\varnothing$ 답 ⑤

09 명제 '$\sim p$이면 q이다.'가 거짓임을 보이려면 집합 P^C의 원소 중에서 집합 Q의 원소가 아닌 것을 찾는다.

즉, 구하는 원소는 집합 $P^C\cap Q^C$의 원소이고

$P^C\cap Q^C=(P\cup Q)^C$

이므로 구하는 원소는 a이다. 답 ①

10 명제 'p이면 $\sim q$이다.'가 거짓임을 보이려면 집합 P의 원소 중에서 집합 Q^C의 원소가 아닌 것을 찾는다.

따라서 구하는 집합은

$P\cap(Q^C)^C=P\cap Q$ 답 ①

11 두 조건 p, q를

p: $|x-a|\le 1$, q: $x^2+2x\le 15$

라 하고 두 조건 p, q의 진리집합을 각각 P, Q라 하자.

$|x-a|\le 1$에서 $-1\le x-a\le 1$

즉, $a-1\le x\le a+1$이므로

$P=\{x|a-1\le x\le a+1\}$

$x^2+2x\le 15$에서 $x^2+2x-15\le 0$

$(x+5)(x-3)\le 0$

즉, $-5\le x\le 3$이므로

$Q=\{x|-5\le x\le 3\}$ ········ ❶

명제 $p \longrightarrow q$가 참이 되려면

$P\subset Q$이어야 하므로 오른쪽 그림에서

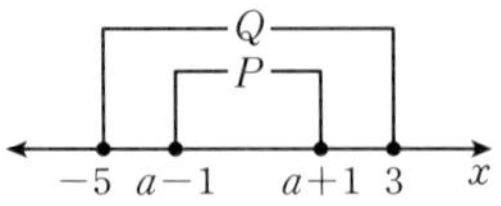

$a-1\ge -5$이고 $a+1\le 3$

$\therefore -4\le a\le 2$ ········ ❷

따라서 $M=2$, $m=-4$이므로

$M-m=2-(-4)=6$ ········ ❸

답 6

단계	채점 기준	배점
❶	진리집합 구하기	40 %
❷	a의 값의 범위 구하기	50 %
❸	$M-m$의 값 구하기	10 %

12 p: $x^2-4x-21>0$에서 $(x+3)(x-7)>0$

$\therefore x<-3$ 또는 $x>7$

또, q: $x^2-(a+b)x+ab<0$에서 $(x-a)(x-b)<0$

$\therefore a<x<b$ ($\because a<b$)

두 조건 p, q의 진리집합을 각각 P, Q라 하면

$P=\{x|x<-3$ 또는 $x>7\}$

$Q^C=\{x|x\le a$ 또는 $x\ge b\}$

명제 $p \longrightarrow \sim q$가 참이 되려면

$P\subset Q^C$이어야 하므로 오른쪽 그림에서

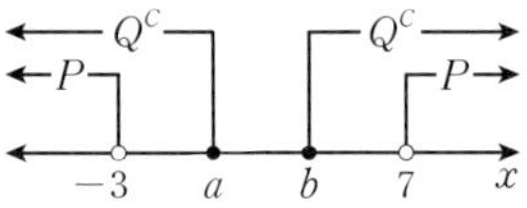

$a\ge -3$, $b\le 7$

따라서 정수 a의 최솟값은 -3이고, 정수 b의 최댓값은 7이므로 그 곱은

$-3\times 7=-21$

답 ①

13 세 조건 p, q, r의 진리집합을 각각 P, Q, R라 하면

$P=\{x|x<a+1\}$, $Q=\{x|-1\le x\le 3\}$, $R=\{x|x<b\}$

명제 $q \longrightarrow p$가 참이면 $Q\subset P$이므로

오른쪽 그림에서

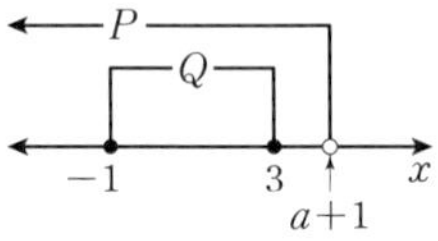

$a+1>3$ $\quad\therefore a>2$

명제 $q \longrightarrow r$가 거짓이면 $Q\not\subset R$이므로 오른쪽 그림에서

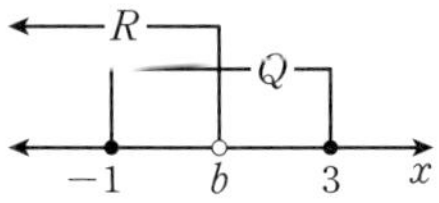

$b\le 3$

따라서 정수 a의 최솟값 $A=3$, 정수 b의 최댓값 $B=3$이므로

$A+B=3+3=6$

답 6

14 ① [반례] $x=1$이면 $x>1$을 만족시키지 않으므로 거짓이다.

② $x=2$이면 $2>1$이므로 참이다.

③ 1, 2, 3, 4, 5는 모두 $x^2\le 25$를 만족시키므로 참이다.

④ $x=1$이면 $1\le 25$이므로 참이다.

⑤ $x^2<6x$, $x(x-6)<0$에서 $0<x<6$

1, 2, 3, 4, 5는 모두 $0<x<6$을 만족시키므로 참이다.

따라서 거짓인 명제는 ①이다.

답 ①

15 주어진 명제의 부정은

'모든 실수 x에 대하여 $x^2-5x+8>0$이다.' ········ ❶

모든 실수 x에 대하여

$x^2-5x+8=\left(x-\frac{5}{2}\right)^2+\frac{7}{4}>0$

이므로 주어진 명제의 부정은 참이다. ········ ❷

답 풀이 참조

단계	채점 기준	배점
❶	주어진 명제의 부정 말하기	40 %
❷	주어진 명제의 부정의 참, 거짓 판별하기	60 %

16 ① 대우: $x+y\ne 0$이면 $xy\ne 0$이다. (거짓)

[반례] $x=1$, $y=0$일 때 $x+y\ne 0$이지만 $xy=0$이다.

② 대우: $xy\ne 0$이면 $x+y\ne 0$이다. (거짓)

[반례] $x=1$, $y=-1$일 때 $xy\ne 0$이지만 $x+y=0$이다.

③ 대우: $x\ne y$이면 $x^2\ne y^2$이다. (거짓)

[반례] $x=1$, $y=-1$일 때 $x\ne y$이지만 $x^2=y^2$이다.

④ 대우: $xy=1$이면 $x=1$ 또는 $y=1$이다. (거짓)

[반례] $x=2$, $y=\frac{1}{2}$일 때 $xy=1$이지만 $x\ne 1$이고 $y\ne 1$이다.

⑤ 대우: $xy=0$이면 $x=0$ 또는 $y=0$이다. (참)

따라서 대우가 참인 것은 ⑤이다.

답 ⑤

(참고) 명제가 참이면 그 대우도 참이므로 주어진 명제가 참인지를 확인해도 된다.

17 ㄱ. 역: $a>0$, $b>0$이면 $ab>0$이다. (참)

ㄴ. 역: $a=0$이고 $b=0$이면 $|a|+|b|=0$이다. (참)

ㄷ. 역: $a+b>0$이면 $a>0$이고 $b>0$이다. (거짓)

[반례] $a=-1$, $b=2$이면 $a+b>0$이지만 $a<0$, $b>0$이다.

따라서 역이 거짓인 명제는 ㄷ뿐이다.

답 ③

18 주어진 명제의 대우는 '$|x-2|\le a$이면 $x\le 6$이다.'

$|x-2|\le a$에서 $-a\le x-2\le a$

$\therefore 2-a\le x\le 2+a$

대우가 참이려면

$\{x|2-a\le x\le 2+a\}\subset\{x|x\le 6\}$

이어야 하므로 오른쪽 그림에서

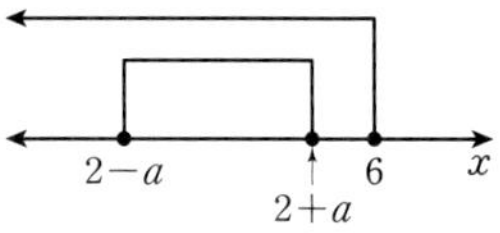

$2+a\le 6$

$\therefore a\le 4$

따라서 양수 a의 최댓값은 4이다.

답 ④

19 주어진 명제의 대우는

'$x+2=0$이면 $x^2+ax+a=0$이다.' ········· ❶

주어진 명제가 참이면 대우도 참이므로 $x=-2$를

$x^2+ax+a=0$에 대입하면

$(-2)^2+a\times(-2)+a=0$

$4-2a+a=0$ $\quad\therefore a=4$ ········· ❷

답 4

단계	채점 기준	배점
❶	주어진 명제의 대우 구하기	40 %
❷	a의 값 구하기	60 %

2 STEP 출제 유형 PICK

| 본문 24쪽 |

대표 문제 ❶ ③	1-1 11	1-2 1
대표 문제 ❷ 10	2-1 ①	2-2 ③

대표 문제 1 주어진 명제가 참이 되려면 ∠APB$=90°$를 만족시키는 직선 l 위의 점 P가 적어도 하나 존재하면 된다.

두 점 A$(-1, -1)$, B$(1, 3)$을 지름의 양 끝 점으로 하는 원을 C라 하면 원 C 위의 점 중에서 A, B를 제외한 모든 점 P에 대하여 ∠APB$=90°$이므로 주어진 명제는 참이 된다.

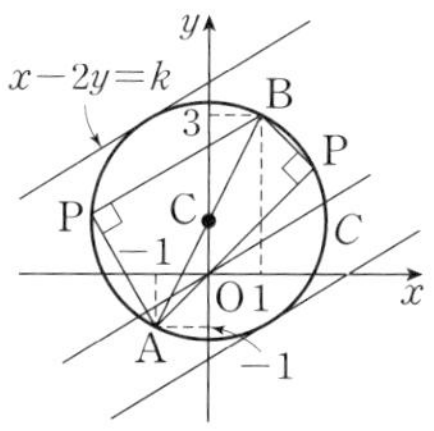

원 C의 중심을 C라 하면 점 C는 선분 AB의 중점이므로

$C\left(\frac{-1+1}{2}, \frac{-1+3}{2}\right)$, 즉 C$(0, 1)$

원 C의 반지름의 길이는

$\overline{CA}=\sqrt{(-1-0)^2+(-1-1)^2}=\sqrt{5}$

이므로 원 C와 직선 l이 만나려면 원의 중심 C$(0, 1)$과 직선 $x-2y=k$, 즉 $x-2y-k=0$ 사이의 거리가 원의 반지름의 길이보다 작거나 같아야 한다.

$\frac{|0-2-k|}{\sqrt{1^2+(-2)^2}}\le\sqrt{5}$, $|-2-k|\le 5$

$-5\le k+2\le 5$ $\quad\therefore -7\le k\le 3$

따라서 정수 k는 $-7, -6, -5, \cdots, 3$의 11개이다. 답 ③

1-1 주어진 명제가 참이 되려면 $A\subset B$이어야 하므로 두 점 $(4, -2)$, $(-2, a)$가 도형 $|x|+2|y|=b$ 위에 있어야 한다.

점 $(4, -2)$가 도형 $|x|+2|y|=b$ 위에 있으므로

$|4|+2|-2|=b$ $\quad\therefore b=8$

점 $(-2, a)$가 도형 $|x|+2|y|=8$ 위에 있으므로

$|-2|+2|a|=8$, $2|a|=6$

$|a|=3$ $\quad\therefore a=3$ ($\because a>0$)

$\therefore a+b=3+8=11$ 답 11

1-2 ∠POA$=$∠PAB$=\theta$라 하면

∠OAB$=60°$이므로 ∠OAP$=60°-\theta$

따라서 ∠OPA$=120°$로 일정하므로 점 P는 두 점 O, A를 지나는 원 위의 점이다.

오른쪽 그림과 같이 점 P와 x축과의 거리는 선분 OA의 수직이등분선과 원이 만날 때 최대가 된다. 이때 선분 OA의 중점을 M이라 하면 삼각형 POM은 직각삼각형이고

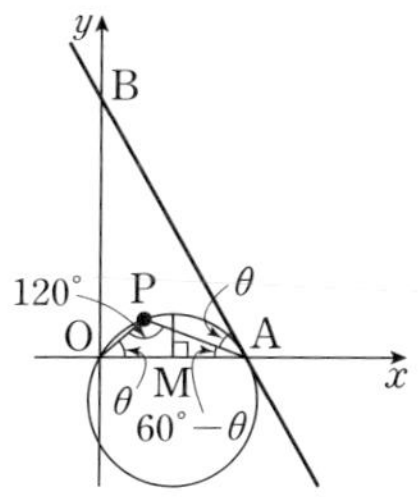

∠OPM$=\frac{1}{2}\times120°=60°$,

$\overline{OM}=\frac{1}{2}\times2\sqrt{3}=\sqrt{3}$이므로

$\overline{PM}=1$

따라서 k의 최댓값은 1이다. 답 1

대표 문제 2 세 조건 p, q, r의 진리집합을 각각 P, Q, R라 할 때,

명제 (p이고 q) ⟶ r가 참이려면 $(P\cap Q)\subset R$,

명제 r ⟶ (p 또는 q)가 참이려면 $R\subset(P\cup Q)$이어야 한다.

(i) $(P\cap Q)\subset R$이려면 오른쪽 그림에서

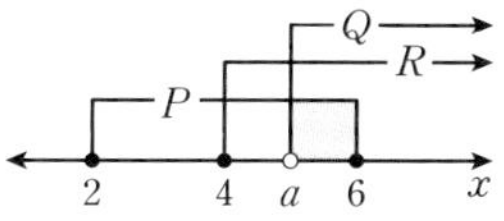

$a\ge4$

$\therefore m=4$

(ii) $R\subset(P\cup Q)$이려면 오른쪽 그림에서

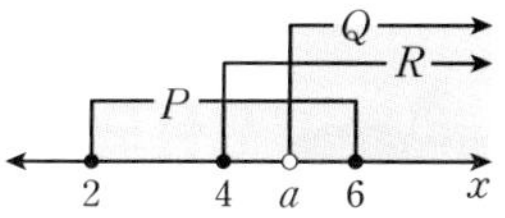

$a\le6$

$\therefore n=6$

(i), (ii)에 의하여 $m+n=4+6=10$ 답 10

2-1 조건 '$-1\le x<4$'의 진리집합을 P라 하면

$P=\{x|-1\le x<4\}$

조건 '$3a-5<x\le a+7$'의 진리집합을 Q라 하면

$Q=\{x|3a-5<x\le a+7\}$

주어진 명제가 참이 되려면 $P\cap Q\ne\varnothing$이어야 한다.

(i) $3a-5\ge-1$, 즉 $a\ge\frac{4}{3}$일 때

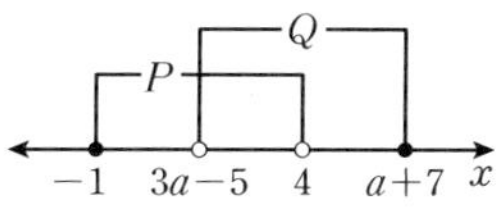

오른쪽 그림과 같이 $3a-5<4$이어야 하므로

$\frac{4}{3}\le a<3$

(ii) $3a-5<-1$, 즉 $a<\frac{4}{3}$일 때

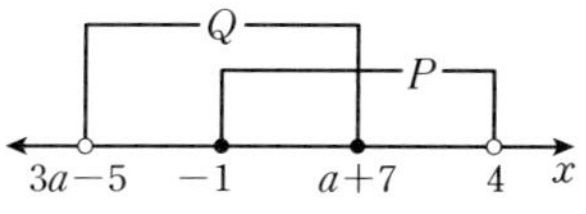

오른쪽 그림과 같이 $a+7\ge-1$이어야 하므로

$-8\le a<\frac{4}{3}$

(i), (ii)에 의하여 $-8\le a<3$

따라서 주어진 명제가 참이 되도록 하는 정수 a는 $-8, -7, -6, \cdots, 2$의 11개이다. 답 ①

(다른 풀이) 두 조건 '$-1\le x<4$', '$3a-5<x\le a+7$'의 진리집합을 각각 P, Q라 할 때, 주어진 명제가 참이 되려면 $P\cap Q\neq\varnothing$이어야 한다. $P\cap Q=\varnothing$이려면 다음 그림과 같아야 한다.

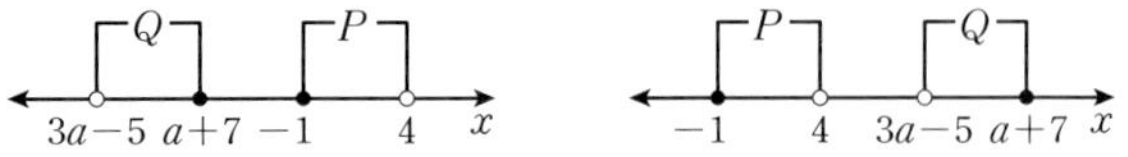

이때 $a+7<-1$ 또는 $3a-5\ge4$, 즉 $a<-8$ 또는 $a\ge3$이어야 하므로 $P\cap Q\neq\varnothing$이려면 $-8\le a<3$이어야 한다.
따라서 주어진 명제가 참이 되도록 하는 정수 a는 -8, -7, -6, $\cdots$, 2의 11개이다.

2-2 명제 '모든 실수 x에 대하여 $2x^2+6x+a\ge0$이다.'가 거짓이 되려면 이 명제의 부정 '어떤 실수 x에 대하여 $2x^2+6x+a<0$이다.'가 참이 되어야 하므로 이차함수 $y=2x^2+6x+a$의 그래프가 x축과 서로 다른 두 점에서 만나야 한다.
이차방정식 $2x^2+6x+a=0$의 판별식을 D라 하면
$\frac{D}{4}=3^2-2a>0$
$\therefore a<\frac{9}{2}$
따라서 정수 a의 최댓값은 4이다. 답 ③

3STEP 만점 도전 하기 | 본문 25쪽 |

01 ① **02** ① **03** 256 **04** ① **05** 26

01 두 조건 p, q의 진리집합을 각각 P, Q라 하면
$P=\{2, 4, 6, 8, 10, 12, 14, 16, 18, 20, \cdots\}$,
$Q=\{3, 6, 9, 12, 15, 18, \cdots\}$
명제 $p \longrightarrow \sim q$의 역, 즉 명제 $\sim q \longrightarrow p$가 거짓임을 보이는 원소는 Q^C의 원소이면서 P에 속하지 않는 원소이다.
$Q^C\cap P^C=(P\cup Q)^C=\{1, 5, 7, 11, 13, 17, 19, \cdots\}$이므로 원소의 합이 37이려면 $(P\cup Q)^C=\{1, 5, 7, 11, 13\}$이 되어야 한다.
$\therefore 13\le n\le16$
따라서 자연수 n의 값은 13, 14, 15, 16이므로 그 합은
$13+14+15+16=58$ 답 ①
(참고) $n=12$이면 $(P\cup Q)^C=\{1, 5, 7, 11\}$
$n=17$이면 $(P\cup Q)^C=\{1, 5, 7, 11, 13, 17\}$

02 $P-Q=\varnothing$에서 $P\subset Q$ …… ㉠
$Q\cup R^C=R^C$에서 $Q\subset R^C$ $\therefore Q\cap R=\varnothing$ …… ㉡
$(S\cup P^C)^C\cup(S\cup R^C)^C=(S^C\cap P)\cup(S^C\cap R)$
$=S^C\cap(P\cup R)$
$=(P\cup R)-S=\varnothing$
$\therefore (P\cup R)\subset S$ …… ㉢

㉠, ㉡, ㉢을 벤다이어그램으로 나타내면 다음 그림과 같다.

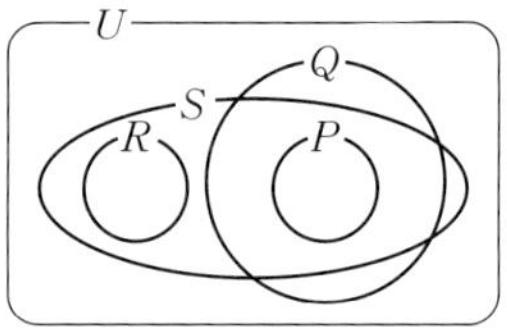

ㄱ. $R\subset P^C$이므로 $r \longrightarrow \sim p$는 참이다.
ㄴ. $S^C\cap P=\varnothing$이므로 $S^C\not\subset P$이다. 즉, $\sim s \longrightarrow p$는 거짓이다.
ㄷ. $Q\not\subset S$이므로 $q \longrightarrow s$는 거짓이다.
따라서 옳은 것은 ㄱ뿐이다. 답 ①

03 p: $x^2\le2x+8$에서 $x^2-2x-8\le0$
$(x+2)(x-4)\le0$ $\therefore -2\le x\le4$
$P\subset U$이므로 $P=\{1, 2, 3, 4\}$
명제 $p \longrightarrow q$가 참이므로 $P\subset Q$
즉, 집합 Q는 집합 P를 포함하는 전체집합 U의 부분집합이므로 그 개수는
$2^{8-4}=2^4=16$
명제 $\sim p \longrightarrow r$가 참이므로 $P^C\subset R$
집합 R는 집합 $P^C=\{5, 6, 7, 8\}$을 포함하는 전체집합 U의 부분집합이므로 그 개수는
$2^{8-4}=2^4=16$
따라서 구하는 순서쌍 (Q, R)의 개수는
$16\times16=256$ 답 256
(다른 풀이) 명제 $\sim p \longrightarrow r$가 참이므로 그 대우 $\sim r \longrightarrow p$도 참이다.
$\therefore R^C\subset P$
집합 R^C의 원소의 개수에 따른 집합 R의 개수는 다음과 같다.
(i) $n(R^C)=0$인 경우
$R^C=\varnothing$이므로 $R=U$
즉, 집합 R의 개수는 1
(ii) $n(R^C)=1$인 경우
$R^C=\{1\}$이면 $R=\{2, 3, 4, 5, 6, 7, 8\}$이다.
집합 R^C이 $\{2\}$, $\{3\}$, $\{4\}$인 경우도 마찬가지로 $n(R)=7$인 집합 R가 존재하므로 그 개수는 4
(iii) $n(R^C)=2$인 경우
$R^C=\{1, 2\}$이면 $R=\{3, 4, 5, 6, 7, 8\}$이다.
집합 R^C이 $\{1, 3\}$, $\{1, 4\}$, $\{2, 3\}$, $\{2, 4\}$, $\{3, 4\}$인 경우도 마찬가지로 $n(R)=6$인 집합 R가 존재하므로 그 개수는 6
(iv) $n(R^C)=3$인 경우
$R^C=\{1, 2, 3\}$이면 $R=\{4, 5, 6, 7, 8\}$이다.
집합 R^C이 $\{1, 2, 4\}$, $\{1, 3, 4\}$, $\{2, 3, 4\}$인 경우도 마찬가지로 $n(R)=5$인 집합 R가 존재하므로 그 개수는 4
(v) $n(R^C)=4$인 경우
$R^C=\{1, 2, 3, 4\}$이면 $R=\{5, 6, 7, 8\}$이다.
즉, 집합 R의 개수는 1
(i)~(v)에 의하여 집합 R의 개수는
$1+4+6+4+1=16$

04 $f(x)=x^2-8x+n$이라 하자.

$2\le x\le 5$인 어떤 실수 x에 대하여 $f(x)\ge 0$이려면 $2\le x\le 5$이고 $f(x)\ge 0$인 실수 x가 적어도 하나 존재해야 하므로 이 범위에서 함수 $f(x)$의 최댓값이 0 이상이어야 한다.

$f(x)=x^2-8x+n$

$\quad=(x-4)^2+n-16$

즉, $f(2)=n-12$, $f(4)=n-16$, $f(5)=n-15$이므로 함수 $f(x)$는 $x=2$에서 최댓값 $n-12$를 갖는다.

따라서 $f(2)=n-12\ge 0$, 즉 $n\ge 12$이므로 자연수 n의 최솟값은 12이다. 답 ①

05 $f(x)=x^2-2x+6=(x-1)^2+5$이므로 이차함수 $y=f(x)$의 그래프는 직선 $x=1$에 대하여 대칭이다.

한편,

$$g(x)=-|x-t|+11=\begin{cases} x-t+11 & (x<t) \\ -x+t+11 & (x\ge t)\end{cases}$$

이므로 함수 $y=g(x)$의 그래프는 직선 $x=t$에 대하여 대칭이다.

따라서 함수 $y=h(x)$의 그래프의 개형은 다음과 같이 세 가지로 나타난다.

(i) 두 함수 $y=f(x)$, $y=g(x)$의 그래프가 만나지 않거나 한 점에서만 만날 때,

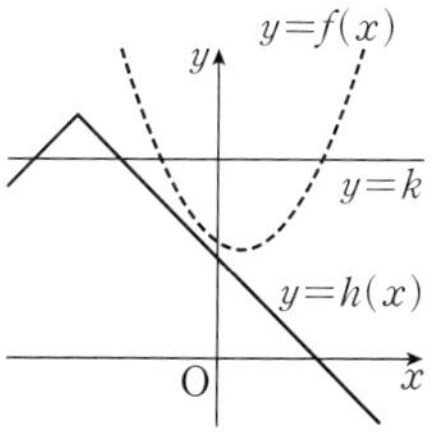

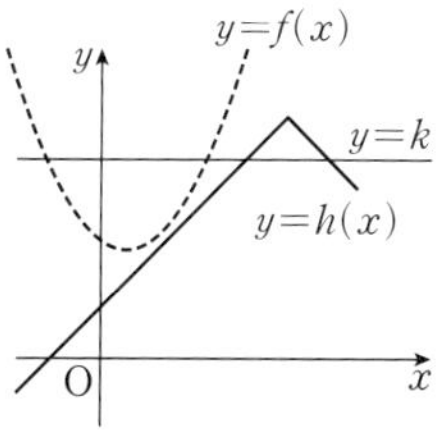

함수 $y=h(x)$의 그래프와 직선 $y=k$가 서로 다른 세 점에서 만나도록 하는 실수 k의 값은 존재하지 않는다.

(ii) 두 함수 $y=f(x)$, $y=g(x)$의 그래프의 두 교점의 x좌표가 α, β ($\alpha<\beta\le 1$ 또는 $1\le\alpha<\beta$)일 때,

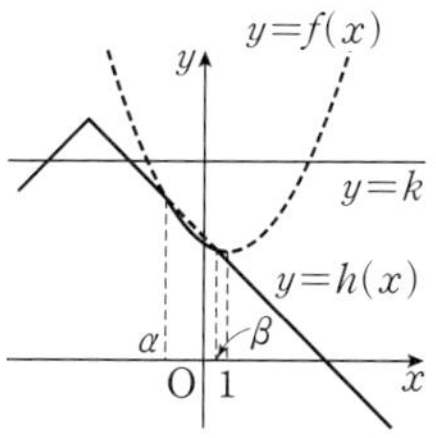

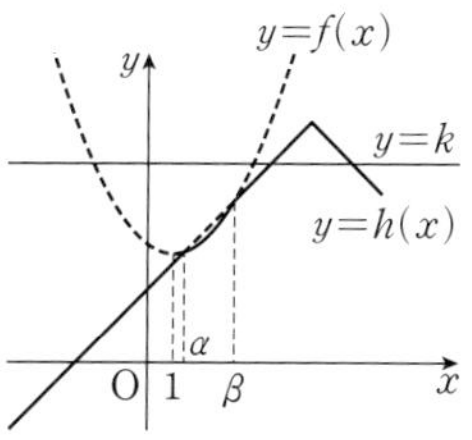

함수 $y=h(x)$의 그래프와 직선 $y=k$가 서로 다른 세 점에서 만나도록 하는 실수 k의 값은 존재하지 않는다.

(iii) 두 함수 $y=f(x)$, $y=g(x)$의 그래프의 두 교점의 x좌표가 α, β ($\alpha<1<\beta$)일 때,

㉠ $f(\alpha)=f(\beta)$, 즉 $t=1$일 때,

두 교점은 직선 $x=1$에 대하여 대칭이므로

$x^2-2x+6=-x+12$

$x^2-x-6=0$

$(x+2)(x-3)=0$

$\therefore x=-2$ 또는 $x=3$

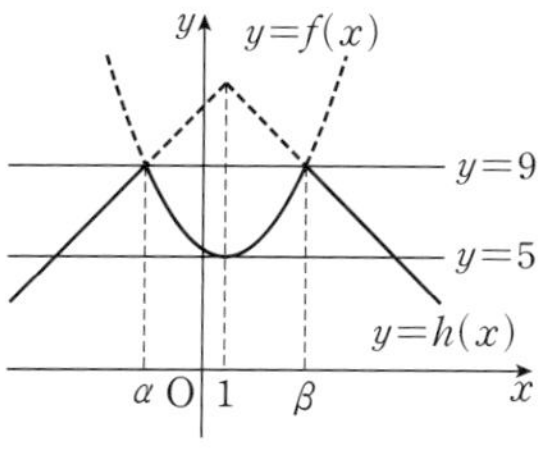

이때 $\beta>1$이므로 $\beta=3$

$g(3)=-|3-1|+11=9$

따라서 함수 $y=h(x)$의 그래프와 직선 $y=k$가 서로 다른 세 점에서 만나도록 하는 실수 k의 값은 5뿐이다.

㉡ $f(\alpha)>f(\beta)$일 때

함수 $y=h(x)$의 그래프와 직선 $y=k$가 서로 다른 세 점에서 만나도록 하는 실수 k의 값은 5와 $f(\beta)$ $(5<f(\beta)<9)$이다.

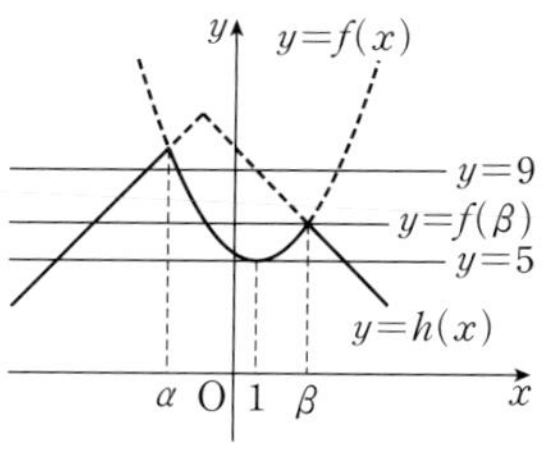

㉢ $f(\alpha)<f(\beta)$일 때

함수 $y=h(x)$의 그래프와 직선 $y=k$가 서로 다른 세 점에서 만나도록 하는 실수 k의 값은 5와 $f(\alpha)$ $(5<f(\alpha)<9)$이다.

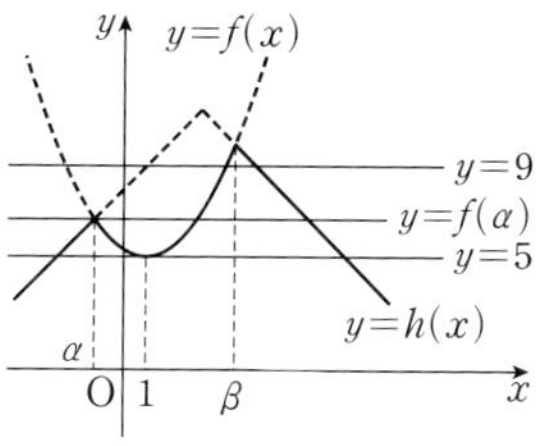

(i), (ii), (iii)에 의하여 명제 '어떤 실수 t에 대하여 함수 $y=h(x)$의 그래프와 직선 $y=k$는 서로 다른 세 점에서 만난다.'가 참이 되도록 하는 실수 k의 값의 범위는

$5\le k<9$

따라서 자연수 k의 값은 5, 6, 7, 8이므로 그 합은

$5+6+7+8=26$ 답 26

04강 명제 (2)

기본 다지기

| 본문 26쪽 |

1 (1) 충분 (2) 필요 2 ④
3 (가) $a\neq0$ 또는 $b\neq0$ (나) $a^2+b^2>0$ 4 4

1 (1) 두 조건 p, q를

p: $x=4$, q: $x^2=16$

이라 하고 그 진리집합을 각각 P, Q라 하면

$P=\{4\}$, $Q=\{-4, 4\}$

이므로

$P\subset Q$

따라서 $p \Longrightarrow q$이므로 $x=4$는 $x^2=16$이기 위한 충분조건이다.

(2) 두 조건 p, q를

p: x는 12의 양의 약수, q: x는 4의 양의 약수

라 하고 그 진리집합을 각각 P, Q라 하면

$P=\{1, 2, 3, 4, 6, 12\}$, $Q=\{1, 2, 4\}$

이므로

$Q\subset P$

따라서 $q \Longrightarrow p$이므로 12의 양의 약수는 4의 양의 약수이기 위한 필요조건이다.

답 (1) 충분 (2) 필요

2 두 조건 p, q에 대하여 $p \Longrightarrow q$이므로 $x=2$는 방정식 $x^2+3x-a=0$의 근이다.

$x=2$를 $x^2+3x-a=0$에 대입하면

$4+6-a=0$

$\therefore a=10$

답 ④

3 실수 a, b에 대하여 $\boxed{a\neq0 \text{ 또는 } b\neq0}$이라 가정하면

$a^2>0$ 또는 $b^2>0$이므로 $\boxed{a^2+b^2>0}$

이것은 $a^2+b^2=0$이라는 가정에 모순이므로 $a=0$이고 $b=0$이다.

따라서 주어진 명제는 참이다.

$\therefore$ (가) $a\neq0$ 또는 $b\neq0$ (나) $a^2+b^2>0$

답 (가) $a\neq0$ 또는 $b\neq0$ (나) $a^2+b^2>0$

4 $a>0$이므로 산술평균과 기하평균의 관계에 의하여

$$a+\frac{4}{a}\geq 2\sqrt{a\times\frac{4}{a}}$$

$=2\times2$

$=4$ $\left(\text{단, 등호는 } a=\frac{4}{a}\text{일 때, 즉 } a=2\text{일 때 성립}\right)$

따라서 구하는 최솟값은 4이다.

답 4

1 STEP 필수 유형 다지기

| 본문 27~29쪽 |

01 ④	02 ⑤	03 −6	04 2	05 ⑤	06 ②
07 ④	08 ⑤	09 ①	10 ②	11 ③	12 ⑤
13 ④	14 25	15 ③	16 12	17 $\frac{4}{5}$	18 ④
19 ①					

01 ① $p \longrightarrow q$: $x^2=y^2$이면 $x=y$이다. (거짓)

[반례] $x=-1$, $y=1$이면 $x^2=y^2$이지만 $x\neq y$이다.

$q \longrightarrow p$: $x=y$이면 $x^2=y^2$이다. (참)

따라서 $q \Longrightarrow p$이므로 p는 q이기 위한 필요조건이다.

② $p \longrightarrow q$: $xy>1$이면 $x>1$, $y>1$이다. (거짓)

[반례] $x=-1$, $y=-2$이면 $xy>1$이지만 $x<1$, $y<1$이다.

$q \longrightarrow p$: $x>1$, $y>1$이면 $xy>1$이다. (참)

따라서 $q \Longrightarrow p$이므로 p는 q이기 위한 필요조건이다.

③ $p \longrightarrow q$: $x^2>y^2$이면 $|x|>|y|$이다. (참)

$q \longrightarrow p$: $|x|>|y|$이면 $x^2>y^2$이다. (참)

따라서 $p \Longleftrightarrow q$이므로 p는 q이기 위한 필요충분조건이다.

④ $p \longrightarrow q$: $x\geq0$, $y\geq0$이면 $|x+y|=|x|+|y|$이다. (참)

$q \longrightarrow p$: $|x+y|=|x|+|y|$이면 $x\geq0$, $y\geq0$이다. (거짓)

[반례] $x=-1$, $y=-1$이면 $|x+y|=|x|+|y|$이지만 $x<0$, $y<0$이다.

따라서 $p \Longrightarrow q$이므로 p는 q이기 위한 충분조건이지만 필요조건은 아니다.

⑤ $p \longrightarrow q$: $xy=|xy|$이면 $x>0$, $y>0$이다. (거짓)

[반례] $x=-1$, $y=-1$이면 $xy=|xy|$이지만 $x<0$, $y<0$이다.

$q \longrightarrow p$: $x>0$, $y>0$이면 $xy=|xy|$이다. (참)

따라서 $q \Longrightarrow p$이므로 p는 q이기 위한 필요조건이다.

따라서 p가 q이기 위한 충분조건이지만 필요조건이 아닌 것은 ④이다.

답 ④

Core 특강

충분조건, 필요조건, 필요충분조건

(1) $p \underset{\times}{\overset{\circ}{\rightleftarrows}} q$ ➜ p는 q이기 위한 충분조건이지만 필요조건은 아니다.

(2) $p \underset{\circ}{\overset{\times}{\rightleftarrows}} q$ ➜ p는 q이기 위한 필요조건이지만 충분조건은 아니다.

(3) $p \underset{\circ}{\overset{\circ}{\rightleftarrows}} q$ ➜ p는 q이기 위한 필요충분조건이다.

02 ① $p \longrightarrow \sim q$가 참이므로 대우인 $q \longrightarrow \sim p$도 참이다.

② $r \longrightarrow q$가 참이므로 대우인 $\sim q \longrightarrow \sim r$도 참이다.

③ $p \longrightarrow \sim q$와 $\sim q \longrightarrow \sim r$가 참이므로 $p \longrightarrow \sim r$도 참이다.

④ $p \longrightarrow \sim r$가 참이므로 대우인 $r \longrightarrow \sim p$도 참이다.

따라서 항상 참이라고 할 수 없는 것은 ⑤이다.

답 ⑤

Core 특강

삼단논법

세 조건 p, q, r에 대하여 두 명제 $p \longrightarrow q$, $q \longrightarrow r$가 모두 참이면 명제 $p \longrightarrow r$도 참이다.

03 명제 $q \longrightarrow p$가 참이므로 그 대우인 $\sim p \longrightarrow \sim q$도 참이다.
즉, 명제 '$x=2$이면 $x^2+x+a=0$이다.'가 참이다. ·········· ❶
따라서 $x=2$를 $x^2+x+a=0$에 대입하면
$4+2+a=0 \qquad \therefore a=-6$ ·········· ❷

답 -6

단계	채점 기준	배점
❶	필요조건을 이용하여 참인 명제 찾기	60 %
❷	a의 값 구하기	40 %

04 $x^2-4x+3\le 0$에서 $(x-1)(x-3)\le 0 \qquad \therefore 1\le x\le 3$
$|x-a|\le b$에서 $-b\le x-a\le b \qquad \therefore a-b\le x\le a+b$
이때 $1\le x\le 3$은 $a-b\le x\le a+b$이기 위한 필요충분조건이므로
$a-b=1,\ a+b=3$
위의 두 식을 연립하여 풀면 $a=2,\ b=1$
$\therefore ab=2\times 1=2$

답 2

05 $(x+1)(x-2)=0$에서 $x=-1$ 또는 $x=2$
이때 p는 q이기 위한 충분조건이므로 -1과 2는 모두 방정식 $x^3+ax+b=0$의 근이다.
$x^3+ax+b=0$에
$x=-1$을 대입하면 $-1-a+b=0$
$\therefore a-b=-1 \quad \cdots\cdots$ ㉠
$x=2$를 대입하면 $8+2a+b=0$
$\therefore 2a+b=-8 \quad \cdots\cdots$ ㉡
㉠, ㉡을 연립하여 풀면 $a=-3,\ b=-2$
$\therefore a+b=-3+(-2)=-5$

답 ⑤

06 p는 q이기 위한 필요조건이므로 $q \Longrightarrow p$이다.
즉, '$-2<x\le 1$ 또는 $x>4$이면 $x>a$이다.'가 참이므로 오른쪽 그림에서

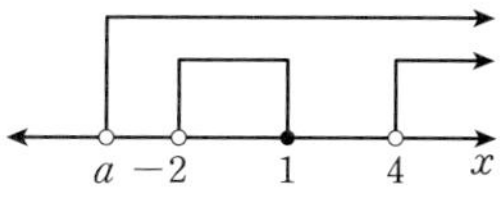

$a\le -2$
$\sim r$는 q이기 위한 충분조건이므로 $\sim r \Longrightarrow q$이다.
즉, '$x>b$이면 $-2<x\le 1$ 또는 $x>4$이다.'가 참이므로 오른쪽 그림에서

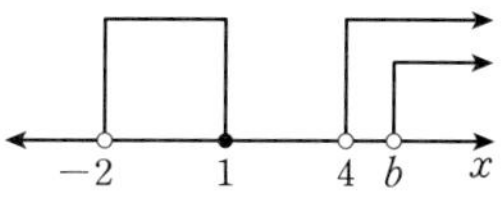

$b\ge 4$
따라서 a의 최댓값은 -2, b의 최솟값은 4이므로 그 합은
$-2+4=2$

답 ②

07 $p \Longrightarrow q$이므로 $P\subset Q$, 즉 $Q^C\subset P^C$
$\sim p \Longrightarrow r$이므로 $P^C\subset R$, 즉 $R^C\subset P$
④ $Q^C\subset P^C$이고 $P^C\subset R$이므로 $Q^C\subset R$
따라서 항상 옳은 것은 ④이다.

답 ④

08 $P-Q=\varnothing$에서 $P\subset Q$이고 $Q\cap R=\varnothing$이므로 세 집합 $P,\ Q,\ R$를 벤다이어그램으로 나타내면 오른쪽 그림과 같다.

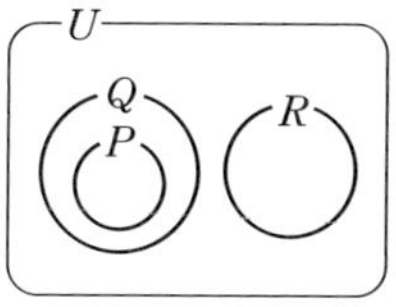

① $P\subset Q$이므로 p는 q이기 위한 충분조건이다.
② $P\subset R^C$이므로 p는 $\sim r$이기 위한 충분조건이다.
③ $Q^C\subset P^C$이므로 $\sim p$는 $\sim q$이기 위한 필요조건이다.
④ $R\subset Q^C$이므로 $\sim q$는 r이기 위한 필요조건이다.
⑤ $R\subset Q^C$이므로 $Q^C=R$인 경우에는 $Q^C\subset R$이지만 $Q^C\neq R$인 경우에는 $Q^C\not\subset R$이므로 $\sim q$는 r이기 위한 충분조건이라고 할 수 없다.
따라서 옳지 않은 것은 ⑤이다.

답 ⑤

09 두 자연수 $a,\ b$에 대하여 명제 'ab가 짝수이면 $a,\ b$ 중 적어도 하나는 짝수이다.'의 대우는
'$a,\ b$가 $\boxed{\text{모두 홀수}}$이면 ab는 $\boxed{\text{홀수}}$이다.'
$a=2m-1,\ b=2n-1$ ($m,\ n$은 자연수)로 놓으면
$ab=2\times(\boxed{2mn-m-n})+1$
즉, ab는 $\boxed{\text{홀수}}$이다.
따라서 주어진 명제의 대우가 참이므로 주어진 명제도 참이다.
$\therefore$ (가) 모두 홀수 (나) 홀수 (다) $2mn-m-n$

답 ①

10 $\sqrt{2}$를 $\boxed{\text{유리수}}$라 가정하면
$\sqrt{2}=\dfrac{n}{m}$ ($m,\ n$은 $\boxed{\text{서로소}}$인 자연수)
으로 놓을 수 있다.
이 식의 양변을 제곱하여 정리하면 $n^2=2m^2$
이때 n^2이 짝수이므로 n도 $\boxed{\text{짝수}}$이다.
$n=2k$ (k는 자연수)로 놓으면
$4k^2=2m^2$, 즉 $2k^2=m^2$
이때 m^2이 짝수이므로 m도 짝수이다.
그런데 이것은 $m,\ n$이 $\boxed{\text{서로소}}$라는 가정에 모순이다.
따라서 $\sqrt{2}$는 무리수이다.
$\therefore$ (가) 유리수 (나) 서로소 (다) 짝수

답 ②

11 $a^2+b^2+c^2-(ab+bc+ca)$
$=\boxed{\dfrac{1}{2}}(2a^2+2b^2+2c^2-2ab-2bc-2ca)$
$=\boxed{\dfrac{1}{2}}(a^2-2ab+b^2+b^2-2bc+c^2+c^2-2ca+a^2)$
$=\boxed{\dfrac{1}{2}}\{(a-b)^2+(b-c)^2+(c-a)^2\}\ge 0$
$\therefore a^2+b^2+c^2\ge ab+bc+ca$
이때 등호는 $a-b=0,\ b-c=0,\ c-a=0$, 즉 $\boxed{a=b=c}$일 때 성립한다.
$\therefore$ (가) $\dfrac{1}{2}$ (나) $a=b=c$

답 ③

12 ② $x^2-2x+1=(x-1)^2\geq 0$에서 $x^2\geq 2x-1$ (참)

③ $(x-3)^2\geq 0$이므로 $(x-3)^2+1>0$ (참)

④ $x^2-4x+5=(x-2)^2+1>0$ (참)

⑤ $x^2+4\geq 5x$에서 $x^2-5x+4\geq 0$

$(x-1)(x-4)\geq 0$ $\quad\therefore x\leq 1$ 또는 $x\geq 4$

따라서 모든 실수 x에 대하여 성립하는 부등식이 아닌 것은 ⑤이다.

답 ⑤

13 ㄱ. $(|a|+|b|)^2-|a-b|^2$

$=(|a|^2+2|a||b|+|b|^2)-(a-b)^2$

$=(a^2+2|ab|+b^2)-(a^2-2ab+b^2)$

$=2(|ab|+ab)\geq 0$

(단, 등호는 $|ab|=-ab$, 즉 $ab\leq 0$일 때 성립)

에서 $(|a|+|b|)^2\geq|a-b|^2$

그런데 $|a|+|b|\geq 0$, $|a-b|\geq 0$이므로

$|a|+|b|\geq|a-b|$ (참)

ㄴ. [반례] $a=-1$, $b=1$이면 $|a+b|=0$, $|a-b|=2$이므로

$|a+b|<|a-b|$ (거짓)

ㄷ. $(\sqrt{a-b})^2-(\sqrt{a}-\sqrt{b})^2=a-b-(a-2\sqrt{ab}+b)$

$=2\sqrt{ab}-2b$

$=2\sqrt{b}(\sqrt{a}-\sqrt{b})\geq 0$

(단, 등호는 $a=b$ 또는 $b=0$일 때 성립)

에서 $(\sqrt{a-b})^2\geq(\sqrt{a}-\sqrt{b})^2$

그런데 $\sqrt{a-b}\geq 0$, $\sqrt{a}-\sqrt{b}\geq 0$이므로

$\sqrt{a-b}\geq\sqrt{a}-\sqrt{b}$ (참)

따라서 옳은 것은 ㄱ, ㄷ이다.

답 ④

14 $a>0$, $b>0$에서 $\frac{a}{b}>0$, $\frac{b}{a}>0$이므로 산술평균과 기하평균의 관계에 의하여

$(a+b)\left(\frac{4}{a}+\frac{9}{b}\right)=4+\frac{9a}{b}+\frac{4b}{a}+9$

$=\frac{9a}{b}+\frac{4b}{a}+13$

$\geq 2\sqrt{\frac{9a}{b}\times\frac{4b}{a}}+13$

$=2\sqrt{36}+13$

$=12+13=25$

$\left(\text{단, 등호는 }\frac{9a}{b}=\frac{4b}{a}\text{, 즉 }a=\frac{2}{3}b\text{일 때 성립}\right)$

따라서 구하는 최솟값은 25이다.

답 25

15 $a>0$, $b>0$이므로 산술평균과 기하평균의 관계에 의하여

$2a+b\geq 2\sqrt{2a\times b}=2\sqrt{2ab}$

(단, 등호는 $2a=b=8$, 즉 $a=4$, $b=8$일 때 성립)

$16\geq 2\sqrt{2ab}$, $\sqrt{2ab}\leq 8$, $2ab\leq 64$

$\therefore ab\leq 32$

따라서 ab의 최댓값은 32이다.

답 ③

Core 특강

산술평균과 기하평균의 관계

$a>0$, $b>0$일 때, $a+b\geq 2\sqrt{ab}$이므로

(1) $a+b$가 일정하면 ab는 $a=b$일 때 최댓값을 갖는다.

(2) ab가 일정하면 $a+b$는 $a=b$일 때 최솟값을 갖는다.

16 $x-2>0$이므로 산술평균과 기하평균의 관계에 의하여

$4x+\frac{1}{x-2}=4(x-2)+\frac{1}{x-2}+8$

$\geq 2\sqrt{4(x-2)\times\frac{1}{x-2}}+8$

$=2\sqrt{4}+8=12$

$\left(\text{단, 등호는 }4(x-2)=\frac{1}{x-2}\text{, 즉 }x=\frac{5}{2}\text{일 때 성립}\right)$

따라서 구하는 최솟값은 12이다.

답 12

17 $x\neq 0$이므로 분모와 분자를 각각 x로 나누면

$\frac{4x}{x^2+x+4}=\frac{4}{x+1+\frac{4}{x}}$ ……❶

$x>0$이므로 산술평균과 기하평균의 관계에 의하여

$x+1+\frac{4}{x}\geq 2\sqrt{x\times\frac{4}{x}}+1$

$=2\sqrt{4}+1$

$=5$ $\left(\text{단, 등호는 }x=\frac{4}{x}\text{, 즉 }x=2\text{일 때 성립}\right)$

……❷

따라서 $x+\frac{4}{x}+1$의 최솟값이 5이므로 $\frac{4}{x+1+\frac{4}{x}}$, 즉

$\frac{4x}{x^2+x+4}$의 최댓값은 $\frac{4}{5}$이다. ……❸

답 $\frac{4}{5}$

단계	채점 기준	배점
❶	주어진 식의 분모와 분자를 x로 나누기	20 %
❷	❶에서 구한 식의 분모의 최솟값 구하기	50 %
❸	주어진 식의 최댓값 구하기	30 %

18 코시-슈바르츠의 부등식에 의하여

$(1^2+2^2)(x^2+y^2)\geq(x+2y)^2$ $\left(\text{단, 등호는 }x=\frac{y}{2}\text{일 때 성립}\right)$

$5(x^2+y^2)\geq 100$

$\therefore x^2+y^2\geq 20$

따라서 x^2+y^2의 최솟값은 20이다.

답 ④

Core 특강

코시-슈바르츠의 부등식

a, b, x, y가 실수일 때,

$(a^2+b^2)(x^2+y^2)\geq(ax+by)^2$ $\left(\text{단, 등호는 }\frac{x}{a}=\frac{y}{b}\text{일 때 성립}\right)$

19 직사각형의 가로, 세로의 길이를 각각 x, y $(x>0,\ y>0)$라 하면 대각선의 길이가 5이므로

$\sqrt{x^2+y^2}=5 \qquad \therefore x^2+y^2=25$

한편, x, y가 실수이므로 코시-슈바르츠의 부등식에 의하여

$(1^2+1^2)(x^2+y^2)\ge(x+y)^2$ (단, 등호는 $x=y$일 때 성립)

$2\times25\ge(x+y)^2$, $(x+y)^2\le50$

이때 $x>0$, $y>0$이므로

$0<x+y\le5\sqrt{2}$

직사각형의 둘레의 길이는 $2(x+y)$이므로

$0<2(x+y)\le10\sqrt{2}$

따라서 구하는 최댓값은 $10\sqrt{2}$이다. 답 ①

2STEP 출제 유형 PICK

| 본문 30쪽 |

대표 문제 1 ④	1-1 ⑤	
대표 문제 2 48	2-1 24	2-2 ①

대표 문제 1 ㄱ. $p \longrightarrow q$: $a\ge1$ 또는 $b\ge1$이면 $a+b\ge2$이다. (거짓)

[반례] $a=-3$, $b=2$이면 $a\ge1$ 또는 $b\ge1$이지만 $a+b<2$이므로 명제 $p \longrightarrow q$는 거짓이다.

$q \longrightarrow p$: $a+b\ge2$이면 $a\ge1$ 또는 $b\ge1$이다. (참)

명제 $q \longrightarrow p$의 대우 '$a<1$이고 $b<1$이면 $a+b<2$이다.'가 참이므로 명제 $q \longrightarrow p$는 참이다.

즉, p는 q이기 위한 필요조건이지만 충분조건은 아니다.

ㄴ. p: $a^3-b^3=0$에서 $(a-b)(a^2+ab+b^2)=0$이므로

$a=b$ 또는 $a^2+ab+b^2=0$

이때 $a^2+ab+b^2=\left(a+\frac{1}{2}b\right)^2+\frac{3}{4}b^2$이므로

$a^2+ab+b^2=0$에서 $a=b=0$

즉, $a=b$ 또는 $a=b=0$이므로 $a=b$

q: $a^2-b^2=0$에서 $(a+b)(a-b)=0$

즉, $a=-b$ 또는 $a=b$

따라서 p는 q이기 위한 충분조건이지만 필요조건은 아니다.

ㄷ. 두 조건 p, q의 진리집합을 각각 P, Q라 하면

$P=\{(a,\ b,\ c)\,|\,a=b$ 또는 $b=c$ 또는 $c=a\}$,

$Q=\{(a,\ b,\ c)\,|\,a=b=c\}$이므로

$Q\subset P$, $P\not\subset Q$

즉, p는 q이기 위한 필요조건이지만 충분조건은 아니다.

따라서 p가 q이기 위한 필요조건이지만 충분조건이 아닌 것은 ㄱ, ㄷ이다. 답 ④

1-1 p: $|a|+|b|=0$에서 $a=0$, $b=0$

q: $a^2-2ab+b^2=0$에서 $(a-b)^2=0 \qquad \therefore a=b$

r: $|a+b|=|a-b|$에서 $|a+b|^2=|a-b|^2$이므로

$a^2+2ab+b^2=a^2-2ab+b^2$, $4ab=0 \qquad \therefore ab=0$

$\therefore a=0$ 또는 $b=0$

ㄱ. $a=0$, $b=0$이면 $a=b$이므로 p는 q이기 위한 충분조건이다. (참)

ㄴ. $\sim p$: $a\ne0$ 또는 $b\ne0$, $\sim r$: $a\ne0$, $b\ne0$이므로 $\sim p$는 $\sim r$이기 위한 필요조건이다. (참)

ㄷ. q이고 r: $a=b=0$

즉, q이고 r는 p이기 위한 필요충분조건이다. (참)

따라서 ㄱ, ㄴ, ㄷ 모두 옳다. 답 ⑤

대표 문제 2 오른쪽 그림과 같이 세 점 D, E, F를 잡고 $\overline{AD}=x$, $\overline{AF}=y$라 하면 직사각형 ADEF의 넓이는 xy이다.

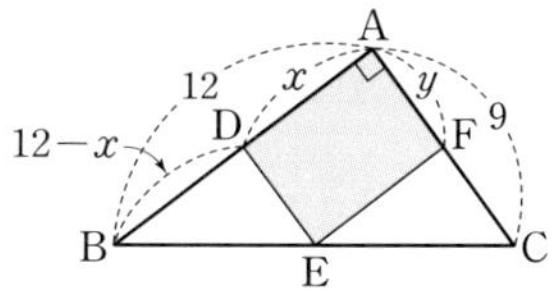

한편, $\triangle ABC \backsim \triangle DBE$ (AA 닮음)이므로

$\overline{AB}:\overline{AC}=\overline{DB}:\overline{DE}$에서 $12:9=(12-x):y$

$12y=9(12-x)$

$\therefore 3x+4y=36$

이때 $x>0$, $y>0$이므로 산술평균과 기하평균의 관계에 의하여

$3x+4y\ge2\sqrt{3x\times4y}=2\sqrt{12xy}$ (단, 등호는 $3x=4y$일 때 성립)

$36\ge4\sqrt{3xy}$

$\sqrt{3xy}\le9$, $3xy\le81$

$\therefore xy\le27$

따라서 $3x=4y$일 때, 직사각형의 넓이의 최댓값은 27이다.

이때 $3x=4y=18$, 즉 $x=6$, $y=\frac{9}{2}$이므로 직사각형의 둘레의 길이는

$2x+2y=2\times6+2\times\frac{9}{2}=12+9=21$

따라서 $a=27$, $b=21$이므로

$a+b=27+21=48$ 답 48

2-1 두 점 B, C의 좌표를 각각 $B(a,\ 0)$, $C(0,\ b)$ $(a>0,\ b>0)$라 하자. 삼각형 OBC의 넓이를 S라 하면

$S=\frac{1}{2}ab \qquad \cdots\cdots ㉠$

두 점 B, C를 지나는 직선의 방정식은

$\frac{x}{a}+\frac{y}{b}=1$

이 직선이 점 $A(3,\ 4)$를 지나므로

$\frac{3}{a}+\frac{4}{b}=1$

$a>0$, $b>0$이므로 산술평균과 기하평균의 관계에 의하여

$\frac{3}{a}+\frac{4}{b}\ge2\sqrt{\frac{3}{a}\times\frac{4}{b}}$

$=\frac{4\sqrt{3}}{\sqrt{ab}}$ $\left(\text{단, 등호는 } \frac{3}{a}=\frac{4}{b},\ \text{즉 } 4a=3b\text{일 때 성립}\right)$

즉, $1\ge\frac{4\sqrt{3}}{\sqrt{ab}}$에서 $\sqrt{ab}\ge4\sqrt{3}$

$\therefore ab\ge48 \qquad \cdots\cdots ㉡$

㉠, ㉡에 의하여 $S=\frac{1}{2}ab\ge\frac{1}{2}\times48=24$

따라서 구하는 넓이의 최솟값은 24이다. 답 24

2-2 이차함수 $f(x)=x^2-2ax$의 그래프와 직선 $g(x)=\frac{1}{a}x$가 만나는 점 A의 좌표를 구해 보자.

$x^2-2ax=\frac{1}{a}x$에서 $x-2a=\frac{1}{a}$ ($\because x>0$)

즉, $x=2a+\frac{1}{a}$이므로 $y=2+\frac{1}{a^2}$

$\therefore \mathrm{A}\left(2a+\frac{1}{a},\ 2+\frac{1}{a^2}\right)$

이차함수 $f(x)=x^2-2ax=(x-a)^2-a^2$의 그래프의 꼭짓점 B의 좌표는 $\mathrm{B}(a,\ -a^2)$

이때 선분 AB의 중점 C의 좌표는

$\mathrm{C}\left(\frac{3}{2}a+\frac{1}{2a},\ 1+\frac{1}{2a^2}-\frac{a^2}{2}\right)$

이고 선분 CH의 길이는 점 C의 x좌표와 같다.

$a>0$이므로 산술평균과 기하평균의 관계에 의하여

$$\overline{\mathrm{CH}}=\frac{3}{2}a+\frac{1}{2a}$$
$$\ge2\sqrt{\frac{3}{2}a\times\frac{1}{2a}}$$
$$=\sqrt{3}\ \left(\text{단, 등호는 } 3a=\frac{1}{a},\ \text{즉 } a=\frac{\sqrt{3}}{3}\text{일 때 성립}\right)$$

따라서 선분 CH의 길이의 최솟값은 $\sqrt{3}$이다. 답 ①

3STEP 만점 도전 하기 | 본문 31쪽 |

01 ③ **02** 8 **03** 풀이 참조 **04** 8 **05** 10 **06** 28

01 조건 p의 진리집합을 P, 조건 q의 진리집합을 Q라 할 때, p가 q이기 위한 필요충분조건이 되려면 $P=Q$, 즉 $P^C=Q^C$을 만족시켜야 한다.

$x^2+x-2=0$에서 $(x+2)(x-1)=0$

$\therefore x=-2$ 또는 $x=1$

$\therefore P^C=\{-2,\ 1\}$

$x^4+(a+1)x^3+(a+2)x^2+(4-2a)x-8\ne0$

$\Longleftrightarrow (x+2)(x-1)(x^2+ax+4)\ne0$

즉, 방정식 $(x+2)(x-1)(x^2+ax+4)=0$을 만족시키는 실수 x가 -2 또는 1뿐이어야 $P^C=Q^C$을 만족시키므로 방정식 $x^2+ax+4=0$이 허근을 갖거나 -2 또는 1만을 근으로 가지면 된다.

(i) 방정식 $x^2+ax+4=0$이 허근을 가지는 경우

$x^2+ax+4=0$의 판별식을 D라 하면

$D=a^2-16<0$

$(a+4)(a-4)<0$ $\quad\therefore -4<a<4$

(ii) 방정식 $x^2+ax+4=0$이 -2 또는 1만을 근으로 가지는 경우

㉠ $x=-2$를 방정식 $x^2+ax+4=0$에 대입하면

$4-2a+4=0$에서 $2a=8$ $\quad\therefore a=4$

즉, $x^2+4x+4=0$이므로 $(x+2)^2=0$

이때 $x=-2$만 방정식 $x^2+ax+4=0$의 근이 되어 조건을 만족시킨다.

$\therefore a=4$

㉡ $x=1$을 방정식 $x^2+ax+4=0$에 대입하면

$1+a+4=0$에서 $a=-5$

즉, $x^2-5x+4=0$이므로 $(x-1)(x-4)=0$

이때 $x=4$가 방정식 $x^2+ax+4=0$의 근이 되어 조건을 만족시키지 못한다.

(i), (ii)에 의하여 조건을 만족시키는 정수 a는 $-3,\ -2,\ -1,\ 0,\ 1,\ 2,\ 3,\ 4$로 모두 8개이다. 답 ③

02 이차함수 $y=f(x)$가 $x=-1$에서 최솟값 -2를 가지므로

$f(x)=a(x+1)^2-2$ (a는 상수)로 놓으면

이차함수 $y=f(x)$의 그래프가 점 $(1,\ 2)$를 지나므로

$2=a\times2^2-2,\ 4a=4$ $\quad\therefore a=1$

$\therefore f(x)=x^2+2x-1$

$g(x)=bx+c$ ($b,\ c$는 상수)로 놓으면

일차함수 $y=g(x)$의 그래프가 점 $(1,\ 2)$를 지나므로

$2=b+c$ $\quad\therefore c=2-b$ $\quad\cdots\cdots$ ㉠

두 함수 $y=f(x),\ y=g(x)$의 그래프가 점 $(1,\ 2)$에서 접하므로 이차방정식 $x^2+2x-1=bx+c$, 즉

$x^2+(2-b)x-(1+c)=0$의 판별식을 D라 할 때,

$D=(2-b)^2+4(1+c)=0$

$b^2-4b+4c+8=0$ $\quad\cdots\cdots$ ㉡

㉠을 ㉡에 대입하면

$b^2-4b+4(2-b)+8=0$

$b^2-8b+16=0$

$(b-4)^2=0$ $\quad\therefore b=4$

$b=4$를 ㉠에 대입하면 $c=-2$

$\therefore g(x)=4x-2$

$$\therefore \frac{4f(x)+8}{g(x)-2}=\frac{4x^2+8x+4}{4x-4}=\frac{x^2+2x+1}{x-1}$$
$$=(x+3)+\frac{4}{x-1}$$
$$=(x-1)+\frac{4}{x-1}+4$$

이때 $x-1>0$이므로 산술평균과 기하평균의 관계에 의하여

$$(x-1)+\frac{4}{x-1}+4\ge2\sqrt{(x-1)\times\frac{4}{x-1}}+4$$
$$=2\times2+4=8$$
$$\left(\text{단, 등호는 } x-1=\frac{4}{x-1}\text{일 때, 즉 } x=3\text{일 때 성립}\right)$$

따라서 $x=3$일 때 $\frac{4f(x)+8}{g(x)-2}$은 최솟값 8을 갖는다. 답 8

03 $a^2+3b^2+c^2+4-(b+1)(2a+c+1)$

$=\frac{1}{2}\{2a^2+6b^2+2c^2+8-2(b+1)(2a+c+1)\}$

$=\frac{1}{2}(2a^2+6b^2+2c^2-4ab-2bc-4a-2b-2c+6)$

$=\frac{1}{2}\{(a^2-4ab+4b^2)+(b^2-2bc+c^2)$

$+(a^2-4a+4)+(b^2-2b+1)+(c^2-2c+1)\}$

$=\frac{1}{2}\{(a-2b)^2+(b-c)^2+(a-2)^2+(b-1)^2+(c-1)^2\}$

이때 $(a-2b)^2\geq 0$, $(b-c)^2\geq 0$, $(a-2)^2\geq 0$, $(b-1)^2\geq 0$, $(c-1)^2\geq 0$이므로

$(a-2b)^2+(b-c)^2+(a-2)^2+(b-1)^2+(c-1)^2\geq 0$

따라서

$\frac{1}{2}\{(a-2b)^2+(b-c)^2+(a-2)^2+(b-1)^2+(c-1)^2\}\geq 0$

이므로 $a^2+3b^2+c^2+4\geq(b+1)(2a+c+1)$

이때 등호는 $a-2b=0$, $b-c=0$, $a-2=0$, $b-1=0$, $c-1=0$일 때, 즉 $a=2$, $b=1$, $c=1$일 때 성립한다.

답 풀이 참조

04 두 조건 p, q의 진리집합을 각각 P, Q라 하면

$2x-a\leq 0$에서 $x\leq\frac{a}{2}$

$\therefore P=\left\{x \middle| x\leq\frac{a}{2}\right\}$

조건 q: $x^2-5x+4>0$에 대하여

$\sim q$: $x^2-5x+4\leq 0$

$x^2-5x+4\leq 0$에서 $(x-1)(x-4)\leq 0$

$\therefore 1\leq x\leq 4$

$\therefore Q^C=\{x|1\leq x\leq 4\}$

p가 $\sim q$이기 위한 필요조건이면 명제 $\sim q \longrightarrow p$가 참이므로 $Q^C\subset P$가 성립해야 한다.

즉, 오른쪽 그림에서

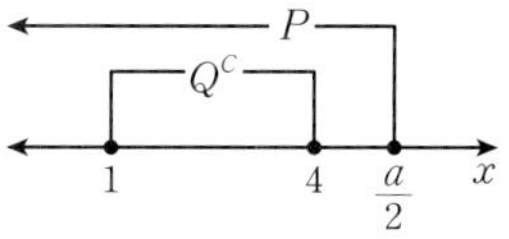

$\frac{a}{2}\geq 4$ $\quad\therefore a\geq 8$

따라서 실수 a의 최솟값은 8이다.

답 8

05 두 직선 l, m이 원 $(x-1)^2+(y-3)^2=1$의 넓이를 4등분하므로 두 직선 l, m은 원의 중심 $(1, 3)$을 지나고 서로 수직인 직선이다.

직선 l의 기울기가 a $(0<a<3)$이므로 직선 m의 기울기는

$b=-\frac{1}{a}$

$\therefore l: y=a(x-1)+3$, $m: y=-\frac{1}{a}(x-1)+3$

직선 l의 x절편과 y절편은 각각 $1-\frac{3}{a}$, $3-a$이고,

직선 m의 x절편과 y절편은 각각 $1+3a$, $3+\frac{1}{a}$이므로

직선 l과 x축, y축으로 둘러싸인 삼각형의 넓이 S_1은

$S_1=\frac{1}{2}\left(\frac{3}{a}-1\right)(3-a)$ $(\because 0<a<3)$

직선 m과 x축, y축으로 둘러싸인 삼각형의 넓이 S_2는

$S_2=\frac{1}{2}(1+3a)\left(3+\frac{1}{a}\right)$

$\therefore S_1+S_2=\frac{1}{2}\left(\frac{3}{a}-1\right)(3-a)+\frac{1}{2}(1+3a)\left(3+\frac{1}{a}\right)$

$=\frac{1}{2}\left(\frac{10}{a}+10a\right)$

이때 $a>0$이므로 산술평균과 기하평균의 관계에 의하여

$\frac{1}{2}\left(\frac{10}{a}+10a\right)\geq\frac{1}{2}\times 2\sqrt{\frac{10}{a}\times 10a}$

$=10$ $\left(\text{단, 등호는 } \frac{1}{a}=a,\ \text{즉 } a=1\text{일 때 성립}\right)$

따라서 S_1+S_2의 최솟값은 10이다.

답 10

06 오른쪽 그림과 같이 $\overline{PM}=x$, $\overline{PN}=y$라 하면

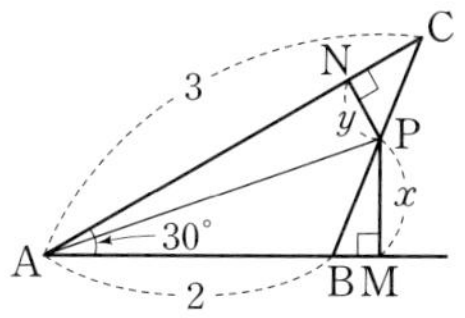

$\triangle ABC=\triangle ABP+\triangle APC$에서

$\frac{1}{2}\times 2\times 3\times\sin 30^\circ=\frac{1}{2}\times 2\times x+\frac{1}{2}\times 3\times y$

$\therefore 2x+3y=3$ $\quad\cdots\cdots$ ㉠

$\frac{\overline{AB}}{\overline{PM}}+\frac{\overline{AC}}{\overline{PN}}=\frac{2}{x}+\frac{3}{y}$이고 $x>0$, $y>0$이므로 산술평균과 기하평균의 관계에 의하여

$(2x+3y)\left(\frac{2}{x}+\frac{3}{y}\right)=13+\frac{6x}{y}+\frac{6y}{x}$

$\geq 13+2\sqrt{\frac{6x}{y}\times\frac{6y}{x}}=25$

$\left(\text{단, 등호는 } \frac{x}{y}=\frac{y}{x},\ \text{즉 } x=y=\frac{3}{5}\text{일 때 성립}\right)$

이때 ㉠에 의하여

$3\left(\frac{2}{x}+\frac{3}{y}\right)\geq 25$, 즉 $\frac{2}{x}+\frac{3}{y}\geq\frac{25}{3}$

이므로 $\frac{2}{x}+\frac{3}{y}$의 최솟값은 $\frac{25}{3}$이다.

따라서 $p=3$, $q=25$이므로

$p+q=3+25=28$

답 28

참고 $\frac{x}{y}=\frac{y}{x}$에서 $x^2=y^2$

$\therefore x=y$ $(\because x>0, y>0)$ $\quad\cdots\cdots$ ㉡

㉡을 ㉠에 대입하면

$2x+3x=3$, $5x=3$ $\quad\therefore x=\frac{3}{5}$

따라서 부등식 $3\left(\frac{2}{x}+\frac{3}{y}\right)\geq 25$에서 등호는 $x=y=\frac{3}{5}$일 때 성립한다.

05강 함수

기본 다지기

| 본문 32쪽 |

1 {2, 4}　2 ㄴ　3 1　4 1　5 3
6 1

1 답 {2, 4}

2 일대일대응이려면 치역의 원소 k에 대하여 x축에 평행한 직선 $y=k$와 그래프의 교점이 1개이고, 치역과 공역이 같아야 한다.

ㄱ. 상수함수는 일대일대응이 아니다.

ㄴ. 함수 $y=f(x)$의 그래프는 오른쪽 그림과 같이 직선 $y=k$와 한 점에서 만나고 치역과 공역이 같으므로 일대일대응이다.

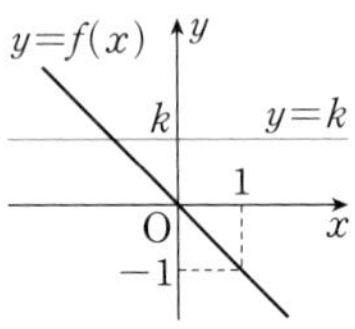

ㄷ. 함수 $y=f(x)$의 그래프는 오른쪽 그림과 같이 직선 $y=k$와 두 점에서 만나거나 만나지 않는 경우가 있으므로 일대일대응이 아니다.

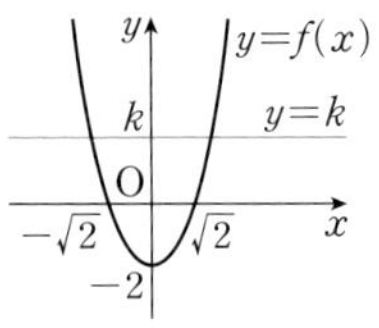

따라서 일대일대응인 것은 ㄴ뿐이다.　답 ㄴ

3 $(g\circ f)(1)=g(f(1))=g(-1)=1$　답 1

4 $y=3x-9$로 놓고 x에 대하여 풀면

$3x=y+9$, $x=\frac{1}{3}y+3$

x와 y를 서로 바꾸면 $y=\frac{1}{3}x+3$

따라서 역함수는 $f^{-1}(x)=\frac{1}{3}x+3$이므로

$a=\frac{1}{3}$, $b=3$　$\therefore ab=\frac{1}{3}\times 3=1$　답 1

5 $f(3)=5$이므로 $f^{-1}(5)=3$　답 3

6 $f^{-1}(2)=k$에서 $f(k)=2$이므로

$-k+3=2$　$\therefore k=1$　답 1

1 STEP 필수 유형 다지기

| 본문 33~35쪽 |

01 ①	02 9	03 9	04 ③	05 ⑤	06 5
07 ③	08 ③	09 2	10 36	11 12	12 0
13 ④	14 3	15 ②	16 ③	17 2	18 ②
19 ④	20 ②				

01 집합 X에서 집합 Y로의 대응 관계를 나타내면 다음과 같다.

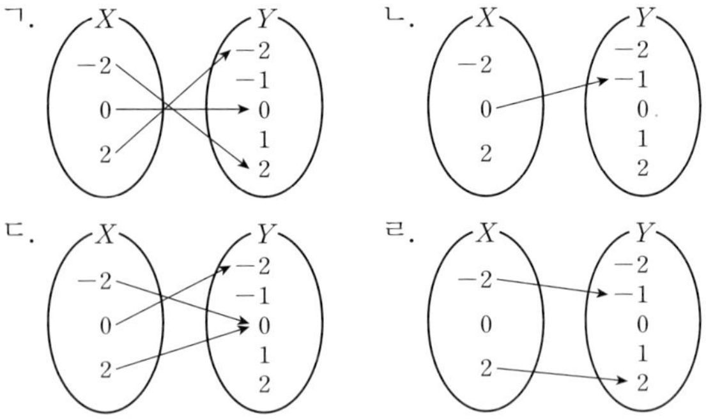

따라서 X에서 Y로의 함수인 것은 ㄱ, ㄷ이다.　답 ①

02 함수 $f(x)=ax-3$에서 $a>0$이므로 x의 값이 증가할 때, $f(x)$의 값도 증가한다.

따라서 $f(-1)=-5$, $f(5)=b$이므로

$-a-3=-5$, $5a-3=b$

두 식을 연립하여 풀면 $a=2$, $b=7$

$\therefore a+b=2+7=9$　답 9

Core 특강

일차함수의 그래프의 정의역과 치역

일차함수 $f(x)=ax+b$의 그래프의 정의역이 $\{x|p\le x\le q\}$일 때

(1) $a>0$이면 x의 값이 증가할 때, $f(x)$의 값도 증가하므로 함수 $y=f(x)$의 치역은
$\{y|f(p)\le y\le f(q)\}$

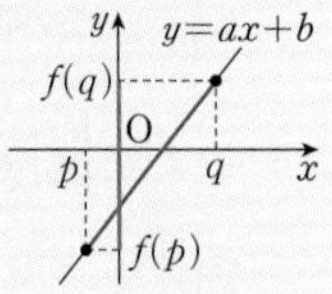

(2) $a<0$이면 x의 값이 증가할 때, $f(x)$의 값은 감소하므로 함수 $y=f(x)$의 치역은
$\{y|f(q)\le y\le f(p)\}$

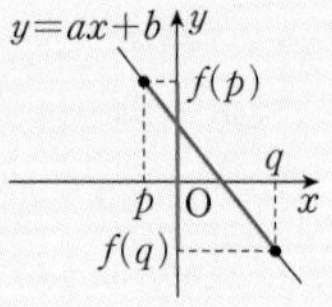

03 $2-x=t$로 놓으면 $x=2-t$

$f(2-x)=4x-5$에 $x=2-t$를 대입하면

$f(t)=4(2-t)-5=-4t+3$

$\therefore f(-1)+f(0)+f(1)=7+3-1=9$　답 9

Core 특강

함숫값 구하기

(1) 함수 $f(x)$에서 $f(k)$의 값 구하기
➜ x 대신 k를 대입한다.

(2) 함수 $f(ax+b)$를 함수 $f(t)$로 나타내기
➜ $ax+b=t$로 놓고 $x=\frac{t-b}{a}$를 대입하여 $f(t)$를 구한다.

04 $f(3)=(3^3$의 일의 자리 숫자)에서 $3^3=27$이므로 $f(3)=7$

또, $g(n)=(7^n$의 일의 자리 숫자)에서 $n=1, 2, 3, \cdots$일 때, 7^n의 일의 자리 숫자는

7^1 ➜ 7, 7^2 ➜ 9, 7^3 ➜ 3, 7^4 ➜ 1, 7^5 ➜ 7, $\cdots$
(×7　×7　×7　×7)

이므로 7, 9, 3, 1이 이 순서대로 반복된다.

$\therefore g(7)=g(3)=3$

$\therefore f(3)+g(7)=7+3=10$ 답 ③

05 두 함수 f와 g가 서로 같으려면 정의역의 각 원소 x에 대하여 두 함수 f, g의 함숫값이 같아야 한다.

ㄱ. $f(x)=0$, $g(x)=x^2-1$에서

$f(-1)=0$, $g(-1)=0$이므로 $f(-1)=g(-1)$

$f(1)=0$, $g(1)=0$이므로 $f(1)=g(1)$

$\therefore f=g$

ㄴ. $f(x)=x$, $g(x)=x^3$에서

$f(-1)=-1$, $g(-1)=-1$이므로 $f(-1)=g(-1)$

$f(1)=1$, $g(1)=1$이므로 $f(1)=g(1)$

$\therefore f=g$

ㄷ. $f(x)=x^3+x^2$, $g(x)=x+1$에서

$f(-1)=0$, $g(-1)=0$이므로 $f(-1)=g(-1)$

$f(1)=2$, $g(1)=2$이므로 $f(1)=g(1)$

$\therefore f=g$

따라서 ㄱ, ㄴ, ㄷ 모두 $f=g$이다. 답 ⑤

06 두 함수 f와 g가 서로 같으려면 정의역의 각 원소 x에 대하여 두 함수 f, g의 함숫값이 같아야 한다.

$f(-1)=g(-1)$에서 $2=2a+b$ …… ㉠ ❶

$f(0)=g(0)$에서 $3=a+b$ …… ㉡ ❷

㉠, ㉡을 연립하여 풀면 $a=-1$, $b=4$

$\therefore b-a=4-(-1)=5$ ❸

답 5

단계	채점 기준	배점
❶	$f(-1)=g(-1)$에서 a, b에 대한 식 구하기	40 %
❷	$f(0)=g(0)$에서 a, b에 대한 식 구하기	40 %
❸	$b-a$의 값 구하기	20 %

07 함수 f는 항등함수이므로

$f(4)=4$

함수 g는 상수함수이므로 $g(x)=c$ (c는 상수)라 하면

$f(4)=g(3)+g(5)$에서 $4=c+c$

$\therefore c=2$, 즉 $g(x)=2$

따라서 $f(2)=2$, $g(4)=2$이므로

$f(2)+g(4)=2+2=4$ 답 ③

08 $f(1)+f(2)=4$이고 함수 f는 일대일대응이므로

$f(1)=1$, $f(2)=3$ 또는 $f(1)=3$, $f(2)=1$

이때 $2f(2)>3$에서 $f(2)>\frac{3}{2}$이므로

$f(2)=3$, $f(1)=1$

따라서 $f(3)=2$이므로

$2f(1)+f(3)=2\times1+2=4$ 답 ③

09 함수

$f(x)=x^2+2x+k=(x+1)^2+k-1$

의 그래프는 오른쪽 그림과 같으므로

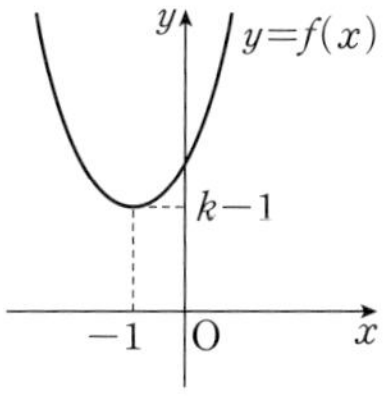

$x\geq-1$에서 x의 값이 증가할 때, y의 값도 증가한다. ❶

따라서 함수 $f(x)$가 일대일함수이려면 $a\geq-1$이어야 하므로 a의 최솟값은 -1이다.

$\therefore m=-1$ ❷

따라서 $f(m)=2$에서 $f(-1)=1-2+k=2$이므로

$k=3$ ❸

$\therefore m+k=-1+3=2$ ❹

답 2

단계	채점 기준	배점
❶	함수 $y=f(x)$의 그래프 파악하기	20 %
❷	m의 값 구하기	30 %
❸	k의 값 구하기	30 %
❹	$m+k$의 값 구하기	20 %

10 정의역의 원소 1, 2, 3에 대응할 수 있는 공역의 원소는 각각 4, 5, 6의 3개씩이므로 함수의 개수는

$p=3\times3\times3=27$

또, 집합 X에서 Y로의 일대일대응을 f라 할 때,

$f(1)$의 값이 될 수 있는 것은 4, 5, 6의 3개

$f(2)$의 값이 될 수 있는 것은 $f(1)$의 값을 제외한 2개

$f(3)$의 값이 될 수 있는 것은 $f(1)$, $f(2)$의 값을 제외한 1개이므로 일대일대응의 개수는

$q=3\times2\times1=6$

한편, 상수함수의 개수는 공역 Y의 원소의 개수와 같으므로

$r=3$

$\therefore p+q+r=27+6+3=36$ 답 36

11 $\{f(-2)-2\}\{f(2)+2\}\neq0$에서

$f(-2)\neq2$이고, $f(2)\neq-2$

이므로 $f(-2)$의 값이 될 수 있는 것은 -2, 0의 2개, $f(0)$의 값이 될 수 있는 것은 -2, 0, 2의 3개, $f(2)$의 값이 될 수 있는 것은 0, 2의 2개이다.

따라서 구하는 함수의 개수는

$2\times3\times2=12$ 답 12

12 함수의 합성에서는 결합법칙이 성립하므로

$h\circ(g\circ f)=(h\circ g)\circ f$

$\therefore (h\circ(g\circ f))(3)=((h\circ g)\circ f)(3)$

$=(h\circ g)(f(3))$ ← $f(3)=2\times3-4=2$

$=(h\circ g)(2)$

$=-2+2=0$ 답 0

Core 특강

합성함수의 성질

(1) $f \circ g \neq g \circ f$ ← 교환법칙이 성립하지 않는다.

(2) $(h \circ g) \circ f = h \circ (g \circ f)$ ← 결합법칙이 성립한다.

(3) $f \circ I = I \circ f = f$ (단, I는 항등함수)

13 $(f \circ g)(x) = f(g(x)) = f(-x-a)$

$= a(-x-a) = -ax - a^2$

$(g \circ f)(x) = g(f(x)) = g(ax)$

$= -ax - a$

$f \circ g = g \circ f$에서

$-ax - a^2 = -ax - a$

따라서 $a^2 = a$이므로 $a^2 - a = 0$

$a(a-1) = 0$　　$\therefore a = 0$ 또는 $a = 1$

즉, 모든 상수 a의 값의 합은 1이다.　　답 ④

14 $f(x) = x - 1$에서

$f^1(x) = f(x) = x - 1$

$f^2(x) = (f \circ f)(x) = (x-1) - 1 = x - 2$

$f^3(x) = (f^2 \circ f)(x) = f^2(f(x))$

$= (x-1) - 2 = x - 3$ ········· ❶

⋮

$f^n(x) = x - n$ (단, n은 자연수) ········· ❷

$\therefore f^{100}(103) = 103 - 100 = 3$ ········· ❸

답 3

단계	채점 기준	배점
❶	함수 $f^2(x)$, $f^3(x)$ 구하기	40 %
❷	함수 $f^n(x)$ 구하기	40 %
❸	$f^{100}(103)$의 값 구하기	20 %

15 $f^{-1}(1) = 0$에서 $f(0) = 1$

$\therefore b = 1$ ······ ㉠

$f^{-1}(-5) = 3$에서 $f(3) = -5$

$\therefore 3a + b = -5$ ······ ㉡

㉠을 ㉡에 대입하면

$3a + 1 = -5$, $3a = -6$　　$\therefore a = -2$

$\therefore a + b = -2 + 1 = -1$　　답 ②

16 함수 $f(x)$가 역함수를 가지려면 일대일대응이어야 하므로 함수 $y=f(x)$의 그래프는 실수 전체의 집합에서 증가하거나 감소해야 한다. 즉, 함수 $y=f(x)$의 그래프의 기울기의 부호가 서로 같아야 하므로

$(4-a)(a+2) > 0$, 즉 $(a-4)(a+2) < 0$

$\therefore -2 < a < 4$

따라서 정수 a는 $-1, 0, 1, 2, 3$의 5개이다.　　답 ③

17 함수 $y=f(x)$의 그래프와 그 역함수 $y=f^{-1}(x)$의 그래프의 교점은 함수 $y=f(x)$의 그래프와 직선 $y=x$의 교점과 같다.

즉, $x^2 + 6x - 6 = x$에서 $x^2 + 5x - 6 = 0$

$(x+6)(x-1) = 0$　　$\therefore x = 1$ ($\because x \geq -3$)

따라서 함수 $y=f(x)$의 그래프와 그 역함수 $y=f^{-1}(x)$의 그래프의 교점의 좌표는 $(1, 1)$이므로

$a = 1$, $b = 1$

$\therefore a + b = 1 + 1 = 2$　　답 2

Core 특강

역함수의 그래프의 성질

함수 $y=f(x)$의 그래프와 그 역함수 $y=f^{-1}(x)$의 그래프는 직선 $y=x$에 대하여 대칭이다.

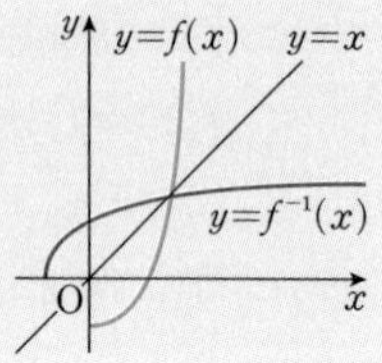

18 $(f \circ (g \circ f)^{-1} \circ f)(5) = (f \circ f^{-1} \circ g^{-1} \circ f)(5)$

$= (g^{-1} \circ f)(5)$

$= g^{-1}(f(5))$　　← $f(5) = 2 \times 5 + 5 = 15$

$= g^{-1}(15)$

이때 $g^{-1}(15) = k$라 하면 $g(k) = 15$

$-4k - 1 = 15$　　$\therefore k = -4$

$\therefore (f \circ (g \circ f)^{-1} \circ f)(5) = -4$　　답 ②

19 $(f^{-1} \circ g)^{-1}(2) = (g^{-1} \circ f)(2) = g^{-1}(f(2))$

$= g^{-1}(2+a) = 4$

즉, $g(4) = 2 + a$이므로

$5 = 2 + a$　　$\therefore a = 3$　　답 ④

20 $(f \circ g^{-1})(d) = f(g^{-1}(d))$에서

$g^{-1}(d) = k$ (k는 상수)로 놓으면

$g(k) = d$

함수 $y=g(x)$의 그래프에서

$g(k) = d$인 k의 값은 c이므로

$g^{-1}(d) = c$

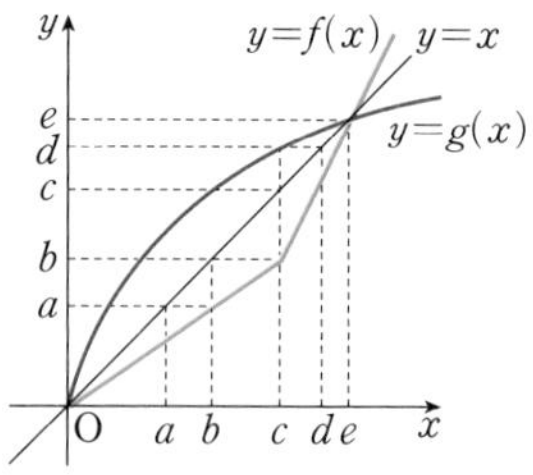

따라서 함수 $y=f(x)$의 그래프에서

$(f \circ g^{-1})(d) = f(g^{-1}(d)) = f(c) = b$　　답 ②

2 STEP 출제 유형 PICK

| 본문 36~37쪽 |

대표 문제 ❶ ⑤	1-1 ②	1-2 25
대표 문제 ❷ 7	2-1 10	2-2 ③
대표 문제 ❸ ③	3-1 6	3-2 ⑤
대표 문제 ❹ ④	4-1 ②	4-2 16

대표문제 1 조건 (가)에서 함수 f는 일대일함수이고, 조건 (나)에서 함수 f의 치역의 모든 원소의 합이 홀수인 경우는 치역의 원소가 모두 홀수이거나 한 원소만 홀수일 때이다.

(i) 함수 f의 치역의 원소가 모두 홀수인 경우

함수 f의 치역이 될 수 있는 것은 $\{1, 3, 5\}$이므로

$f(a)$의 값이 될 수 있는 것은 1, 3, 5의 3개

$f(b)$의 값이 될 수 있는 것은 $f(a)$의 값을 제외한 2개

$f(c)$의 값이 될 수 있는 것은 $f(a)$, $f(b)$의 값을 제외한 1개

따라서 함수 f의 개수는

$3\times2\times1=6$

(ii) 함수 f의 치역의 원소 중 1개만 홀수인 경우

함수 f의 치역이 될 수 있는 것은

$\{1, 2, 4\}$, $\{2, 3, 4\}$, $\{2, 4, 5\}$

각각의 경우에 대하여

$f(a)$의 값이 될 수 있는 것은 3개

$f(b)$의 값이 될 수 있는 것은 $f(a)$의 값을 제외한 2개

$f(c)$의 값이 될 수 있는 것은 $f(a)$, $f(b)$의 값을 제외한 1개

따라서 함수 f의 개수는

$3\times3\times2\times1=18$

(i), (ii)에 의하여 구하는 함수 f의 개수는

$6+18=24$

답 ⑤

1-1 (i) $f(8)=2$일 때

어떤 경우에도 $f(4)<f(8)$을 만족시키지 않는다.

(ii) $f(8)=4$일 때

$f(4)=2$이고, $f(2)$, $f(6)$은 6, 8 중 하나를 각각 그 값으로 가지면 되므로 일대일대응은 2개

(iii) $f(8)=6$일 때

$f(4)=2$이면 $f(2)$, $f(6)$은 4, 8 중 하나를 각각 그 값으로 가지면 되므로 일대일대응은 2개

$f(4)=4$이면 $f(2)$, $f(6)$은 2, 8 중 하나를 각각 그 값으로 가지면 되므로 일대일대응은 2개

$\therefore 2+2=4$

(iv) $f(8)=8$일 때

$f(4)=2$이면 $f(2)$, $f(6)$은 4, 6 중 하나를 각각 그 값으로 가지면 되므로 일대일대응은 2개

$f(4)=4$, $f(4)=6$인 경우도 마찬가지로 일대일대응은 2개씩이므로

$2\times3=6$

(i)~(iv)에 의하여 구하는 일대일대응의 개수는

$2+4+6=12$

답 ②

(빠른 풀이) 일대일대응 f에는 $f(4)<f(8)$, $f(4)>f(8)$인 경우가 반반씩 있으므로 $f(4)<f(8)$을 만족시키는 일대일대응의 개수는 $\frac{1}{2}\times(4\times3\times2\times1)=12$

1-2 조건 (나)에 의하여

$f(0)=-f(0)$에서 $f(0)=0$

또, $f(-2)=-f(2)$, $f(-1)=-f(1)$이므로 $f(-2)$, $f(-1)$의 값이 정해지면 $f(2)$, $f(1)$의 값도 정해진다.

이때 $f(-2)$, $f(-1)$의 값이 될 수 있는 것은 각각 -2, -1, 0, 1, 2의 5가지이므로 구하는 함수 f의 개수는

$5\times5=25$

답 25

대표문제 2 주어진 그래프에서

$$f(x)=\begin{cases} x & (0\le x<2) \\ \frac{1}{2}x+1 & (2\le x\le4) \end{cases},\quad g(x)=\begin{cases} 2x & (0\le x<2) \\ -2x+8 & (2\le x\le4) \end{cases}$$

이므로

$$(f\circ g)(x)=f(g(x))=\begin{cases} g(x) & (0\le g(x)<2) \\ \frac{1}{2}g(x)+1 & (2\le g(x)\le4) \end{cases}$$

$2x=2$에서 $x=1$이고, $-2x+8=2$에서 $x=3$이므로

$0\le x<1$에서 $0\le g(x)<2$, $1\le x<2$에서 $2\le g(x)<4$,

$2\le x<3$에서 $2<g(x)\le4$, $3\le x\le4$에서 $0\le g(x)\le2$

$$\therefore (f\circ g)(x)=\begin{cases} 2x & (0\le x<1) \\ x+1 & (1\le x<2) \\ -x+5 & (2\le x<3) \\ -2x+8 & (3\le x\le4) \end{cases}$$

따라서 함수 $y=(f\circ g)(x)$의 그래프는 오른쪽 그림과 같으므로 구하는 도형의 넓이는

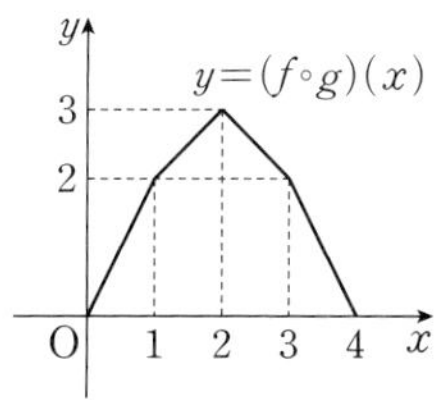

$\frac{1}{2}\times(3-1)\times(3-2)$

$+\frac{1}{2}\times\{(3-1)+(4-0)\}\times(2-0)$

$=1+6=7$

답 7

2-1 주어진 그래프에서

$$f(x)=\begin{cases} x+1 & (0\le x<1) \\ -2x+4 & (1\le x\le2) \end{cases}$$

이므로

$f\left(\frac{3}{2}\right)=-2\times\frac{3}{2}+4=1$

$f^2\left(\frac{3}{2}\right)=f\left(f\left(\frac{3}{2}\right)\right)=f(1)=2$

$f^3\left(\frac{3}{2}\right)=f\left(f^2\left(\frac{3}{2}\right)\right)=f(2)=0$

$f^4\left(\frac{3}{2}\right)=f\left(f^3\left(\frac{3}{2}\right)\right)=f(0)=1$

⋮

즉, $f^n\left(\frac{3}{2}\right)$은 1, 2, 0이 이 순서대로 반복된다.

$\therefore f\left(\frac{3}{2}\right)+f^2\left(\frac{3}{2}\right)+f^3\left(\frac{3}{2}\right)+\cdots+f^{10}\left(\frac{3}{2}\right)$

$=(1+2+0)+(1+2+0)+(1+2+0)+1$

$=10$

답 10

2-2 주어진 그래프에서

$$f(x)=\begin{cases}-3x+3 & (0\le x<1)\\ \frac{1}{2}x-\frac{1}{2} & (1\le x\le 3)\end{cases}$$

$f(f(x))=2-f(x)$에서 $f(x)=t\ (0\le t\le 3)$로 놓으면

$f(t)=2-t$

(i) $0\le t<1$일 때

$-3t+3=2-t,\ 2t=1 \qquad \therefore t=\frac{1}{2}$

(ii) $1\le t\le 3$일 때

$\frac{1}{2}t-\frac{1}{2}=2-t,\ \frac{3}{2}t=\frac{5}{2} \qquad \therefore t=\frac{5}{3}$

(i), (ii)에서 $f(x)=\frac{1}{2}$ 또는 $f(x)=\frac{5}{3}$

오른쪽 그림과 같이 함수 $y=f(x)$의 그래프와 직선 $y=\frac{1}{2}$은 서로 다른 두 점에서 만나고, 함수 $y=f(x)$의 그래프와 직선 $y=\frac{5}{3}$는 한 점에서 만나므로 방정식 $f(f(x))=2-f(x)$의 서로 다른 실근의 개수는 3이다.

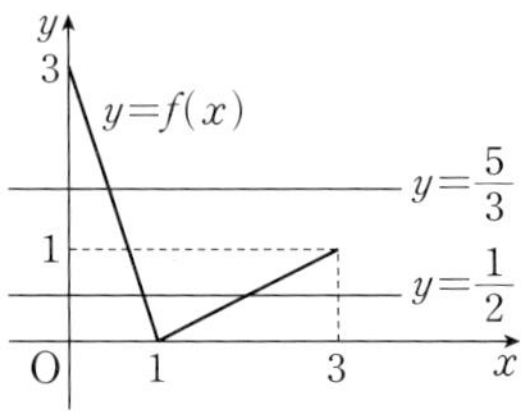

답 ③

다른 풀이 $f(f(x))=\begin{cases}-3f(x)+3 & (0\le f(x)<1)\\ \frac{1}{2}f(x)-\frac{1}{2} & (1\le f(x)\le 3)\end{cases}$

$-3x+3=1$에서 $x=\frac{2}{3}$

즉, $0\le x<\frac{2}{3}$에서 $1<f(x)\le 3$이고, $\frac{2}{3}\le x\le 3$에서 $0\le f(x)\le 1$이므로

$$f(f(x))=\begin{cases}\frac{1}{2}(-3x+3)-\frac{1}{2} & \left(0\le x<\frac{2}{3}\right)\\ -3(-3x+3)+3 & \left(\frac{2}{3}\le x<1\right)\\ -3\left(\frac{1}{2}x-\frac{1}{2}\right)+3 & (1\le x\le 3)\end{cases}$$

$$=\begin{cases}-\frac{3}{2}x+1 & \left(0\le x<\frac{2}{3}\right)\\ 9x-6 & \left(\frac{2}{3}\le x<1\right)\\ -\frac{3}{2}x+\frac{9}{2} & (1\le x\le 3)\end{cases}$$

(i) $0\le x<\frac{2}{3}$일 때

$f(f(x))=2-f(x)$에서

$-\frac{3}{2}x+1=2-(-3x+3),\ -\frac{9}{2}x=-2$

$\therefore x=\frac{4}{9}$

(ii) $\frac{2}{3}\le x<1$일 때

$f(f(x))=2-f(x)$에서

$9x-6=2-(-3x+3),\ 6x=5$

$\therefore x=\frac{5}{6}$

(iii) $1\le x\le 3$일 때

$f(f(x))=2-f(x)$에서

$-\frac{3}{2}x+\frac{9}{2}=2-\left(\frac{1}{2}x-\frac{1}{2}\right),\ -x=-2$

$\therefore x=2$

(i), (ii), (iii)에 의하여 방정식 $f(f(x))=2-f(x)$의 서로 다른 실근의 개수는 3이다.

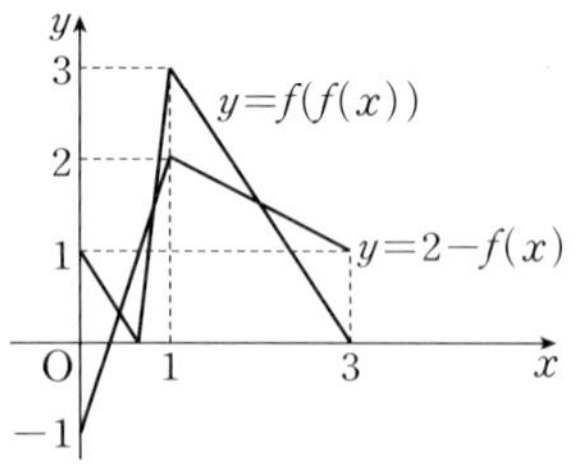

대표문제 **3** $y=|x+1|+|2x-1|-3$에서 절댓값 기호 안의 식의 값을 0으로 하는 x의 값이 $-1,\ \frac{1}{2}$이므로

$x<-1$일 때, $y=-(x+1)-(2x-1)-3=-3x-3$

$-1\le x<\frac{1}{2}$일 때, $y=(x+1)-(2x-1)-3=-x-1$

$x\ge\frac{1}{2}$일 때, $y=x+1+2x-1-3=3x-3$

따라서 주어진 함수의 그래프는 오른쪽 그림과 같다.

한편, 직선 $mx-y+2m-1=0$에서

$y=m(x+2)-1$ …… ㉠

이므로 직선 ㉠은 m의 값에 관계없이 항상 점 $(-2,\ -1)$을 지난다.

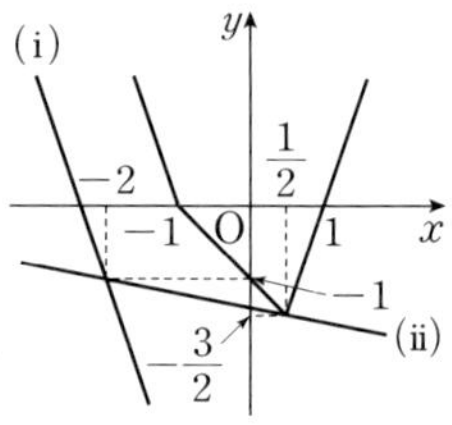

(i) 직선 ㉠이 $y=|x+1|+|2x-1|-3\ (x<-1)$의 그래프와 평행할 때

$m=-3$

(ii) 직선 ㉠이 점 $\left(\frac{1}{2},\ -\frac{3}{2}\right)$을 지날 때

$-\frac{3}{2}=\frac{5}{2}m-1,\ \frac{5}{2}m=-\frac{1}{2}$

$\therefore m=-\frac{1}{5}$

(i), (ii)에서 직선 ㉠이 주어진 함수의 그래프와 만나려면

$m<-3$ 또는 $m\ge-\frac{1}{5}$

따라서 m의 값으로 적당하지 않은 것은 ③이다. 답 ③

3-1 $y=|2x+2|-2$

$=|2(x+1)|-2$

의 그래프는 오른쪽 그림과 같다.

주어진 함수의 그래프와 직선 $y=a$의 교점의 x좌표는

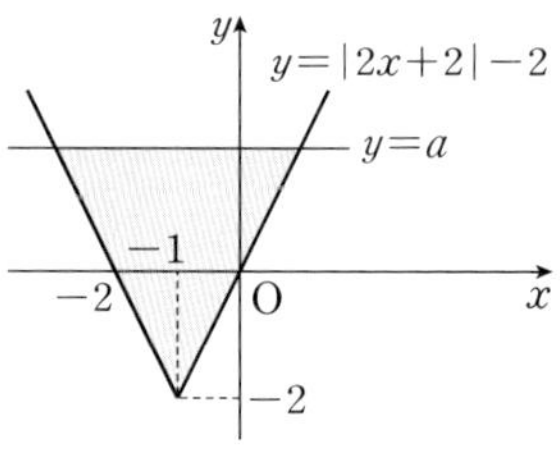

$|2x+2|-2=a$에서

$|2x+2|=a+2$

$2x+2=-a-2$ 또는 $2x+2=a+2$

$\therefore x=-\frac{1}{2}a-2$ 또는 $x=\frac{1}{2}a$

색칠한 부분의 넓이가 32이므로

$\frac{1}{2}\times\left\{\frac{1}{2}a-\left(-\frac{1}{2}a-2\right)\right\}\times\{a-(-2)\}=32$

$(a+2)^2=64,\ a+2=\pm8$

$\therefore a=6\ (\because a>-2)$ 답 6

3-2 ㄱ. $f(1)=|2\times1-4|=2$이므로

$f(f(1))=f(2)=|2\times2-4|=0$ (참)

ㄴ. 오른쪽 그림에서 함수 $y=f(x)$의 그래프와 직선 $y=x$는 서로 다른 두 점에서 만나므로 방정식 $f(x)=x$의 모든 실근의 개수는 2이다. (참)

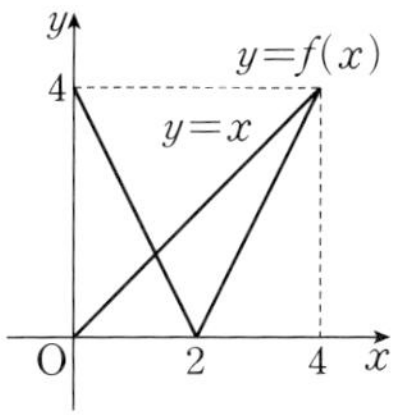

ㄷ. 방정식 $f(f(x))=f(x)$에서

$f(x)=t$로 놓으면 $f(t)=t$

(i) $0\le t<2$일 때, $f(t)=|2t-4|=-2t+4$이므로

방정식 $f(t)=t$에서 $-2t+4=t$ $\therefore t=\frac{4}{3}$

(ii) $2\le t\le4$일 때, $f(t)=|2t-4|=2t-4$이므로

방정식 $f(t)=t$에서 $2t-4=t$ $\therefore t=4$

(i), (ii)에서 $f(x)=\frac{4}{3}$ 또는 $f(x)=4$

$f(x)=\frac{4}{3}$일 때, $|2x-4|=\frac{4}{3}$에서

$0\le x<2$이면 $2x-4=-\frac{4}{3}$ $\therefore x=\frac{4}{3}$

$2\le x\le4$이면 $2x-4=\frac{4}{3}$ $\therefore x=\frac{8}{3}$

$f(x)=4$일 때, $|2x-4|=4$에서

$0\le x<2$이면 $2x-4=-4$ $\therefore x=0$

$2\le x\le4$이면 $2x-4=4$ $\therefore x=4$

즉, 방정식 $f(f(x))=f(x)$의 모든 실근의 합은

$\frac{4}{3}+\frac{8}{3}+0+4=8$ (참)

따라서 ㄱ, ㄴ, ㄷ 모두 옳다. 답 ⑤

대표문제 4 함수 f의 역함수가 존재하려면 함수 f는 일대일대응이어야 한다.

$f(x)=x^2-4x+b=(x-2)^2+b-4$이고 정의역이 집합 $X=\{x|-3\le x\le a\}$인 함수 f가 일대일함수이려면

$a\le2$

또, 치역이 집합 $Y=\{y|14\le y\le30\}$과 같으려면

$f(-3)=30,\ f(a)=14$

$f(-3)=b+21=30$에서 $b=9$

$f(a)=(a-2)^2+5=14$에서 $(a-2)^2=9$

$a-2=3$ 또는 $a-2=-3$

$\therefore a=5$ 또는 $a=-1$

그런데 $a\le2$이므로 $a=-1$

$\therefore b-a=9-(-1)=10$ 답 ④

4-1 $f(x)=|3x-2|+kx+1$에서

(i) $x\ge\frac{2}{3}$일 때,

$f(x)=3x-2+kx+1=(k+3)x-1$

(ii) $x<\frac{2}{3}$일 때,

$f(x)=-(3x-2)+kx+1=(k-3)x+3$

(i), (ii)에서 함수 f의 역함수가 존재하려면 f가 일대일대응이어야 하므로 $x\ge\frac{2}{3}$일 때와 $x<\frac{2}{3}$일 때의 직선의 기울기의 부호가 서로 같아야 한다.

즉, $(k+3)(k-3)>0$이므로

$k<-3$ 또는 $k>3$

따라서 음의 정수 k의 최댓값은 -4이다. 답 ②

4-2 $f(9)=f(72)=2,\ f(18)=f(81)=4,\ f(27)=f(90)=6,$

$f(36)=f(99)=1,\ f(45)=3,\ f(54)=5,\ f(63)=0$이므로

$f^{-1}(0)=63,\ f^{-1}(3)=45,\ f^{-1}(5)=54$

$f^{-1}(1)=36$ 또는 $f^{-1}(1)=99$

$f^{-1}(2)=9$ 또는 $f^{-1}(2)=72$

$f^{-1}(4)=18$ 또는 $f^{-1}(4)=81$

$f^{-1}(6)=27$ 또는 $f^{-1}(6)=90$

이때 함수 $f(n)$의 역함수가 존재하려면 함수 $f(n)$은 일대일대응이어야 하므로 $f^{-1}(1),\ f^{-1}(2),\ f^{-1}(4),\ f^{-1}(6)$의 값이 각각 하나로 정의되어야 한다.

따라서 집합 X의 개수는

$2\times2\times2\times2=16$ 답 16

3 STEP 만점 도전 하기

| 본문 38~39쪽 |

01 18	**02** 9	**03** $\frac{4}{3}$	**04** ①	**05** ④	**06** 134
07 ③	**08** 17	**09** 50	**10** ⑤		

01 조건 (가), (나)에 의하여

$f(-2)=-3,\ f(2)=4$ 또는 $f(-2)=-2,\ f(2)=3$

(i) $f(-2)=-3,\ f(2)=4$일 때

㉠ $f(-1)=-2,\ f(1)=3$이면

$f(0)=-1$ 또는 $f(0)=0$ 또는 $f(0)=1$ 또는 $f(0)=2$이고, $f(-3)=-5$ 또는 $f(-3)=-4$이므로 조건을 만족시키는 함수 f의 개수는

$4\times2=8$

㉡ $f(-1)=-1,\ f(1)=2$이면

$f(0)=0$ 또는 $f(0)=1$이고 $f(-3)=-5$ 또는 $f(-3)=-4$이므로 조건을 만족시키는 함수 f의 개수는

$2\times2=4$

(ii) $f(-2)=-2$, $f(2)=3$일 때

$f(-1)=-1$, $f(1)=2$이고 $f(0)=0$ 또는 $f(0)=1$이며 $f(-3)=-5$ 또는 $f(-3)=-4$ 또는 $f(-3)=-3$이므로 조건을 만족시키는 함수 f의 개수는

$2\times3=6$

(i), (ii)에 의하여 주어진 조건을 만족시키는 함수 f의 개수는

$8+4+6=18$ 답 18

참고 함수 f가 일대일함수이므로 $f(-2)=-1$, $f(2)=2$이면 $f(-1)$, $f(0)$, $f(1)$의 값이 모두 다르면서 조건 (가)를 만족시킬 수 없다.

02 조건 (가)에서 $m=1$, $n=1$이면

$f(1\times1)=f(1)+f(1)-1$

$\therefore f(1)=1$

$f(2)=a$, $f(3)=b$, $f(5)=c$, $f(7)=d$라 하면

$f(4)=f(2\times2)=f(2)+f(2)-1=2a-1$

$f(6)=f(2\times3)=f(2)+f(3)-1=a+b-1$

조건 (나)에서

$f(1)<f(2)<f(3)<f(4)<f(5)<f(6)<f(7)$

이어야 하므로

$1<a<b<2a-1<c<a+b-1<d$ …… ㉠

(i) $a=2$일 때,

㉠을 만족시키는 b의 값이 존재하지 않는다.

(ii) $a=3$, $b=4$일 때,

$2a-1=5$, $a+b-1=6$이므로 ㉠을 만족시키는 c의 값이 존재하지 않는다.

(iii) $a=4$, $b=5$일 때,

$2a-1=7$, $a+b-1=8$이므로 ㉠을 만족시키는 c의 값이 존재하지 않는다.

(iv) $a=4$, $b=6$일 때,

$2a-1=7$, $a+b-1=9$이므로

$c=8$이고 $d=10$ 또는 $d=11$

(v) $a=5$, $b=6$일 때,

$2a-1=9$, $a+b-1=10$이므로 ㉠을 만족시키는 c의 값이 존재하지 않는다.

(vi) $a=5$, $b\geq7$일 때,

$2a-1=9$, $a+b-1\geq11$, $d\geq12$이므로 $f(7)$의 값이 공역에 속하지 않는다.

(vii) $a\geq6$이면 $b\geq7$이고 $a+b-1\geq12$이므로 $f(6)$의 값이 공역에 속하지 않는다.

(i)~(vii)에서 $f(2)=a=4$, $f(3)=b=6$, $f(4)=2a-1=7$, $f(5)=c=8$, $f(6)=a+b-1=9$ 답 9

03 $y=(f\circ g)(x)=f(g(x))=f(2x)=2x+2$이므로

$y=(f\circ g)^{-1}(x)=\frac{1}{2}x-1$

$y=(g\circ f)(x)=g(f(x))=g(x+2)=2x+4$이므로

$y=(g\circ f)^{-1}(x)=\frac{1}{2}x-2$

즉, 네 함수 $y=(f\circ g)(x)$, $y=(g\circ f)(x)$, $y=(f\circ g)^{-1}(x)$, $y=(g\circ f)^{-1}(x)$의 그래프로 둘러싸인 부분은 다음 그림과 같이 평행사변형이다.

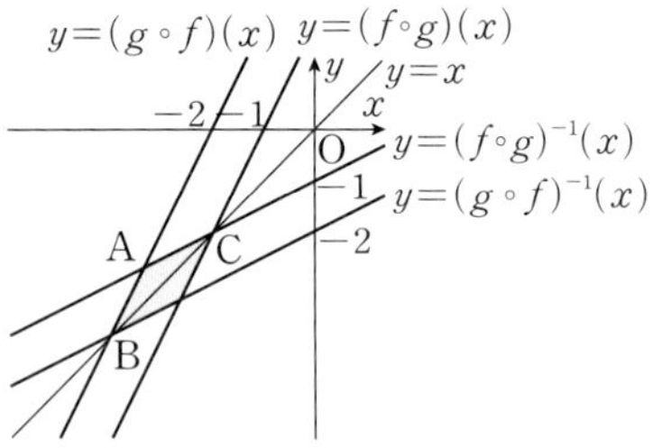

또, 함수 $y=(f\circ g)(x)$의 그래프와 함수 $y=(f\circ g)^{-1}(x)$의 그래프, 함수 $y=(g\circ f)(x)$의 그래프와 함수 $y=(g\circ f)^{-1}(x)$의 그래프는 각각 직선 $y=x$에 대하여 대칭이므로 네 함수 $y=(f\circ g)(x)$, $y=(g\circ f)(x)$, $y=(f\circ g)^{-1}(x)$, $y=(g\circ f)^{-1}(x)$의 그래프로 둘러싸인 부분의 넓이는 세 직선 $y=2x+4$, $y=\frac{1}{2}x-1$, $y=x$로 둘러싸인 부분의 넓이의 2배이다.

두 직선 $y=2x+4$, $y=\frac{1}{2}x-1$의 교점을 A, 두 직선 $y=2x+4$, $y=x$의 교점을 B, 두 직선 $y=\frac{1}{2}x-1$, $y=x$의 교점을 C라 하면 세 점 A, B, C의 좌표는 각각

$A\left(-\frac{10}{3}, -\frac{8}{3}\right)$, $B(-4, -4)$, $C(-2, -2)$

이므로

$\overline{BC}=\sqrt{\{(-2)-(-4)\}^2+\{(-2)-(-4)\}^2}=2\sqrt{2}$

이고 점 $A\left(-\frac{10}{3}, -\frac{8}{3}\right)$과 직선 BC, 즉 직선 $x-y=0$ 사이의 거리는

$$\frac{\left|-\frac{10}{3}-\left(-\frac{8}{3}\right)\right|}{\sqrt{1^2+(-1)^2}}=\frac{\frac{2}{3}}{\sqrt{2}}=\frac{\sqrt{2}}{3}$$

따라서 삼각형 ABC의 넓이는

$\frac{1}{2}\times2\sqrt{2}\times\frac{\sqrt{2}}{3}=\frac{2}{3}$

이므로 구하는 부분의 넓이는

$2\times\frac{2}{3}=\frac{4}{3}$ 답 $\frac{4}{3}$

04 조건 (나)에서 $f^{2021}(1)=a$, $g^{2021}(1)=b$라 하면

$a+b=5$ …… ㉠

$g^{2021}(1)=(f^{-1})^{2021}(1)=(f^{2021})^{-1}(1)=b$에서

$f^{2021}(b)=1$

조건 (가)에서 $f(4)=4$이고 함수 f가 일대일대응이므로

$a\neq4$, $b\neq4$

이때 ㉠에 의하여 $a\neq1$이고

$f(1)=1$이면 $f^1(1)=f^2(1)=\cdots=f^{2021}(1)=1=a$가 되어 모순이다.

$\therefore f(1)\neq1$

(i) $f(1)=2$, $f(2)=3$, $f(3)=1$인 경우
$f^2(1)=f^5(1)=\cdots=f^{2021}(1)=3=a$이고
$f^2(b)=f^5(b)=\cdots=f^{2021}(b)=1$에서 $b=2$가 되어
$a+b=5$이므로 주어진 조건을 만족시킨다.

(ii) $f(1)=2$, $f(2)=1$, $f(3)=3$인 경우
$f^1(1)=f^3(1)=f^5(1)=\cdots=f^{2021}(1)=2=a$이고
$f^1(b)=f^3(b)=f^5(b)=\cdots=f^{2021}(b)=1$에서 $b=2$가 되어 $a+b=4$이므로 주어진 조건을 만족시키지 못한다.

(iii) $f(1)=3$, $f(2)=1$, $f(3)=2$인 경우
$f^2(1)=f^5(1)=\cdots=f^{2021}(1)=2=a$이고
$f^2(b)=f^5(b)=\cdots=f^{2021}(b)=1$에서 $b=3$이 되어
$a+b=5$이므로 주어진 조건을 만족시킨다.

(iv) $f(1)=3$, $f(2)=2$, $f(3)=1$인 경우
$f^1(1)=f^3(1)=f^5(1)=\cdots=f^{2021}(1)=3=a$이고
$f^1(b)=f^3(b)=f^5(b)=\cdots=f^{2021}(b)=1$에서 $b=3$이 되어 $a+b=6$이므로 주어진 조건을 만족시키지 못한다.

(i)~(iv)에서 주어진 조건을 만족시키는 함수 f의 개수는 2이다.

답 ①

05 $f^{-1}(t)+g(t)=6$에서 $f^{-1}(t)=6-g(t)$이므로
$f^{-1}(t)+g(t)=6$을 만족시키는 실수 t의 개수는 함수 $y=f^{-1}(x)$ $(0\le x\le 6)$의 그래프와 함수 $y=6-g(x)$ $(0\le x\le 6)$의 그래프의 교점의 개수와 같다.
함수 $y=f^{-1}(x)$의 그래프는 함수 $y=f(x)$의 그래프와 직선 $y=x$에 대하여 대칭이고
$f(0)=6$에서 $f^{-1}(6)=0$
$f(2)=4$에서 $f^{-1}(4)=2$
$f(5)=3$에서 $f^{-1}(3)=5$
$f(6)=0$에서 $f^{-1}(0)=6$
이므로 함수 $y=f^{-1}(x)$의 그래프는 아래 그림과 같다.
또한, 함수 $y=g(x)$의 그래프는 $x=0$에서 최솟값을 갖는 이차함수의 그래프의 일부분이므로 $g(x)=ax^2$ (a는 상수)으로 놓을 수 있고 $g(6)=36a=6$에서 $a=\frac{1}{6}$이다.
즉, $y=6-g(x)=6-\frac{1}{6}x^2$ $(0\le x\le 6)$이므로 함수 $y=6-g(x)$의 그래프는 아래 그림과 같다.

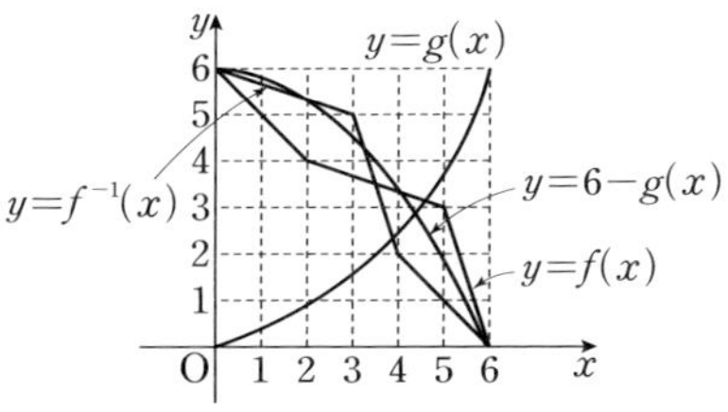

따라서 함수 $y=f^{-1}(x)$ $(0\le x\le 6)$의 그래프와 함수 $y=6-g(x)$ $(0\le x\le 6)$의 그래프의 교점은 $x=0$, $0<x<3$, $3<x<4$, $x=6$에서 각각 한 개씩 존재하므로 모두 4개이다.
따라서 $f^{-1}(t)+g(t)=6$을 만족시키는 실수 t의 개수는 4이다.

답 ④

06 $f(1)=1$
$f(2)=f(1)=1$
$f(3)=f(1)+1=2$
$f(4)=f(2)=f(1)=1$
$f(5)=f(2)+1=f(1)+1=2$
$f(6)=f(3)=f(1)+1=2$
$f(7)=f(3)+1=f(1)+1+1=3$
$f(8)=f(4)=f(2)=f(1)=1$
$f(9)=f(4)+1=f(2)+1=f(1)+1=2$
$f(10)=f(5)=f(2)+1=f(1)+1=2$
⋮
$f(128)=f(64)=f(32)=f(16)=f(8)=f(4)=f(2)$
$=f(1)=1$
$1\le n\le 128$인 n에서
$f(1)=1$
$f(3)=f(1)+1=2$
$f(7)=f(3)+1=3$
$f(15)=f(7)+1=4$
$f(31)=f(15)+1=5$
$f(63)=f(31)+1=6$
$f(127)=f(63)+1=7$
따라서 $f(n)$은 $n=127$일 때 최댓값 7을 가지므로
$a=127$, $M=7$
$\therefore a+M=127+7=134$

답 134

07 ㄱ. 함수 f가 일대일대응이므로 $f(1)\times f(2)=6$에서 $f(1)$과 $f(2)$의 값은 각각 2와 3 또는 3과 2이다.
따라서 $f(3)+f(4)+f(5)$의 값은 $1+4+5=10$이다. (참)

ㄴ. $(f\circ f)(x)=x$일 때, $f(a)=b$이면
$(f\circ f)(a)=f(f(a))=a$
이므로 $f(b)=a$이다.
따라서 $(f\circ f)(x)=x$를 만족시키는 함수 f의 대응 관계는 $f(a)=a$이거나 서로 다른 두 원소 a, b에 대하여 $f(a)=b$이면서 $f(b)=a$이어야만 한다.
집합 X의 원소가 다섯 개이므로 원소를 두 개씩 짝을 지어도 짝 지어지지 않는 원소가 존재한다.
따라서 $(f\circ f)(x)=x$이면 $f(a)=a$인 집합 X의 원소 a가 존재한다. (참)

ㄷ. [반례] $f(1)=2$, $f(2)=3$, $f(3)=1$, $f(4)=5$, $f(5)=4$라 하면
$(f\circ f\circ f)(1)=f(f(f(1)))$
$=f(f(2))$
$=f(3)=1$
에서 $(f\circ f\circ f)(1)=1$이므로 집합 X의 어떤 원소 x에 대하여 $(f\circ f\circ f)(x)=x$이지만 $f(b)=b$인 집합 X의 원소 b는 존재하지 않는다. (거짓)

따라서 옳은 것은 ㄱ, ㄴ이다.

답 ③

08 조건 ㈎에 의하여 함수 f는 일대일대응이다.

집합 X의 임의의 원소 x에 대하여

$1\le f(x)\le 7$

조건 ㈏에서 $f(f(3))=f(3)-6\ge 1$

즉, $f(3)\ge 7$이므로 $f(3)=7$

$f(f(3))=f(7)=7-6=1$

$\therefore f(3)=7,\ f(7)=1$ …… ㉠

$f(7)=1$이므로 $f(f(2))=f(2)-4\ge 2$

즉, $f(2)\ge 6$이고 $f(3)=7$이므로

$f(2)=6$

$f(f(2))=f(6)=6-4=2$

$\therefore f(2)=6,\ f(6)=2$ …… ㉡

$f(7)=1,\ f(6)=2$이므로

$f(f(1))=f(1)-2\ge 3$

즉, $f(1)\ge 5$이고 $f(2)=6,\ f(3)=7$이므로

$f(1)=5$

$f(f(1))=f(5)=5-2=3$

$\therefore f(1)=5,\ f(5)=3$ …… ㉢

㉠, ㉡, ㉢에 의하여 $f(4)=4$

$\therefore f(2)+f(3)+f(4)=6+7+4=17$ 답 17

(참고) 함수 f는 다음 그림과 같다.

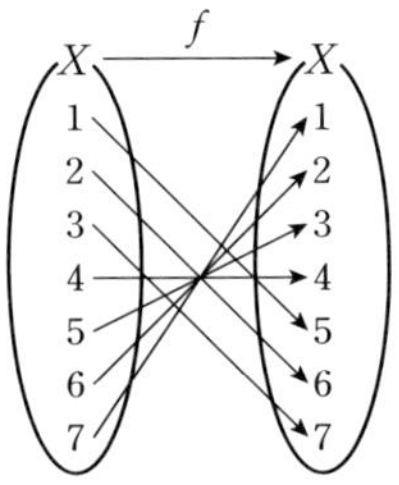

09 함수 f는 역함수가 존재하므로 일대일대응이다.

조건 ㈎에서 $x=1,\ 2,\ 6$일 때

$f(f(x))+f^{-1}(x)=2x$이므로

(i) $x=1$일 때,

$f(f(1))+f^{-1}(1)=2$이고

$f(f(1))\in X,\ f^{-1}(1)\in X$이므로

$f(f(1))=f^{-1}(1)=1$

$\therefore f(1)=1$

(ii) $x=2$일 때,

$f(f(2))+f^{-1}(2)=4$이고

$f(f(2))\in X,\ f^{-1}(2)\in X$이므로

$f(f(2))=1$이면 $f(2)=1$이 되어 함수 f가 일대일대응인 것에 모순이다.

$f^{-1}(2)=1$이면 $f(1)=2$가 되어 $f(1)=1$에 모순이다.

따라서 $f(f(2))=f^{-1}(2)=2$이므로 $f(2)=2$

(iii) $x=6$일 때,

$f(6)\ne 6,\ f(f(6))+f^{-1}(6)=12$이고

$f(f(6))\in X,\ f^{-1}(6)\in X$이므로

$f(f(6))=7,\ f^{-1}(6)=5$ 또는 $f(f(6))=5,\ f^{-1}(6)=7$

㉠ $f(f(6))=7,\ f^{-1}(6)=5$인 경우

$f(5)=6$이고 $f(3)+f(5)=10$이므로 $f(3)=4$

즉, $f(1)=1,\ f(2)=2,\ f(3)=4,\ f(5)=6$이므로

$f(6)=a\ (a\ne 1,\ 2,\ 4,\ 6)$라 하면 $f(f(6))=f(a)=7$에서 $a\ne 1,\ 2,\ 3,\ 5$이므로 $a=7$

그런데 $a=7$이면 $f(6)=7,\ f(7)=7$이 되어 함수 f가 일대일대응인 것에 모순이다.

㉡ $f(f(6))=5,\ f^{-1}(6)=7$인 경우

$f(7)=6$이고 $f(3)+f(5)=10$이므로

$f(3)=3,\ f(5)=7$ 또는 $f(3)=7,\ f(5)=3$

따라서 $f(6)=4$ 또는 $f(6)=5$

그런데 $f(6)=5$이면 $f(f(6))=5$에서 $f(5)=5$가 되어 함수 f가 일대일대응인 것에 모순이다.

$f(6)=4$이면 $f(4)=5$이고 $f(f(6))=f(4)=5$이다.

이때 함수 f는 주어진 조건을 만족시킨다.

따라서 $f(4)=5,\ f(6)=4,\ f(7)=6$이므로

$f(4)\times\{f(6)+f(7)\}=5\times(4+6)=50$ 답 50

10 ㄱ. 함수 $g(x)$의 정의역과 치역이 모두 실수 전체의 집합이고 함수 $g(x)$의 역함수가 존재하므로 함수 $g(x)$는 일대일대응이다. 즉,

(i) $g(-2)=f(-2)=6,\ g(1)=f(1)=-3$일 때,

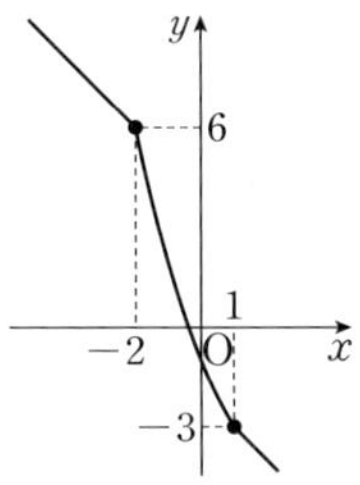

(ii) $g(-2)=f(-2)=-3,\ g(1)=f(1)=6$일 때,

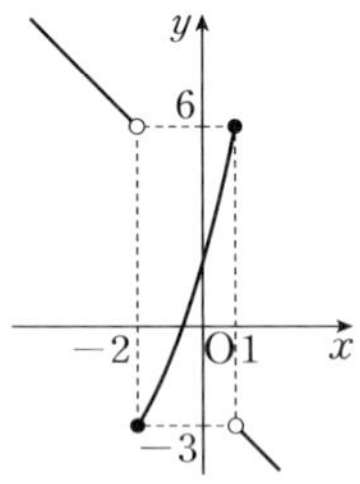

(i), (ii)에서 $f(-2)+f(1)=3$ (참)

ㄴ. $g(0)=f(0)=-1$이므로

$f(x)=ax^2+bx-1$ (a는 양의 상수, b는 상수)

로 놓을 수 있다.

$g(1)=f(1)=-3$이면 $f(-2)=6$이어야 하므로

$a+b-1=-3,\ 4a-2b-1=6$

위의 두 식을 연립하여 풀면 $a=\frac{1}{2},\ b=-\frac{5}{2}$

$\therefore f(x)=\frac{1}{2}x^2-\frac{5}{2}x-1=\frac{1}{2}\left(x-\frac{5}{2}\right)^2-\frac{33}{8}$

따라서 곡선 $y=f(x)$의 꼭짓점의 x좌표는 $\frac{5}{2}$이다. (참)

ㄷ. 곡선 $y=f(x)$의 꼭짓점의 x좌표가 -2이면

$f(x)=a(x+2)^2+p$ (a는 양의 상수, p는 상수)

로 놓을 수 있다.

이때 함수 $g(x)$가 일대일대응이므로

$f(-2)=-3$, $f(1)=6$

즉, $p=-3$, $9a+p=6$이므로 $a=1$

$\therefore f(x)=(x+2)^2-3$

따라서 $g(0)=f(0)=1$이므로

$g^{-1}(1)=0$ (참)

따라서 ㄱ, ㄴ, ㄷ 모두 옳다. 답 ⑤

06강 유리함수

기본 다지기

| 본문 40쪽 |

1 $\dfrac{1}{(x+1)^2}$ 2 $\dfrac{2}{x(x+2)}$ 3 ① 4 ③

1 $\dfrac{x}{x^2-1}\times\dfrac{x-1}{x^2+x}=\dfrac{x}{(x+1)(x-1)}\times\dfrac{x-1}{x(x+1)}=\dfrac{1}{(x+1)^2}$

답 $\dfrac{1}{(x+1)^2}$

2 $\dfrac{1}{x(x+1)}+\dfrac{1}{(x+1)(x+2)}$

$=\dfrac{1}{x+1-x}\left(\dfrac{1}{x}-\dfrac{1}{x+1}\right)+\dfrac{1}{x+2-(x+1)}\left(\dfrac{1}{x+1}-\dfrac{1}{x+2}\right)$

$=\left(\dfrac{1}{x}-\dfrac{1}{x+1}\right)+\left(\dfrac{1}{x+1}-\dfrac{1}{x+2}\right)$

$=\dfrac{1}{x}-\dfrac{1}{x+2}=\dfrac{x+2-x}{x(x+2)}=\dfrac{2}{x(x+2)}$ 답 $\dfrac{2}{x(x+2)}$

3 $y=\dfrac{3x+4}{x+1}=\dfrac{3(x+1)+1}{x+1}$

$=\dfrac{1}{x+1}+3$

이므로 정의역은 $\{x|x\neq-1$인 실수$\}$, 치역은 $\{y|y\neq3$인 실수$\}$이다.

따라서 $p=-1$, $q=3$이므로

$p+q=-1+3=2$ 답 ①

4 $y=\dfrac{2x-1}{x-2}=\dfrac{2(x-2)+3}{x-2}$

$=\dfrac{3}{x-2}+2$

즉, 함수 $y=\dfrac{2x-1}{x-2}$의 그래프는 함수 $y=\dfrac{3}{x}$의 그래프를 x축의 방향으로 2만큼, y축의 방향으로 2만큼 평행이동한 것이므로

$p=2$, $q=2$

$\therefore pq=2\times2=4$ 답 ③

1 STEP 필수 유형 다지기

| 본문 41~43쪽 |

01 $\dfrac{(x-1)^2}{x-2}$	02 ④	03 -1	04 ④	
05 $\dfrac{14}{(x+1)(x+15)}$	06 -2	07 ②	08 ④	09 ②
10 ①	11 6	12 -7	13 ①	14 ④
15 ④	16 ③	17 ①	18 10	19 14
20 ①				

01 $A\times\dfrac{x^2-x-2}{x^2+2x-3}\div\dfrac{x^2-1}{x+3}$

$=A\times\dfrac{x^2-x-2}{x^2+2x-3}\times\dfrac{x+3}{x^2-1}$

$=A\times\dfrac{(x+1)(x-2)}{(x+3)(x-1)}\times\dfrac{x+3}{(x+1)(x-1)}$

$=A\times\dfrac{x-2}{(x-1)^2}$

따라서 $A\times\dfrac{x-2}{(x-1)^2}=1$이므로

$A=\dfrac{(x-1)^2}{x-2}$ 답 $\dfrac{(x-1)^2}{x-2}$

02 주어진 등식의 우변을 간단히 정리하면

$\dfrac{a}{x-1}+\dfrac{b}{x+1}=\dfrac{a(x+1)+b(x-1)}{(x-1)(x+1)}=\dfrac{(a+b)x+a-b}{x^2-1}$

따라서 $\dfrac{5x-1}{x^2-1}=\dfrac{(a+b)x+a-b}{x^2-1}$이므로

$a+b=5,\ a-b=-1$

두 식을 연립하여 풀면 $a=2,\ b=3$

$\therefore ab=2\times3=6$ 답 ④

03 주어진 등식의 우변을 간단히 정리하면

$\dfrac{a}{x}+\dfrac{b}{x+1}=\dfrac{a(x+1)+bx}{x(x+1)}=\dfrac{(a+b)x+a}{x(x+1)}$

$\therefore f(x)=(a+b)x+a$ ……… ❶

$f(0)=2$에서 $a=2$

$f(-1)=3$에서 $-a-b+a=3$

$\therefore b=-3$ ……… ❷

$\therefore a+b=2+(-3)=-1$ ……… ❸

답 -1

단계	채점 기준	배점
❶	다항식 $f(x)$ 구하기	40 %
❷	a, b의 값 구하기	50 %
❸	$a+b$의 값 구하기	10 %

04 주어진 등식의 좌변을 간단히 정리하면

$\dfrac{2}{x(x+1)}+\dfrac{4}{(x+1)(x+3)}$

$=2\left(\dfrac{1}{x}-\dfrac{1}{x+1}\right)+2\left(\dfrac{1}{x+1}-\dfrac{1}{x+3}\right)$

$=2\left(\dfrac{1}{x}-\dfrac{1}{x+3}\right)=\dfrac{6}{x(x+3)}$

따라서 $\dfrac{6}{x(x+3)}=\dfrac{a}{x(x+b)}$이므로

$a=6,\ b=3$

$\therefore a+b=6+3=9$ 답 ④

05 $\dfrac{2}{(x+1)(x+3)}+\dfrac{2}{(x+3)(x+5)}+\cdots+\dfrac{2}{(x+13)(x+15)}$

$=\left(\dfrac{1}{x+1}-\dfrac{1}{x+3}\right)+\left(\dfrac{1}{x+3}-\dfrac{1}{x+5}\right)$

$+\cdots+\left(\dfrac{1}{x+13}-\dfrac{1}{x+15}\right)$ ……… ❶

$=\dfrac{1}{x+1}-\dfrac{1}{x+15}=\dfrac{14}{(x+1)(x+15)}$ ……… ❷

답 $\dfrac{14}{(x+1)(x+15)}$

단계	채점 기준	배점
❶	부분분수로 변형하기	60 %
❷	주어진 식 간단히 하기	40 %

06 함수 $y=\dfrac{1}{x-3}+2$의 그래프를 x축의 방향으로 p만큼, y축의 방향으로 q만큼 평행이동하면

$y=\dfrac{1}{x-p-3}+2+q$

이 함수의 그래프가 함수

$y=\dfrac{11-2x}{x-5}=\dfrac{-2(x-5)+1}{x-5}=\dfrac{1}{x-5}-2$

의 그래프와 일치하므로

$-p-3=-5,\ 2+q=-2$

따라서 $p=2,\ q=-4$이므로

$p+q=2+(-4)=-2$ 답 -2

07 $y=\dfrac{4x+5}{x+2}=\dfrac{4(x+2)-3}{x+2}=-\dfrac{3}{x+2}+4$

ㄱ. 정의역은 $\{x\mid x\neq-2$인 실수$\}$이다. (거짓)

ㄴ. 함수 $y=\dfrac{4x+5}{x+2}$의 그래프는 함수 $y=-\dfrac{3}{x}$의 그래프를 x축의 방향으로 -2만큼, y축의 방향으로 4만큼 평행이동한 것이다. (참)

ㄷ. 함수 $y=\dfrac{4x+5}{x+2}$의 그래프는 오른쪽 그림과 같으므로 제1, 2, 3사분면을 지난다. (참)

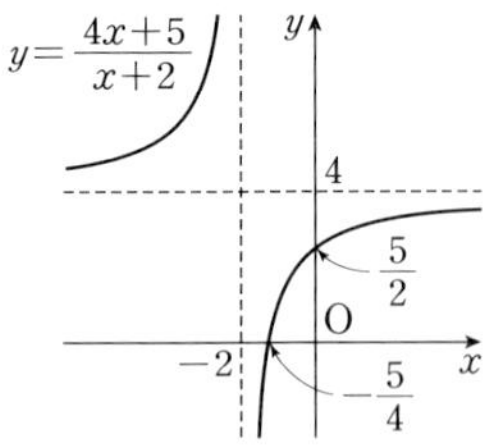

ㄹ. 함수 $y=\dfrac{4x+5}{x+2}$의 그래프는 두 점근선 $x=-2,\ y=4$의 교점 $(-2,\ 4)$에 대하여 대칭이다. (거짓)

따라서 옳은 것은 ㄴ, ㄷ이다. 답 ②

08 $y=\dfrac{2x+1}{x+1}=\dfrac{2(x+1)-1}{x+1}$

$=-\dfrac{1}{x+1}+2$

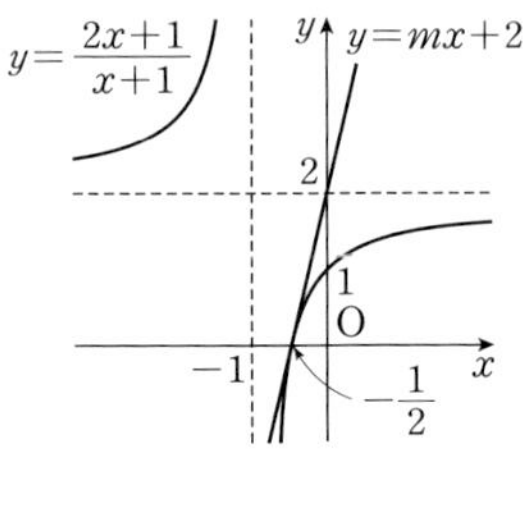

의 그래프와 직선 $y=mx+2$가 한 점에서 만나려면 오른쪽 그림과 같이 함수 $y=\dfrac{2x+1}{x+1}$의 그래프와 직선 $y=mx+2$가 접해야 한다.

$\frac{2x+1}{x+1}=mx+2$에서 $m\neq0$이고

$mx^2+mx+1=0$

이 이차방정식의 판별식을 D라 하면 $D=0$이어야 하므로

$D=m^2-4m=0,\ m(m-4)=0$

$\therefore m=4\ (\because m\neq0)$

답 ④

09 함수 $y=-\frac{4}{x+2}+2$의 그래프는 함수 $y=-\frac{4}{x}$의 그래프를 x축의 방향으로 -2만큼, y축의 방향으로 2만큼 평행이동한 것이므로 $-1\leq x\leq2$에서 그 그래프는 오른쪽 그림과 같다.

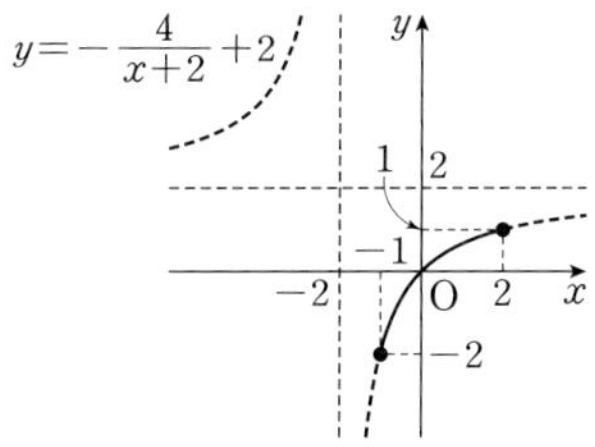

따라서 $x=2$일 때 최댓값 M은 $M=-\frac{4}{2+2}+2=1$,

$x=-1$일 때 최솟값 m은 $m=-\frac{4}{-1+2}+2=-2$

이므로 $M+m=1+(-2)=-1$

답 ②

10 $y=\frac{3x-2}{x-1}=\frac{3(x-1)+1}{x-1}=\frac{1}{x-1}+3$

즉, 함수 $y=\frac{3x-2}{x-1}$의 그래프는 함수 $y=\frac{1}{x}$의 그래프를 x축의 방향으로 1만큼, y축의 방향으로 3만큼 평행이동한 것이므로 $3<y\leq4$에서 그 그래프는 오른쪽 그림과 같다.

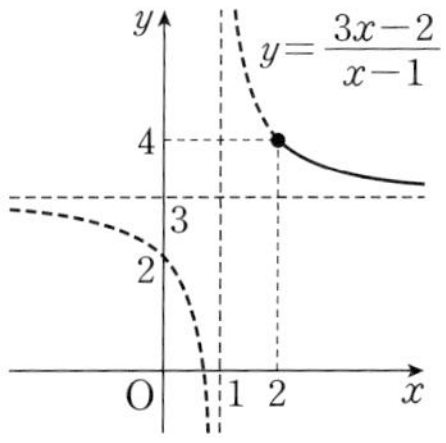

$y=4$일 때, $4=\frac{3x-2}{x-1}$에서 $4x-4=3x-2$ $\quad\therefore x=2$

따라서 정의역은 $\{x\,|\,x\geq2\}$이므로 정의역에 속하는 원소가 아닌 것은 ①이다.

답 ①

11 $y=\frac{-2x+1}{x-3}=\frac{-2(x-3)-5}{x-3}=-\frac{5}{x-3}-2$이므로 점근선의 방정식은 $x=3,\ y=-2$ ······ ❶

$y=\frac{bx+7}{x+a}=\frac{b(x+a)+7-ab}{x+a}=\frac{7-ab}{x+a}+b$이므로 점근선의 방정식은 $x=-a,\ y=b$ ······ ❷

따라서 $3=-a$에서 $a=-3$이고 $b=-2$

$\therefore ab=(-3)\times(-2)=6$ ······ ❸

답 6

단계	채점 기준	배점
❶	함수 $y=\frac{-2x+1}{x-3}$의 그래프의 점근선의 방정식 구하기	40 %
❷	함수 $y=\frac{bx+7}{x+a}$의 그래프의 점근선의 방정식 구하기	40 %
❸	ab의 값 구하기	20 %

12 점근선의 방정식이 $x=-2,\ y=2$이므로

$y=\frac{k}{x+2}+2\ (k\neq0)$

로 놓을 수 있다. 이 그래프가 점 $(1,\ -3)$을 지나므로

$-3=\frac{k}{3}+2\quad\therefore k=-15$

따라서 $y=\frac{-15}{x+2}+2=\frac{-15+2x+4}{x+2}=\frac{2x-11}{x+2}$이므로

$a=2,\ b=-11,\ c=2$

$\therefore a+b+c=2+(-11)+2=-7$

답 −7

13 $y=\frac{5-3x}{x-2}=\frac{-3(x-2)-1}{x-2}=-\frac{1}{x-2}-3$이므로 점근선의 방정식은 $x=2,\ y=-3$

즉, 함수 $y=\frac{5-3x}{x-2}$의 그래프는 두 점근선의 교점 $(2,\ -3)$에 대하여 대칭이므로

$a=2,\ b=-3$

$\therefore a+b=2+(-3)=-1$

답 ①

Core 특강

함수 $y=\frac{k}{x-p}+q\ (k\neq0)$의 그래프의 대칭성

(1) 두 점근선 $x=p,\ y=q$의 교점 $(p,\ q)$에 대하여 대칭이다.
(2) 두 직선 $y=x-p+q,\ y=-x+p+q$에 대하여 대칭이다.

14 $y=\frac{4x-3}{2x-1}=\frac{2(2x-1)-1}{2x-1}=-\frac{1}{2x-1}+2$이므로 점근선의 방정식은 $x=\frac{1}{2},\ y=2$

함수 $y=\frac{4x-3}{2x-1}$의 그래프는 두 점근선의 교점 $\left(\frac{1}{2},\ 2\right)$를 지나고 기울기가 1 또는 −1인 직선에 대하여 대칭이므로 직선

$y=\left(x-\frac{1}{2}\right)+2$, 즉 $y=x+\frac{3}{2}$

또는 $y=-\left(x-\frac{1}{2}\right)+2$, 즉 $y=-x+\frac{5}{2}$

에 대하여 대칭이다.

따라서 $a=\frac{3}{2},\ b=\frac{5}{2}$이므로

$a+3b=\frac{3}{2}+3\times\frac{5}{2}=9$

답 ④

15 주어진 그래프의 점근선의 방정식이 $x=2,\ y=3$이므로

$y=\frac{c}{x-2}+3$

$\therefore a=-2,\ b=3$

이 그래프가 점 $(1,\ 0)$을 지나므로

$0=\frac{c}{-1}+3\quad\therefore c=3$

$\therefore a+b+c=-2+3+3=4$

답 ④

16 주어진 그래프의 점근선의 방정식이 $x=2$, $y=1$이므로

$y=\dfrac{k}{x-2}+1\ (k\neq 0)$

로 놓을 수 있다. 이 그래프가 점 $(0,\ 2)$를 지나므로

$2=\dfrac{k}{-2}+1 \qquad \therefore\ k=-2$

따라서 $y=\dfrac{-2}{x-2}+1=\dfrac{x-4}{x-2}$이므로

$a=1,\ b=-4,\ c=-2$

$\therefore\ abc=1\times(-4)\times(-2)=8$

답 ③

17 $(f\circ f)(x)=x$에서 $f(x)=f^{-1}(x)$이다.

$y=\dfrac{ax+3}{4-2x}$으로 놓고 x에 대하여 풀면

$4y-2xy=ax+3,\ (2y+a)x=4y-3$

$\therefore\ x=\dfrac{4y-3}{2y+a}$

x와 y를 서로 바꾸면 $y=\dfrac{4x-3}{2x+a}$

$\therefore\ f^{-1}(x)=\dfrac{4x-3}{2x+a}$

$f(x)=f^{-1}(x)$이므로

$\dfrac{ax+3}{4-2x}=\dfrac{4x-3}{2x+a}$, 즉 $\dfrac{ax+3}{4-2x}=\dfrac{-4x+3}{-2x-a}$

$\therefore\ a=-4$

답 ①

18 함수 $f(x)=\dfrac{ax+b}{x-3}$의 그래프가 점 $(5,\ 4)$를 지나므로

$4=\dfrac{5a+b}{5-3} \qquad \therefore\ 5a+b=8 \qquad \cdots\cdots$ ㉠

또, 함수 $f(x)=\dfrac{ax+b}{x-3}$의 역함수의 그래프가 점 $(5,\ 4)$를 지나므로 함수 $f(x)=\dfrac{ax+b}{x-3}$의 그래프는 점 $(4,\ 5)$를 지난다. 즉,

$5=\dfrac{4a+b}{4-3} \qquad \therefore\ 4a+b=5 \qquad \cdots\cdots$ ㉡

㉠, ㉡을 연립하여 풀면

$a=3,\ b=-7$

$\therefore\ a-b=3-(-7)=10$

답 10

19 $y=\dfrac{5x-2}{x-4}=\dfrac{5(x-4)+18}{x-4}=\dfrac{18}{x-4}+5$이므로 점근선의 방정식은 $x=4$, $y=5$ ······ ❶

함수 $y=\dfrac{5x-2}{x-4}$의 그래프와 그 역함수의 그래프는 직선 $y=x$에 대하여 대칭이므로 함수 $y=\dfrac{5x-2}{x-4}$의 역함수의 그래프의 점근선의 방정식은 $x=5$, $y=4$ ······ ❷

따라서 $a=5$, $b=4$이므로

$2a+b=2\times5+4=14$ ······ ❸

답 14

단계	채점 기준	배점
❶	함수 $y=\dfrac{5x-2}{x-4}$의 그래프의 점근선의 방정식 구하기	40 %
❷	함수 $y=\dfrac{5x-2}{x-4}$의 역함수의 그래프의 점근선의 방정식 구하기	40 %
❸	$2a+b$의 값 구하기	20 %

20 $(f\circ(f\circ f)^{-1})(2)=(f\circ f^{-1}\circ f^{-1})(2)=f^{-1}(2)$

$f^{-1}(2)=k$라 하면 $f(k)=2$

$\dfrac{k}{3k+5}=2$에서 $k=6k+10$

$5k=-10 \qquad \therefore\ k=-2$

$\therefore\ (f\circ(f\circ f)^{-1})(2)=-2$

답 ①

2 STEP 출제 유형 PICK

| 본문 44~45쪽 |

대표 문제 1 ②	1-1 2	1-2 ③
대표 문제 2 ⑤	2-1 6	2-2 9
대표 문제 3 7	3-1 ④	3-2 ④
대표 문제 4 39	4-1 $4\sqrt{2}$	4-2 ⑤

대표 문제 1 $f(x)=\dfrac{kx+2k+4}{x+2}$로 놓으면

$f(x)=\dfrac{kx+2k+4}{x+2}=\dfrac{k(x+2)+4}{x+2}$

$=\dfrac{4}{x+2}+k$

이므로 함수 $y=f(x)$의 그래프의 점근선의 방정식은

$x=-2$, $y=k$

(i) $k\geq 0$일 때

함수 $y=f(x)$의 그래프는 오른쪽 그림과 같으므로 제4사분면을 지나지 않는다.

즉, 조건을 만족시키지 않는다.

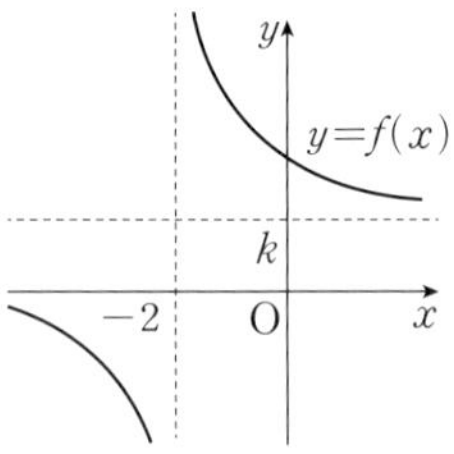

(ii) $k<0$일 때

함수 $y=f(x)$의 그래프가 모든 사분면을 지나려면 오른쪽 그림과 같이 $f(0)>0$이어야 하므로

$f(0)=k+2>0 \qquad \therefore\ k>-2$

즉, 조건을 만족시키는 k의 값의 범위는

$-2<k<0$

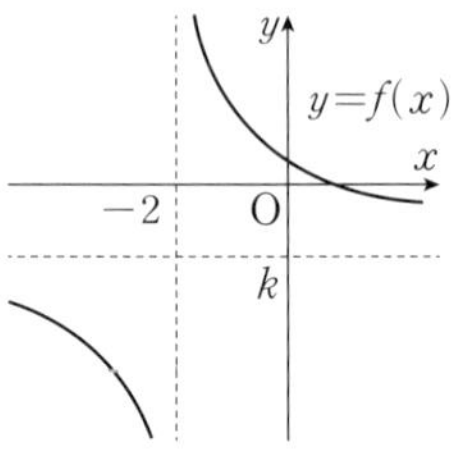

(i), (ii)에 의하여 구하는 실수 k의 값의 범위는

$-2<k<0$

답 ②

1-1 (i) $k<0$일 때

함수 $y=\frac{k}{x-1}+1$의 그래프는 오른쪽 그림과 같으므로 k의 값에 관계없이 제3사분면을 지나지 않는다.

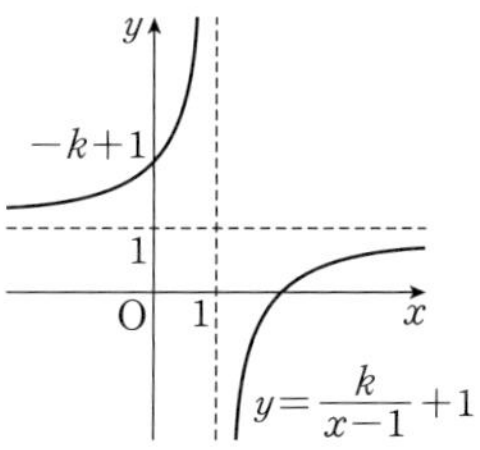

(ii) $k>0$일 때

함수 $y=\frac{k}{x-1}+1$의 그래프는 오른쪽 그림과 같다.

이 그래프가 제3사분면을 지나기 위해서는 $x=0$일 때 $y<0$이어야 한다.

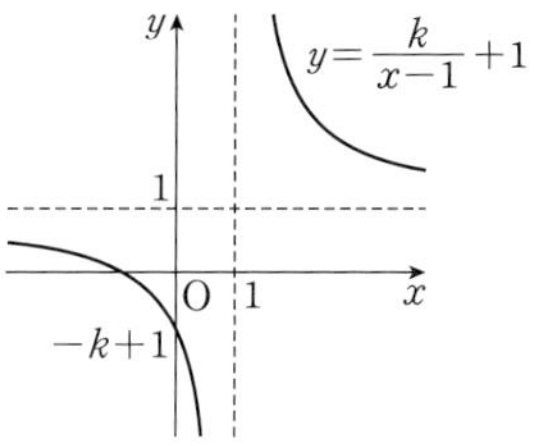

즉, $\frac{k}{0-1}+1<0$에서 $k>1$

(i), (ii)에 의하여 k의 값의 범위는 $k>1$

따라서 정수 k의 최솟값은 2이다. 답 2

1-2 $y=\frac{3x+k-10}{x+1}=\frac{3(x+1)+k-13}{x+1}$

$=\frac{k-13}{x+1}+3$

이므로 주어진 함수의 그래프의 점근선의 방정식은

$x=-1$, $y=3$

(i) $k-13>0$일 때

주어진 함수의 그래프는 오른쪽 그림과 같으므로 k의 값에 관계없이 제4사분면을 지나지 않는다.

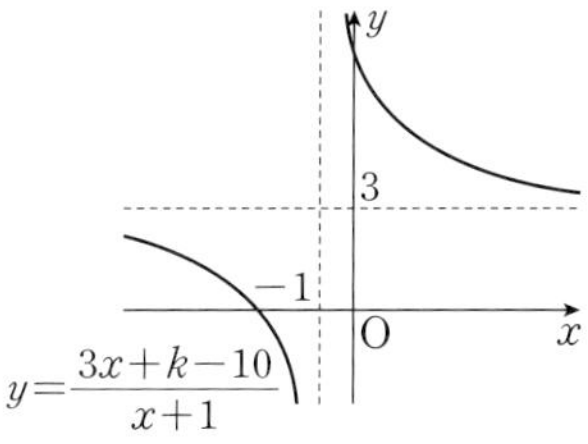

(ii) $k-13<0$일 때

주어진 함수의 그래프가 제4사분면을 지나려면 오른쪽 그림과 같이 $x=0$일 때 $y<0$이어야 한다.

즉, $k-10<0$에서 $k<10$

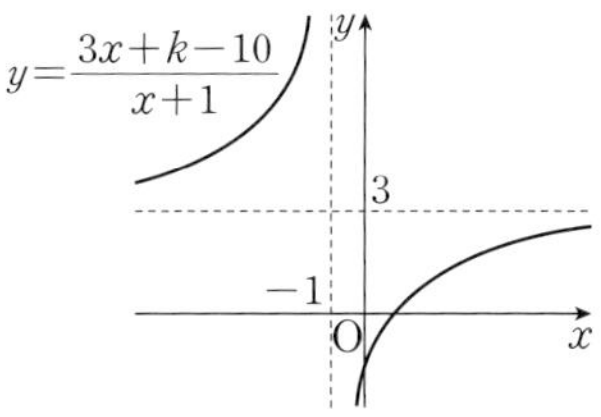

(i), (ii)에 의하여 $k<10$

따라서 구하는 자연수 k의 개수는 9이다. 답 ③

대표문제 2 $\frac{2x-3}{x-3}=\frac{2(x-3)+3}{x-3}=\frac{3}{x-3}+2$

이므로 주어진 부등식에서

$mx+2\le\frac{3}{x-3}+2\le nx+2$

$\therefore mx\le\frac{3}{x-3}\le nx$

$4\le x\le 6$에서 위의 부등식이 항상 성립해야 하므로 오른쪽 그림과 같이 함수 $y=\frac{3}{x-3}$의 그래프가 원점을 지나는 두 직선 $y=mx$, $y=nx$ 사이에 존재해야 한다. 즉, $4\le x\le 6$에서 주어진 부등식이 항상 성립하도록 하는 실수 m의 값은 직선 $y=mx$가 점 $(6, 1)$을 지날 때 최대이고, 실수 n의 값은 직선 $y=nx$가 점 $(4, 3)$을 지날 때 최소이다.

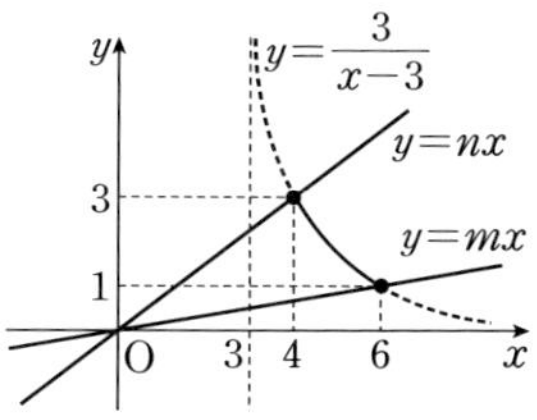

직선 $y=mx$가 점 $(6, 1)$을 지날 때, $1=6m$에서 $m=\frac{1}{6}$

직선 $y=nx$가 점 $(4, 3)$을 지날 때, $3=4n$에서 $n=\frac{3}{4}$

$\therefore m\le\frac{1}{6},\ n\ge\frac{3}{4}$

따라서 m의 최댓값은 $\frac{1}{6}$이고, n의 최솟값은 $\frac{3}{4}$이므로

$\frac{1}{6}+\frac{3}{4}=\frac{11}{12}$ 답 ⑤

2-1 직선 $x=a$가 두 함수 $y=\frac{2}{2x-1}$, $y=-4x$의 그래프와 만나는 점의 좌표는 각각 $P\left(a,\ \frac{2}{2a-1}\right)$, $Q(a,\ -4a)$이므로

$\overline{PQ}=\frac{2}{2a-1}-(-4a)=\frac{2}{2a-1}+4a$

이때 $a>\frac{1}{2}$이므로 $2a-1>0$

산술평균과 기하평균의 관계에 의하여

$\overline{PQ}=\frac{2}{2a-1}+4a$

$=\frac{2}{2a-1}+2(2a-1)+2$

$\ge 2\sqrt{\frac{2}{2a-1}\times 2(2a-1)}+2$

$=2\times 2+2=6$ (단, 등호는 $a=1$일 때 성립)

따라서 선분 PQ의 길이의 최솟값은 6이다. 답 6

2-2 함수 $f(x)=\frac{2}{x}$로 놓으면 $f(x)=f^{-1}(x)$이므로 곡선 $y=\frac{2}{x}$는 직선 $y=x$에 대하여 대칭이다.

따라서 점 A의 좌표를 $\left(a,\ \frac{2}{a}\right)(a\ne\sqrt{2})$라 하면 점 B의 좌표는 $\left(\frac{2}{a},\ a\right)$이다.

곡선 $y=\frac{2}{x}$ 위의 점 C에 대하여 $\angle ABC=90°$이므로 점 C는 오른쪽 그림과 같이 제3사분면 위에 있고 직선 BC의 기울기는 1이다.

점 C의 좌표를 $\left(b,\ \frac{2}{b}\right)$ $(b<0)$

라 하면

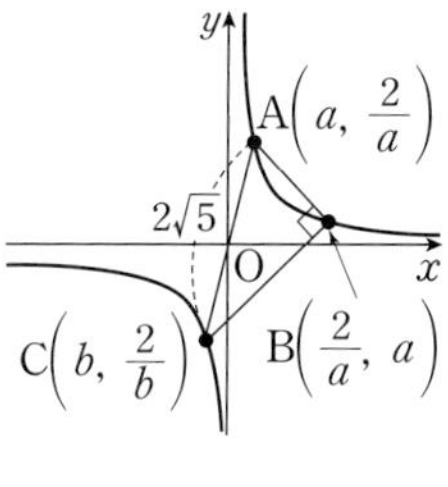

$\dfrac{\frac{2}{b}-a}{b-\frac{2}{a}}=-\dfrac{a}{b}=1 \qquad \therefore b=-a$

두 점 $A\left(a, \dfrac{2}{a}\right)$, $C\left(-a, -\dfrac{2}{a}\right)$에 대하여 $\overline{AC}=2\sqrt{5}$이므로

$\overline{AC}^2=(-a-a)^2+\left(-\dfrac{2}{a}-\dfrac{2}{a}\right)^2=4a^2+\dfrac{16}{a^2}=20$

$\therefore a^2+\dfrac{4}{a^2}=5 \qquad \cdots\cdots ㉠$

한편, 점 A는 직선 $y=-x+k$ 위의 점이므로

$\dfrac{2}{a}=-a+k$, $\dfrac{2}{a}+a=k$

$\therefore k^2=\left(a+\dfrac{2}{a}\right)^2=a^2+\dfrac{4}{a^2}+4=5+4=9$ ($\because$ ㉠) 답 9

대표문제 3 함수 $y=f(x)$의 그래프는 곡선 $y=-\dfrac{4}{x}$를 평행이동한 것이므로 $f(x)=-\dfrac{4}{x-a}+b$ (a, b는 상수)로 놓을 수 있다.

이때 함수 $y=f(x)$의 그래프가 직선 $y=x$에 대하여 대칭이므로 함수 $y=f(x)$의 그래프의 점근선 $x=a$, $y=b$의 교점 (a, b)가 직선 $y=x$ 위에 있어야 한다.

$\therefore b=a$

함수 $f(x)$의 정의역이 $\{x|x\neq3$인 모든 실수$\}$이므로

$a=3$, $b=3$

따라서 $f(x)=-\dfrac{4}{x-3}+3$이므로

$f(2)=-\dfrac{4}{2-3}+3=7$ 답 7

3-1 함수 $y=\dfrac{2x+b}{x+a}=\dfrac{2(x+a)+b-2a}{x+a}=\dfrac{b-2a}{x+a}+2$의 그래프의 점근선의 방정식은 $x=-a$, $y=2$

함수 $y=\dfrac{2x+b}{x+a}$의 그래프는 두 점근선의 교점 $(-a, 2)$에 대하여 대칭이므로 $a=-3$, $c=2$

따라서 함수 $y=\dfrac{2x+b}{x-3}$의 그래프가 점 $(-2, -1)$을 지나므로

$-1=\dfrac{-4+b}{-2-3} \qquad \therefore b=9$

$\therefore a+b+c=-3+9+2=8$ 답 ④

3-2 함수 $y=f(x+a)+\dfrac{a}{2}$의 그래프는 함수 $y=f(x)$의 그래프를 x축의 방향으로 $-a$만큼, y축의 방향으로 $\dfrac{a}{2}$만큼 평행이동한 것이다.

함수 $y=\left|f(x+a)+\dfrac{a}{2}\right|$의 그래프는 함수 $y=f(x+a)+\dfrac{a}{2}$의 그래프에서 $x\leq0$인 부분을 x축에 대하여 대칭이동한 것이므로 이 함수의 그래프가 y축에 대하여 대칭이려면 함수 $y=f(x+a)+\dfrac{a}{2}$의 그래프의 점근선의 방정식은 $x=0$, $y=0$이어야 한다.

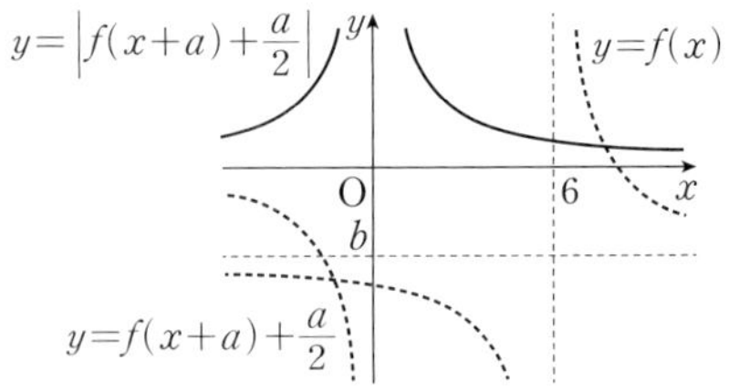

$f(x)=\dfrac{a}{x-6}+b$에서

$f(x+a)+\dfrac{a}{2}=\dfrac{a}{x+a-6}+b+\dfrac{a}{2}$

이므로 그래프의 점근선의 방정식은

$x=6-a$, $y=b+\dfrac{a}{2}$

이 점근선의 방정식이 $x=0$, $y=0$이어야 하므로

$6-a=0$, $b+\dfrac{a}{2}=0$

$\therefore a=6$, $b=-3$

따라서 $f(x)=\dfrac{6}{x-6}-3$이므로

$f(b)=f(-3)=\dfrac{6}{-3-6}-3=-\dfrac{11}{3}$ 답 ④

대표문제 4 직선 $y=-x+8$이 x축, y축과 만나는 점을 각각 A, B라 하면

A(8, 0), B(0, 8)

이므로 삼각형 OAB의 넓이는

$\dfrac{1}{2}\times8\times8=32$

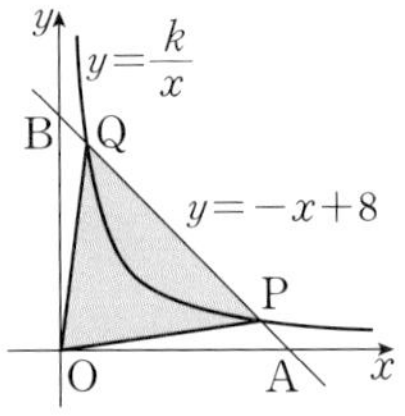

함수 $y=\dfrac{k}{x}$의 그래프와 직선 $y=-x+8$은 모두 직선 $y=x$에 대하여 대칭이므로 삼각형 OAP와 삼각형 OBQ의 넓이는 서로 같다. 삼각형 OPQ의 넓이가 20이므로

$\triangle OAP=\triangle OBQ=\dfrac{1}{2}\times(32-20)=6$

점 P의 좌표를 (a, b)라 하면

$\triangle OAP=\dfrac{1}{2}\times8\times b=4b=6 \qquad \therefore b=\dfrac{3}{2}$

이때 점 P는 직선 $y=-x+8$ 위의 점이므로

$b=-a+8$에서 $\dfrac{3}{2}=-a+8 \qquad \therefore a=\dfrac{13}{2}$

또, 점 P는 함수 $y=\dfrac{k}{x}$의 그래프 위의 점이므로

$b=\dfrac{k}{a}$에서 $k=ab=\dfrac{13}{2}\times\dfrac{3}{2}=\dfrac{39}{4}$

$\therefore 4k=4\times\dfrac{39}{4}=39$ 답 39

다른 풀이 1 $\triangle OAP:\triangle OPQ:\triangle OBQ=6:20:6$
$=3:10:3$

이므로

$\overline{AP}:\overline{PQ}:\overline{BQ}=\triangle OAP:\triangle OPQ:\triangle OBQ=3:10:3$

따라서 점 P는 선분 AB를 3 : 13으로 내분하는 점이므로

$P\left(\dfrac{3\times0+13\times8}{3+13}, \dfrac{3\times8+13\times0}{3+13}\right)$, 즉 $P\left(\dfrac{13}{2}, \dfrac{3}{2}\right)$

이때 점 P는 함수 $y=\frac{k}{x}$의 그래프 위의 점이므로

$k=\frac{13}{2}\times\frac{3}{2}=\frac{39}{4}$

$\therefore 4k=39$

(다른 풀이 2) 원점에서 직선 $y=-x+8$에 내린 수선의 발을 H라 하면 직선 OH와 직선 $y=-x+8$은 서로 수직이므로 직선 OH의 방정식은 $y=x$이고, 점 H의 좌표는 $(4,\ 4)$이다.

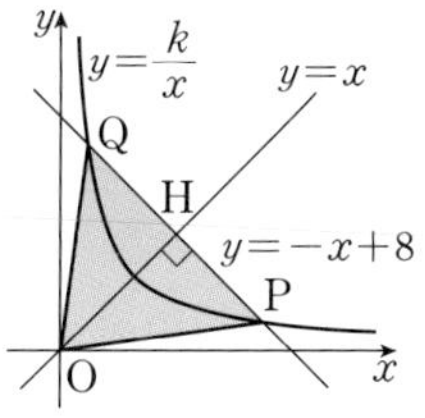

$\therefore \overline{OH}=\sqrt{4^2+4^2}=4\sqrt{2}$

직선 $y=-x+8$과 함수 $y=\frac{k}{x}$의 그래프는 모두 직선 $y=x$에 대하여 대칭이므로 $\overline{PH}=\overline{QH}$

삼각형 OPQ의 넓이가 20이므로 삼각형 OPH의 넓이는 10이다.

$\frac{1}{2}\times\overline{OH}\times\overline{PH}=10$, $\frac{1}{2}\times4\sqrt{2}\times\overline{PH}=10$

$\therefore \overline{PH}=\frac{5\sqrt{2}}{2}$

점 P의 좌표를 $(a,\ -a+8)$이라 하면 선분 PH의 길이는 점 P와 직선 $x-y=0$ 사이의 거리와 같으므로

$\overline{PH}=\frac{|a-(-a+8)|}{\sqrt{1^2+(-1)^2}}$

$=\frac{|2a-8|}{\sqrt{2}}=\frac{5\sqrt{2}}{2}$

이때 $a>4$이므로 $2a-8=5$

$\therefore a=\frac{13}{2}$

따라서 점 P의 좌표는 $\left(\frac{13}{2},\ \frac{3}{2}\right)$이므로

$k=\frac{13}{2}\times\frac{3}{2}=\frac{39}{4}$

$\therefore 4k=39$

4-1 점 P가 함수 $y=\frac{2}{x-1}+2$의 그래프 위의 점이므로

점 $P\left(a,\ \frac{2}{a-1}+2\right)$ $(a>1)$로 놓으면

$Q(a,\ 2)$, $R\left(1,\ \frac{2}{a-1}+2\right)$

$\overline{PQ}=\left(\frac{2}{a-1}+2\right)-2=\frac{2}{a-1}$, $\overline{PR}=a-1$이므로

$\overline{PQ}+\overline{PR}=\frac{2}{a-1}+a-1$

이때 $a>1$이므로 산술평균과 기하평균의 관계에 의하여

$\frac{2}{a-1}+a-1\ge2\sqrt{\frac{2}{a-1}\times(a-1)}=2\sqrt{2}$

(단, 등호는 $a=1+\sqrt{2}$일 때 성립)

따라서 사각형 PRSQ의 둘레의 길이는

$2(\overline{PQ}+\overline{PR})=2\left(\frac{2}{a-1}+a-1\right)$

$\ge2\times2\sqrt{2}=4\sqrt{2}$

즉, 사각형 PRSQ의 둘레의 길이의 최솟값은 $4\sqrt{2}$이다.

답 $4\sqrt{2}$

4-2 두 점 $A(-1,\ -1)$, $B\left(a,\ \frac{1}{a}\right)$ $(a>1)$을 지나는 직선의 기울기가

$\frac{\frac{1}{a}-(-1)}{a-(-1)}=\frac{\frac{1}{a}+1}{a+1}=\frac{\frac{a+1}{a}}{a+1}=\frac{1}{a}$

이므로 직선의 방정식은

$y=\frac{1}{a}(x+1)-1=\frac{1}{a}x+\frac{1}{a}-1$

따라서 두 점 P, Q의 좌표는

$P(a-1,\ 0)$, $Q\left(0,\ \frac{1}{a}-1\right)$

이고

$\overline{OP}=a-1$, $\overline{OQ}=1-\frac{1}{a}$, $\overline{PB'}=a-(a-1)=1$, $\overline{BB'}=\frac{1}{a}$

이므로

$S_1=\frac{1}{2}\times(a-1)\times\left(1-\frac{1}{a}\right)=\frac{a^2-2a+1}{2a}=\frac{a}{2}-1+\frac{1}{2a}$

$S_2=\frac{1}{2}\times1\times\frac{1}{a}=\frac{1}{2a}$

$\therefore S_1+S_2=\frac{a}{2}-1+\frac{1}{2a}+\frac{1}{2a}=\frac{1}{a}+\frac{a}{2}-1$

$\ge2\sqrt{\frac{1}{a}\times\frac{a}{2}}-1$

$=\sqrt{2}-1$ (단, 등호는 $a=\sqrt{2}$일 때 성립)

따라서 S_1+S_2의 최솟값은 $\sqrt{2}-1$이다.

답 ⑤

3STEP 만점 도전하기

| 본문 46~47쪽 |

01 ④ **02** 1 **03** $\frac{5+\sqrt{5}}{2}$ **04** ③ **05** ④

06 ② **07** ⑤ **08** 42

01 실내온도를 2도 낮추는 데 드는 전력을 y_1 kw,

실내온도를 4도 낮추는 데 드는 전력을 y_2 kw라 하면

$y_1=\frac{2a+b}{20-2\times2}=\frac{2a+b}{16}$

$y_2=\frac{4a+b}{20-2\times4}=\frac{4a+b}{12}$

$2y_1=y_2$에서 $2\times\frac{2a+b}{16}=\frac{4a+b}{12}$

$3(2a+b)=2(4a+b)$ $\therefore b=2a$

$\therefore y=\frac{ax+b}{20-2x}=\frac{ax+2a}{20-2x}$

실내온도를 3도 낮추는 데 드는 전력을 y_3 kw,

실내온도를 t도 낮추는 데 드는 전력을 y_t kw라 하면

$y_3=\frac{3a+2a}{20-2\times3}=\frac{5a}{14}$

$y_t=\frac{ta+2a}{20-2t}=\frac{(t+2)a}{20-2t}$

$7y_3=y_t$에서 $7\times\frac{5a}{14}=\frac{(t+2)a}{20-2t}$

$\frac{5}{2}=\frac{t+2}{20-2t}$, $5(20-2t)=2(t+2)$

$12t=96$ $\quad\therefore t=8$ 답 ④

02 함수 $y=f(x)$의 그래프는 다음 그림과 같다.

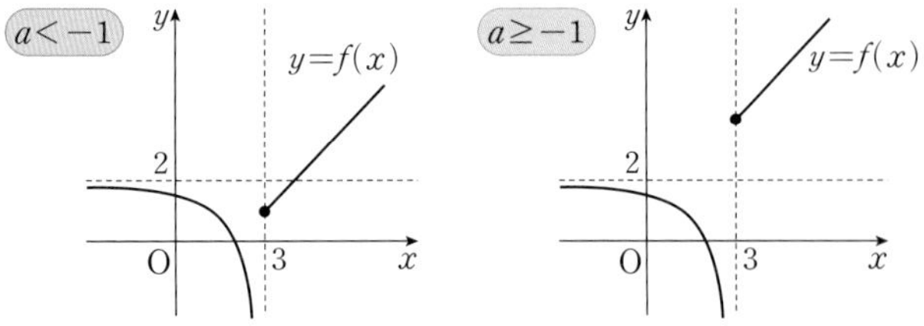

$a<-1$이면 함수 $f(x)$는 일대일함수가 아니므로 함수 $g(f(x))$도 일대일함수가 아니다.

따라서 함수 $g(f(x))$는 일대일대응이 아니므로 실수 전체의 집합에서 역함수가 존재할 수 없다.

(예를 들어 $a=-2$이면 $f(3)=1$이므로 $g(f(3))=g(1)=1$이고, $f(2)=1$이므로 $g(f(2))=g(1)=1$이다. 따라서 함수 $g(f(x))$는 일대일함수가 아니다.)

$\therefore a\ge-1$ …… ㉠

(i) $x<3$일 때

$f(x)=\frac{1}{x-3}+2<2$이므로

$g(f(x))=f(x)=\frac{1}{x-3}+2$

(ii) $x\ge3$일 때

$f(x)=x+a\ge2$ ($\because$ ㉠)이므로

$g(f(x))=f(x)+a^2-3=(x+a)+a^2-3$

함수 $y=g(f(x))$의 그래프가 실수 전체의 집합에서 정의되고 일대일대응이 되려면 $g(f(3))=(3+a)+a^2-3=2$이어야 한다.

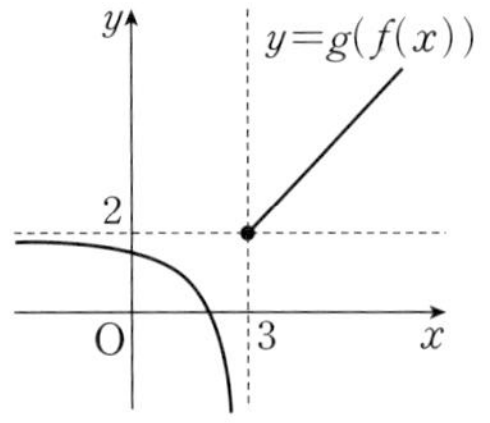

$3+a+a^2-3=2$에서 $a^2+a-2=0$

$(a+2)(a-1)=0$ $\quad\therefore a=-2$ 또는 $a=1$

㉠에 의하여 $a=1$ 답 1

03 $(f\circ g)(x)=x$에서 $g(x)=f^{-1}(x)$

한편, $f(x)=\frac{x}{x-3}=\frac{(x-3)+3}{x-3}=\frac{3}{x-3}+1$이므로

$g(x)=f^{-1}(x)=\frac{3}{x-1}+3\,(x>1)$이다.

두 점 P, Q를 직선 $y=x$에 대하여 대칭이동한 점이 각각 R, S이므로 $\mathrm{R}(b,\ a)$, $\mathrm{S}(d,\ c)$이다.

따라서 직선 PR의 기울기는 $\frac{b-a}{a-b}=-1$이다.

조건 (나)에서 사각형 PQSR가 직사각형이므로 직선 PR와 직선 PQ는 수직이다. 즉, 직선 PQ의 기울기는 1이어야 한다.

이때 직선 PQ의 기울기는

$\frac{b-d}{a-c}=\frac{b-d}{(c+1)-c}=1$ ($\because$ 조건 (가)) $\quad\therefore d=b-1$

$\therefore \mathrm{Q}(a-1,\ b-1)$, $\mathrm{S}(b-1,\ a-1)$

직선 QS의 기울기는 $\frac{(b-1)-(a-1)}{(a-1)-(b-1)}=-1$이고

직선 RS의 기울기는 $\frac{a-(a-1)}{b-(b-1)}=1$이므로 사각형 PQSR는 직사각형이다.

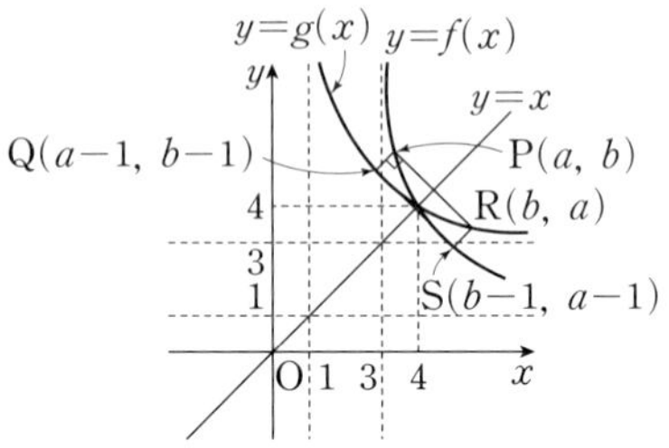

점 $\mathrm{P}(a,\ b)$는 함수 $y=f(x)=\frac{3}{x-3}+1$의 그래프 위의 점이므로

$b=\frac{3}{a-3}+1$ …… ㉠

또, $\mathrm{Q}(a-1,\ b-1)$은 함수 $y=g(x)=\frac{3}{x-1}+3$의 그래프 위의 점이므로

$b-1=\frac{3}{(a-1)-1}+3$, 즉 $b=\frac{3}{a-2}+4$ …… ㉡

㉠, ㉡에서 $\frac{3}{a-3}+1=\frac{3}{a-2}+4$이므로

$3\left(\frac{1}{a-3}-\frac{1}{a-2}\right)=3$, $\frac{1}{a-3}-\frac{1}{a-2}=1$

$\frac{1}{(a-3)(a-2)}=1$, $(a-3)(a-2)=1$

$a^2-5a+5=0$

$\therefore a=\frac{5+\sqrt{5}}{2}$ ($\because 3<a<4$) 답 $\frac{5+\sqrt{5}}{2}$

Core 특강

유리함수 $y=\frac{k}{x-p}+q\ (k\neq0)$의 역함수

$y=\frac{k}{x-p}+q$에서 $y-q=\frac{k}{x-p}$, $x-p=\frac{k}{y-q}$

$x=\frac{k}{y-q}+p$

x와 y를 서로 바꾸면 $y=\frac{k}{x-q}+p$

04 ㄱ. 점 R의 x좌표를 t라 하자.

점 P의 x좌표는 a보다 작으므로 점 R의 x좌표는 a보다 크다.

$\therefore t>a$

이때 원점 O에 대하여 직사각형 $\mathrm{OH_1RH_2}$가 정사각형이므로 점 R의 y좌표도 t이다.

점 R(t, t)가 유리함수 $y=\frac{b}{x-a}+c$의 그래프 위의 점이고 $a=c$이므로 $t=\frac{b}{t-a}+a$에서

$t-a=\frac{b}{t-a}$, $(t-a)^2=b$

$t=a\pm\sqrt{b}$

$\therefore t=a+\sqrt{b}$ ($\because t>a$) (참)

ㄴ. 직선 PR는 항상 점 (a, c)를 지나므로 직선 PR가 원점을 지나면 직선 PR의 방정식은 $y=\frac{c}{a}x$이다.

$\frac{c}{a}x=\frac{b}{x-a}+c$에서 $cx^2-2acx+ca^2-ab=0$ ······ ㉠

이차방정식 ㉠의 두 근이 점 P의 x좌표와 점 R의 x좌표가 되므로 점 P의 x좌표와 점 R의 x좌표의 곱은 근과 계수의 관계에 의하여 $\frac{ca^2-ab}{c}=a^2-\frac{ab}{c}$이다. (거짓)

ㄷ. 함수 $y=\frac{b}{x-a}+c$의 그래프를 x축의 방향으로 $-a$만큼, y축의 방향으로 $-c$만큼 평행이동하면 $y=\frac{b}{x}$이다.

세 점 P, Q, R를 각각 x축의 방향으로 $-a$만큼, y축의 방향으로 $-c$만큼 평행이동한 점을 각각 P′, Q′, R′이라 하면 직선 PQ의 기울기와 직선 QR의 기울기의 합은 직선 P′Q′의 기울기와 직선 Q′R′의 기울기의 합과 같다.

이때 점 P′의 좌표를 (x_1, y_1), 점 Q′의 좌표를 (x_2, y_2)라 하면 점 R′의 좌표는 R′$(-x_1, -y_1)$이다.

직선 P′Q′의 기울기는 $\frac{y_1-y_2}{x_1-x_2}$이고 직선 Q′R′의 기울기는 $\frac{y_2+y_1}{x_2+x_1}$이므로 직선 P′Q′의 기울기와 직선 Q′R′의 기울기의 합은

$\frac{y_1-y_2}{x_1-x_2}+\frac{y_1+y_2}{x_1+x_2}$

$=\frac{(y_1-y_2)(x_1+x_2)+(x_1-x_2)(y_1+y_2)}{{x_1}^2-{x_2}^2}$

$=\frac{y_1x_1+y_1x_2-y_2x_1-y_2x_2+x_1y_1+x_1y_2-x_2y_1-x_2y_2}{{x_1}^2-{x_2}^2}$

$=\frac{2(x_1y_1-x_2y_2)}{{x_1}^2-{x_2}^2}$

$=\frac{2(b-b)}{{x_1}^2-{x_2}^2}$ ($\because x_1y_1=b$, $x_2y_2=b$)

$=0$ (참)

따라서 옳은 것은 ㄱ, ㄷ이다. 답 ③

05 점 B(α, β)가 곡선 $y=\frac{2}{x}$ 위의 점이므로

$\beta=\frac{2}{\alpha}$ $\quad\therefore \alpha\beta=2$ ······ ㉠

이때 $\alpha>\sqrt{2}$이므로 $0<\beta<\sqrt{2}$, 즉 $0<\beta<\alpha$

또, 두 점 B, C가 직선 $y=x$에 대하여 서로 대칭이므로

C(β, α)

$\therefore \overline{BC}=\sqrt{(\beta-\alpha)^2+(\alpha-\beta)^2}$

$=\sqrt{2}(\alpha-\beta)$ ($\because \alpha>\beta$)

직선 BC는 직선 $y=x$에 수직이므로 기울기가 -1이고, 점 B를 지나므로 직선 BC의 방정식은

$y-\beta=-(x-\alpha)$, 즉 $x+y-(\alpha+\beta)=0$

점 A와 직선 BC 사이의 거리를 h라 하면

$h=\frac{|-2+2-(\alpha+\beta)|}{\sqrt{1^2+1^2}}=\frac{1}{\sqrt{2}}(\alpha+\beta)$ ($\because \alpha>0$, $\beta>0$)

삼각형 ABC의 넓이가 $2\sqrt{3}$이므로

$\triangle ABC=\frac{1}{2}\times\overline{BC}\times h$

$=\frac{1}{2}\times\sqrt{2}(\alpha-\beta)\times\frac{1}{\sqrt{2}}(\alpha+\beta)$

$=\frac{1}{2}(\alpha^2-\beta^2)=2\sqrt{3}$

$\therefore \alpha^2-\beta^2=4\sqrt{3}$ ······ ㉡

㉠, ㉡에서

$(\alpha^2+\beta^2)^2=(\alpha^2-\beta^2)^2+4\alpha^2\beta^2$

$=(4\sqrt{3})^2+4\times2^2=64$

$\alpha^2+\beta^2>0$이므로

$\alpha^2+\beta^2=8$ 답 ④

06 (i) $k>0$일 때

두 곡선 $y=f(x)$, $y=g(x)$를 좌표평면 위에 나타내면 오른쪽 그림과 같다.

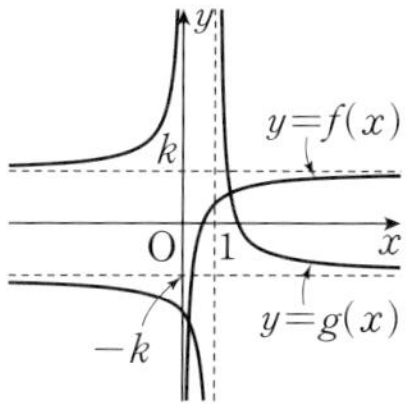

두 곡선 $y=f(x)$, $y=g(x)$의 교점 중 x좌표가 양수인 점의 개수는 2이다.

(ii) $k=0$일 때

두 곡선 $y=f(x)$, $y=g(x)$를 좌표평면 위에 나타내면 오른쪽 그림과 같다.

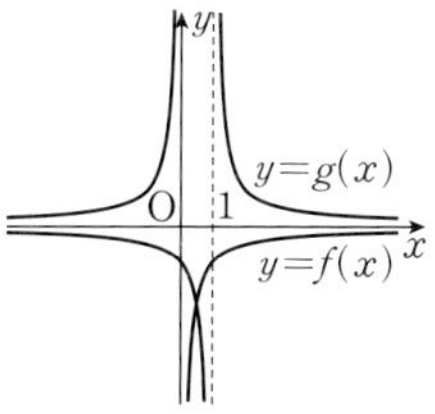

두 곡선 $y=f(x)$, $y=g(x)$의 교점 중 x좌표가 양수인 점의 개수는 1이다.

(iii) $k<0$일 때

두 곡선 $y=f(x)$, $y=g(x)$를 좌표평면 위에 나타내면 오른쪽 그림과 같다.

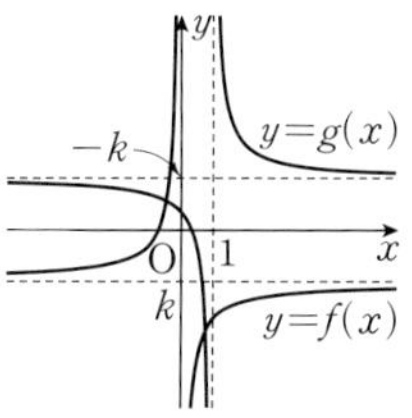

두 곡선 $y=f(x)$, $y=g(x)$의 교점 중 x좌표가 양수인 점의 개수는 1이다.

(i), (ii), (iii)에 의하여 $h(k)=\begin{cases}1 & (k\le0)\\2 & (k>0)\end{cases}$

연속하는 세 정수 k, $k+1$, $k+2$에 대하여 등식

$h(k)+h(k+1)+h(k+2)=4$ ······ ㉠

가 성립하려면

$h(k)=1,\ h(k+1)=1,\ h(k+2)=2$
이어야 한다.
이때 $h(-1)=1,\ h(0)=1,\ h(1)=2$이므로 등식 ㉠을 만족시키는 정수 k의 값은 -1이다.

답 ②

07 $f(x)=\dfrac{2x+b}{x-a}=\dfrac{2(x-a)+2a+b}{x-a}$

$=\dfrac{2a+b}{x-a}+2$

에서 함수 $y=f(x)$의 그래프의 두 점근선의 교점은 점 $(a,\ 2)$이다.
이때 함수 $y=f^{-1}(x)$의 그래프의 두 점근선의 교점은 점 $(a,\ 2)$를 직선 $y=x$에 대하여 대칭이동한 점이므로 그 좌표는 $(2,\ a)$이다.
조건 (가)에서 함수 $y=f(x-4)-4$의 그래프는 함수 $y=f(x)$의 그래프를 x축의 방향으로 4만큼, y축의 방향으로 -4만큼 평행이동한 것이므로 함수 $y=f(x-4)-4$의 그래프의 두 점근선의 교점은 점 $(a+4,\ -2)$이다.
점 $(2,\ a)$와 점 $(a+4,\ -2)$가 일치하므로 $a=-2$
함수 $y=f(x)$의 그래프는 함수 $y=\dfrac{2a+b}{x}$의 그래프를 평행이동한 그래프와 일치하므로 조건 (나)에서
$2a+b=3 \qquad \therefore b=7$
$\therefore a+b=-2+7=5$

답 ⑤

다른 풀이 $y=\dfrac{2x+b}{x-a}$에서 $(x-a)y=2x+b$
$xy-ay=2x+b,\ (y-2)x=ay+b$
$\therefore x=\dfrac{ay+b}{y-2}$
x와 y를 서로 바꾸면
$f^{-1}(x)=\dfrac{ax+b}{x-2}$
조건 (가)에 의하여

$$\begin{aligned}\frac{ax+b}{x-2}&=\frac{2(x-4)+b}{(x-4)-a}-4\\&=\frac{2(x-4)+b}{(x-4)-a}-\frac{4\{(x-4)-a\}}{(x-4)-a}\\&=\frac{-2x+4a+8+b}{x-4-a}\end{aligned}$$

$-2=-4-a$에서 $a=-2$

$$\begin{aligned}\therefore f(x)&=\frac{2x+b}{x+2}\\&=\frac{2(x+2)+b-4}{x+2}\\&=\frac{b-4}{x+2}+2\end{aligned}$$

조건 (나)에 의하여 $b-4=3$
$\therefore b=7$
$\therefore a+b=-2+7=5$

08 함수 $y=g(x)$의 그래프는 오른쪽 그림과 같다.

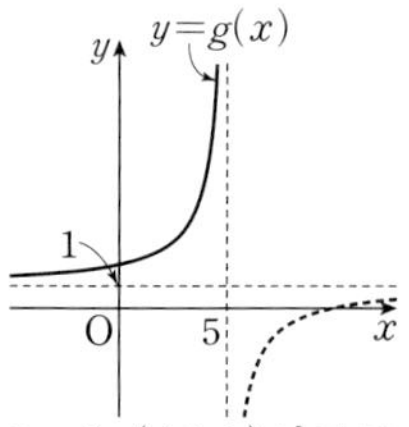

함수 $g(x)$는 $x<5$에서 x의 값이 커지면 $g(x)$의 값도 커지므로
$g(t)<g(t+2)$이다.
$t<1$일 때 $h(t)=f(g(t+2))$이고 $g(t)\le x\le g(t+2)$이므로 $f(x)$는 $x=g(t+2)$에서 최솟값을 갖는다.
따라서 $g(t)\le x\le g(t+2)$에서 x의 값이 커지면 $f(x)$의 값은 작아진다.
$1\le t<3$일 때 $h(t)=6$이므로 $g(t)\le x\le g(t+2)$에서 $f(x)$의 최솟값이 6으로 일정하다. 함수 $y=f(x)$의 그래프의 꼭짓점의 좌표를 $(a,\ b)$라 하면 a는 $1\le t<3$인 모든 t에 대하여 $g(t)\le a\le g(t+2)$이어야 하므로 $a=g(3)$이고, $b=6$이다.
한편, $g(3)=2$이므로
$f(x)=k(x-2)^2+6\ (k>0)$으로 놓으면
$h(-1)=7$에서 $h(-1)=f(g(1))=7$
$g(1)=\dfrac{3}{2}$이므로

$$\begin{aligned}f\left(\frac{3}{2}\right)&=k\left(\frac{3}{2}-2\right)^2+6\\&=\frac{k}{4}+6=7\end{aligned}$$

즉, $k=4$이므로 $f(x)=4(x-2)^2+6$
$\therefore f(5)=4\times3^2+6=42$

답 42

07강 무리함수

기본 다지기 | 본문 48쪽 |

1 $x\le6$	2 -1	3 8	4 ⑤	5 ②

1 무리식 $\sqrt{6-x}$의 값이 실수가 되려면 $6-x\ge0$이어야 하므로
$x\le6$ 답 $x\le6$

2 $f(x)=\frac{1}{1+\sqrt{x}}+\frac{1}{1-\sqrt{x}}=\frac{1-\sqrt{x}+1+\sqrt{x}}{(1+\sqrt{x})(1-\sqrt{x})}=\frac{2}{1-x}$

$\therefore f(3)=\frac{2}{-2}=-1$ 답 -1

3 $2x+4\ge0$에서 $x\ge-2$이므로 정의역은
$\{x|x\ge-2\}$ $\therefore a=-2$
$\sqrt{2x+4}\ge0$에서 $y\ge-4$이므로 치역은
$\{y|y\ge-4\}$ $\therefore b=-4$
$\therefore ab=(-2)\times(-4)=8$ 답 8

4 함수 $y=\sqrt{ax+3}$의 그래프가 점 $(1, 3)$을 지나므로
$3=\sqrt{a+3}$
양변을 제곱하면 $a+3=9$
$\therefore a=6$ 답 ⑤

5 함수 $y=-\sqrt{x}$의 그래프를 x축의 방향으로 a만큼, y축의 방향으로 b만큼 평행이동하면
$y=-\sqrt{x-a}+b$
이것이 함수 $y=-\sqrt{x+1}+3$의 그래프와 일치하므로
$a=-1$, $b=3$
$\therefore a+b=-1+3=2$ 답 ②

1 STEP 필수 유형 다지기 | 본문 49~51쪽 |

01 ②	02 5	03 5	04 ③	05 -6	06 4
07 ⑤	08 8	09 ④	10 ⑤	11 2	12 ⑤
13 2	14 ①	15 4	16 2	17 ③	18 ②
19 3	20 $\frac{17}{3}$	21 ①			

01 무리식 $\frac{\sqrt{x+5}}{\sqrt{6-x}}$의 값이 실수가 되려면
$x+5\ge0$이고 $6-x>0$
$\therefore -5\le x<6$
따라서 정수 x는 $-5, -4, \cdots, 4, 5$의 11개이다. 답 ②

02 무리식 $\sqrt{-x^2+3x+10}$의 값이 실수가 되려면
$-x^2+3x+10\ge0$이어야 하므로 $x^2-3x-10\le0$
$(x+2)(x-5)\le0$ $\therefore -2\le x\le5$
따라서 정수 x의 최댓값은 5이다. 답 5

03 $\frac{4}{\sqrt{x+3}-\sqrt{x+1}}=\frac{4(\sqrt{x+3}+\sqrt{x+1})}{(\sqrt{x+3}-\sqrt{x+1})(\sqrt{x+3}+\sqrt{x+1})}$

$=\frac{4(\sqrt{x+3}+\sqrt{x+1})}{x+3-(x+1)}=2(\sqrt{x+3}+\sqrt{x+1})$

따라서 $a=2$, $b=3$이므로
$a+b=2+3=5$ 답 5

04 $f(x)=\frac{\sqrt{x+1}-\sqrt{x}}{(\sqrt{x+1}+\sqrt{x})(\sqrt{x+1}-\sqrt{x})}$

$+\frac{\sqrt{x+2}-\sqrt{x+1}}{(\sqrt{x+2}+\sqrt{x+1})(\sqrt{x+2}-\sqrt{x+1})}$

$+\frac{\sqrt{x+3}-\sqrt{x+2}}{(\sqrt{x+3}+\sqrt{x+2})(\sqrt{x+3}-\sqrt{x+2})}$

$=(\sqrt{x+1}-\sqrt{x})+(\sqrt{x+2}-\sqrt{x+1})+(\sqrt{x+3}-\sqrt{x+2})$

$=\sqrt{x+3}-\sqrt{x}$

$\therefore f(1)=\sqrt{4}-\sqrt{1}=2-1=1$ 답 ③

05 $4-2x\ge0$에서 $x\le2$
따라서 함수 $y=\sqrt{4-2x}+b$의 정의역은 $\{x|x\le2\}$이므로
$a=2$
또, 함수 $y=\sqrt{4-2x}+b$의 치역은 $\{y|y\ge b\}$이므로 $b=-3$
$\therefore ab=2\times(-3)=-6$ 답 -6

06 점근선의 방정식이 $x=2$, $y=9$인 유리함수의 식을
$y=\frac{k}{x-2}+9$ (k는 상수)라 하면
$y=\frac{k}{x-2}+9=\frac{9x+k-18}{x-2}$
이므로 $a=9$, $b=-2$, $k=19$
$\therefore y=\sqrt{bx+a}=\sqrt{-2x+9}$
이 함수의 정의역은 $\left\{x\middle|x\le\frac{9}{2}\right\}$이므로 정의역에 속하는 자연수 x는 1, 2, 3, 4의 4개이다. 답 4

07 함수 $y=\sqrt{ax}$의 그래프를 x축의 방향으로 -3만큼, y축의 방향으로 -2만큼 평행이동하면 $y=\sqrt{a(x+3)}-2$
이 그래프가 점 $(1, 4)$를 지나므로 $4=\sqrt{a(1+3)}-2$
$\sqrt{4a}=6$, $4a=36$ $\therefore a=9$ 답 ⑤

08 함수 $y=\sqrt{-2x}$의 그래프를 x축의 방향으로 -2만큼, y축의 방향으로 1만큼 평행이동하면
$y=\sqrt{-2(x+2)}+1=\sqrt{-2x-4}+1$ ……❶
이 그래프를 원점에 대하여 대칭이동하면
$y=-\sqrt{2x-4}-1$ ……❷

이것이 함수 $y=-\sqrt{ax+b}+c$의 그래프와 일치하므로

$a=2$, $b=-4$, $c=-1$

$\therefore abc=2\times(-4)\times(-1)=8$ ······ ❸

답 8

단계	채점 기준	배점
❶	평행이동한 그래프의 식 구하기	40 %
❷	대칭이동한 그래프의 식 구하기	40 %
❸	abc의 값 구하기	20 %

09 $y=\sqrt{2-x}-2=\sqrt{-(x-2)}-2$

즉, 함수 $y=\sqrt{2-x}-2$의 그래프는 함수 $y=\sqrt{-x}$의 그래프를 x축의 방향으로 2만큼, y축의 방향으로 -2만큼 평행이동한 것이므로 오른쪽 그림과 같다.

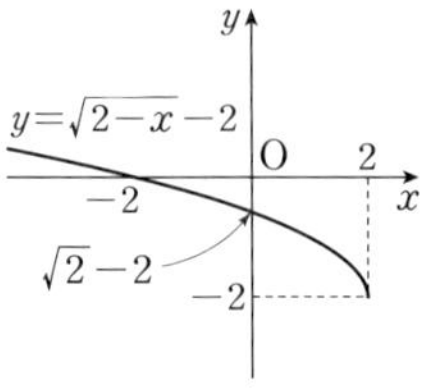

따라서 그래프는 제2, 3, 4사분면을 지난다. 답 ④

10 ㄱ. 치역은 $\{y\mid y\leq 2\}$이다. (참)

ㄴ. $y=-\sqrt{x+1}+2=-\sqrt{x-(-1)}+2$이므로 함수 $y=-\sqrt{x}$의 그래프를 x축의 방향으로 -1만큼, y축의 방향으로 2만큼 평행이동한 것이다. (거짓)

ㄷ. 함수 $y=-\sqrt{x+1}+2$의 그래프는 오른쪽 그림과 같으므로 제3사분면을 지나지 않는다. (참)

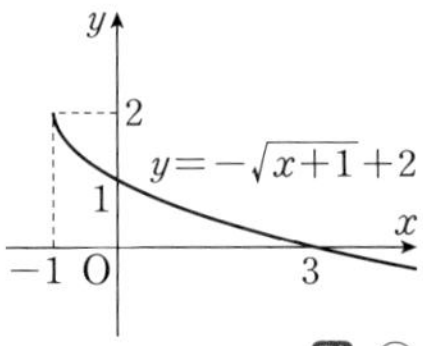

따라서 옳은 것은 ㄱ, ㄷ이다. 답 ⑤

11 $y=-\sqrt{x+3}+k=-\sqrt{x-(-3)}+k$

즉, 함수 $y=-\sqrt{x+3}+k$의 그래프는 함수 $y=-\sqrt{x}$의 그래프를 x축의 방향으로 -3만큼, y축의 방향으로 k만큼 평행이동한 것이므로 오른쪽 그림과 같이 제1사분면을 지나려면 $x=0$일 때 $y>0$이어야 한다.

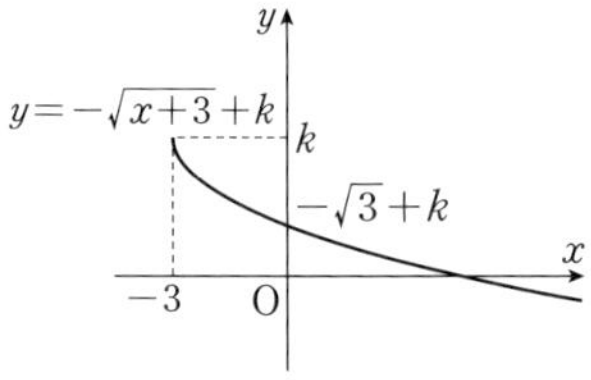

즉, $-\sqrt{3}+k>0$에서 $k>\sqrt{3}=1.7\times\times\times$

따라서 정수 k의 최솟값은 2이다. 답 2

12 $y=\sqrt{2-x}+3=\sqrt{-(x-2)}+3$

즉, 함수 $y=\sqrt{2-x}+3$의 그래프는 함수 $y=\sqrt{-x}$의 그래프를 평행이동한 것이므로 x의 값이 증가할 때, y의 값은 감소한다.

즉, $x=-7$일 때 최댓값, $x=-2$일 때 최솟값을 갖는다.

$x=-7$일 때, 최댓값 $M=\sqrt{2+7}+3=6$

$x=-2$일 때, 최솟값 $m=\sqrt{2+2}+3=5$

$\therefore M+m=6+5=11$ 답 ⑤

13 함수 $y=\sqrt{2x-a}-2$의 그래프는 함수 $y=\sqrt{2x}$의 그래프를 평행이동한 것이므로 x의 값이 증가할 때, y의 값도 증가한다.

즉, $x=4$일 때 최솟값, $x=10$일 때 최댓값을 갖는다. ······ ❶

$x=4$일 때, 최솟값이 0이므로

$\sqrt{8-a}-2=0$, $\sqrt{8-a}=2$

$8-a=4$ $\therefore a=4$ ······ ❷

따라서 $y=\sqrt{2x-4}-2$이므로 최댓값은 $x=10$일 때,

$\sqrt{20-4}-2=2$ ······ ❸

답 2

단계	채점 기준	배점
❶	최댓값과 최솟값을 갖는 경우의 x의 값 이해하기	30 %
❷	a의 값 구하기	40 %
❸	최댓값 구하기	30 %

14 주어진 함수의 식을 $y=a\sqrt{x+2}-3$으로 놓을 수 있다.

이 함수의 그래프가 점 $(0, 1)$을 지나므로

$1=a\sqrt{2}-3$, $a\sqrt{2}=4$ $\therefore a=2\sqrt{2}$

따라서 $y=2\sqrt{2}\sqrt{x+2}-3$이므로 $b=2$, $c=-3$

$\therefore abc=2\sqrt{2}\times2\times(-3)=-12\sqrt{2}$ 답 ①

15 주어진 함수의 식을 $y=\sqrt{a(x-4)}-2$로 놓을 수 있다. ······ ❶

이 함수의 그래프가 점 $(0, 2\sqrt{2}-2)$를 지나므로

$2\sqrt{2}-2=\sqrt{-4a}-2$, $\sqrt{-4a}=2\sqrt{2}$

양변을 제곱하면

$-4a=8$ $\therefore a=-2$

따라서 $y=\sqrt{-2(x-4)}-2=\sqrt{-2x+8}-2$이므로

$b=8$, $c=-2$ ······ ❷

$\therefore a+b+c=-2+8+(-2)=4$ ······ ❸

답 4

단계	채점 기준	배점
❶	함수의 식 세우기	30 %
❷	a, b, c의 값 구하기	60 %
❸	$a+b+c$의 값 구하기	10 %

16 함수 $y=\sqrt{1-x}=\sqrt{-(x-1)}$의 그래프는 함수 $y=\sqrt{-x}$의 그래프를 x축의 방향으로 1만큼 평행이동한 것이고, 직선 $y=-\frac{1}{2}x+k$는 기울기가 $-\frac{1}{2}$이고 y절편이 k인 직선이다.

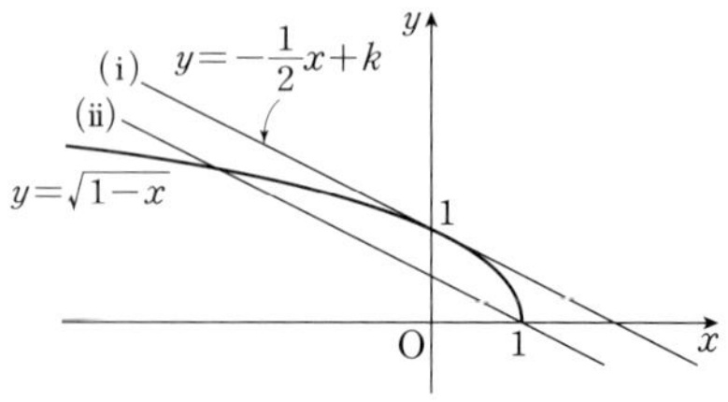

(i) 함수 $y=\sqrt{1-x}$의 그래프와 직선 $y=-\frac{1}{2}x+k$가 접할 때

$\sqrt{1-x}=-\frac{1}{2}x+k$에서 $2\sqrt{1-x}=-x+2k$

양변을 제곱하면 $4-4x=x^2-4kx+4k^2$

$x^2-2(2k-2)x+4k^2-4=0$

이 이차방정식의 판별식을 D라 하면 $D=0$이어야 하므로

$\frac{D}{4}=(2k-2)^2-(4k^2-4)=0$

$-8k+8=0 \quad \therefore k=1$

(ii) 직선 $y=-\frac{1}{2}x+k$가 점 $(1, 0)$을 지날 때

$0=-\frac{1}{2}+k \quad \therefore k=\frac{1}{2}$

(i), (ii)에 의하여 함수 $y=\sqrt{1-x}$의 그래프와 직선 $y=-\frac{1}{2}x+k$가 서로 다른 두 점에서 만나기 위한 k의 값의 범위는

$\frac{1}{2}\le k<1$

따라서 $p=\frac{1}{2}$, $q=1$이므로 $2p+q=2\times\frac{1}{2}+1=2$ 답 2

17 $n(A\cap B)\ge 1$이므로 함수 $y=\sqrt{x-4}$의 그래프와 직선 $y=x+k$는 만난다.

이때 함수 $y=\sqrt{x-4}$의 그래프는 함수 $y=\sqrt{x}$의 그래프를 x축의 방향으로 4만큼 평행이동한 것이고, 직선 $y=x+k$는 기울기가 1이고 y절편이 k인 직선이다.

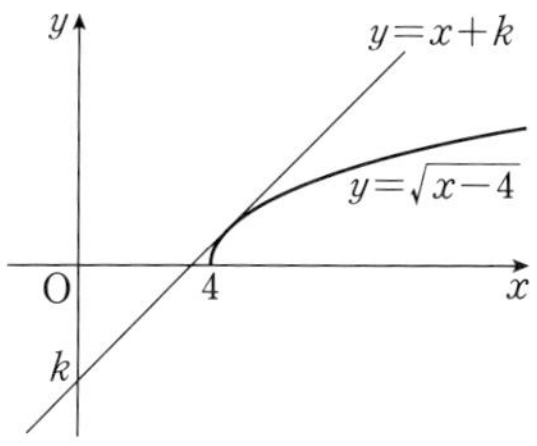

함수 $y=\sqrt{x-4}$의 그래프와 직선 $y=x+k$가 접할 때의 k의 값은 $\sqrt{x-4}=x+k$의 양변을 제곱하면

$x-4=x^2+2kx+k^2$, $x^2+(2k-1)x+k^2+4=0$

이 이차방정식의 판별식을 D라 하면 $D=0$이어야 하므로

$D=(2k-1)^2-4(k^2+4)=0$

$-4k-15=0 \quad \therefore k=-\frac{15}{4}$

따라서 함수 $y=\sqrt{x-4}$의 그래프와 직선 $y=x+k$가 만나기 위한 k의 값의 범위는

$k\le-\frac{15}{4}$

이므로 정수 k의 최댓값은 -4이다. 답 ③

18 $(f^{-1})^{-1}(6)=f(6)=\sqrt{12+4}=\sqrt{16}=4$

$f^{-1}(2)=k$로 놓으면 $f(k)=2$

$\sqrt{2k+4}=2$

양변을 제곱하면 $2k+4=4$

$2k=0 \quad \therefore k=0$

$\therefore f^{-1}(2)+(f^{-1})^{-1}(6)=0+4=4$ 답 ②

19 $(f^{-1}\circ f^{-1})(a)=(f\circ f)^{-1}(a)=3$이므로 $(f\circ f)(3)=a$

$(f\circ f)(3)=f(f(3))=f(6)=3$

$\therefore a=3$ 답 3

20 $(f\circ(g\circ f)^{-1}\circ f)(3)=(f\circ f^{-1}\circ g^{-1}\circ f)(3)$

$=(g^{-1}\circ f)(3)$

$=g^{-1}(f(3))$ ········· ❶

$f(3)=\frac{3+1}{3-2}=4$이므로 $g^{-1}(f(3))=g^{-1}(4)$

$g^{-1}(4)=k$로 놓으면 $g(k)=4$이므로

$\sqrt{3k-1}=4$ ········· ❷

양변을 제곱하면 $3k-1=16$

$3k=17 \quad \therefore k=\frac{17}{3}$

$\therefore (f\circ(g\circ f)^{-1}\circ f)(3)=\frac{17}{3}$ ········· ❸

답 $\frac{17}{3}$

단계	채점 기준	배점
❶	합성함수와 역함수의 성질을 이용하여 식 간단히 하기	40 %
❷	$g(k)=4$인 k에 대한 식 세우기	40 %
❸	$(f\circ(g\circ f)^{-1}\circ f)(3)$의 값 구하기	20 %

21 함수 $y=\sqrt{ax+b}$의 그래프가 점 $(1, 2)$를 지나므로

$2=\sqrt{a+b}$에서 $a+b=4$ ······ ㉠

또, 역함수의 그래프가 점 $(1, 2)$를 지나므로 함수 $y=\sqrt{ax+b}$의 그래프는 점 $(2, 1)$을 지난다.

즉, $1=\sqrt{2a+b}$에서 $2a+b=1$ ······ ㉡

㉠, ㉡을 연립하여 풀면

$a=-3$, $b=7$

$\therefore ab=(-3)\times 7=-21$ 답 ①

2 STEP 출제 유형 PICK

| 본문 52~53쪽 |

대표 문제 1 ③	1-1 3	1-2 ⑤
대표 문제 2 ③	2-1 ⑤	2-2 ③
대표 문제 3 ②	3-1 14	3-2 ②
대표 문제 4 12	4-1 ③	4-2 10

대표 문제 1 $y=-\sqrt{ax+b}+4$

$=-\sqrt{a\left(x+\frac{b}{a}\right)}+4$

$a<0$, $b>16$이므로 $-\frac{b}{a}>0$

$x=0$일 때 $y=-\sqrt{b}+4$이고 $b>16$이므로 $-\sqrt{b}+4<0$

따라서 함수 $y=-\sqrt{ax+b}+4$의 그래프는 오른쪽 그림과 같으므로 제1, 3, 4사분면을 지난다.

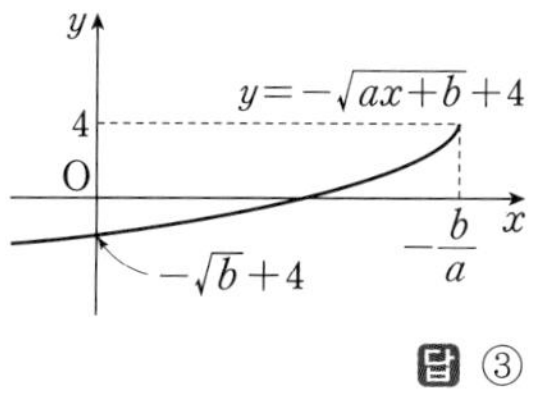

답 ③

1-1 함수 $y=-\sqrt{3(x+a)}+b$의 그래프는 점 $(-a,\ b)$를 지나고, 정의역은 $\{x|x\geq -a\}$, 치역은 $\{y|y\leq b\}$이므로 제1, 2, 4사분면을 지나도록 그래프를 그리면 오른쪽 그림과 같다.

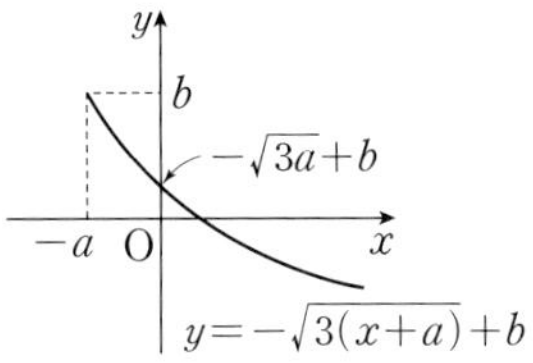

이때 $-a<0,\ b>0$이므로 $a>0,\ b>0$

또, $x=0$일 때 $y=-\sqrt{3a}+b>0$이어야 하므로 $b>\sqrt{3a}$

따라서 정수 $a,\ b$에 대하여 $a+b$의 값이 최소일 때는 $a=1$, $b=2$일 때이므로 $a+b$의 최솟값은

$1+2=3$ 답 3

1-2 함수 $y=\sqrt{ax}\,(a<0)$의 그래프를 x축의 방향으로 2만큼 평행이동한 그래프의 식은

$y=\sqrt{a(x-2)}$

$y=\dfrac{-2x-2}{x-1}=\dfrac{-2(x-1)-4}{x-1}=-\dfrac{4}{x-1}-2$

이므로 함수 $y=\dfrac{-2x-2}{x-1}$의 그래프의 점근선의 방정식은

$x=1,\ y=-2$

즉, 함수 $y=\dfrac{-2x-2}{x-1}$의 그래프는 오른쪽 그림과 같고, 함수 $y=\sqrt{a(x-2)}$의 그래프가 함수 $y=\dfrac{-2x-2}{x-1}$의 그래프와 제2사분면에서 만나려면 $x=0$일 때 $y<2$이어야 한다.

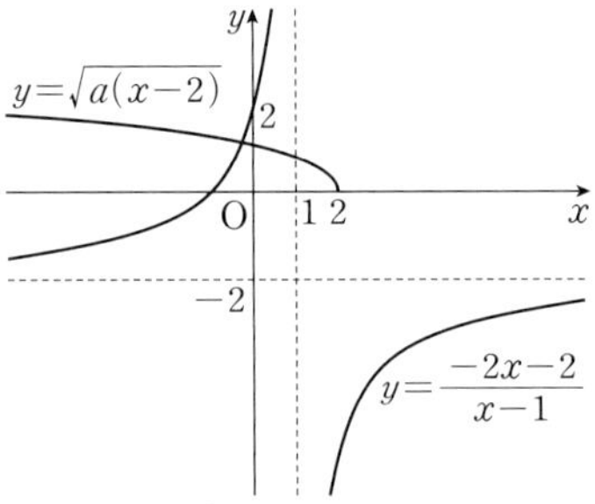

따라서 $\sqrt{-2a}<2$에서 $-2a<4$

$\therefore\ a>-2$

이때 $a<0$이므로 $-2<a<0$ 답 ⑤

대표문제 2 주어진 그래프의 모양에서 $a>0$

함수 $y=\dfrac{a}{x-b}+c$의 그래프의 점근선의 방정식은

$x=b,\ y=c$이므로 주어진 그래프에서 $b<0,\ c<0$

$y=-\sqrt{ax-b}+c=-\sqrt{a\left(x-\dfrac{b}{a}\right)}+c$

이므로 함수 $y=-\sqrt{ax-b}+c$의 그래프는 함수 $y=-\sqrt{ax}$의 그래프를 x축의 방향으로 $\dfrac{b}{a}$만큼, y축의 방향으로 c만큼 평행이동한 것이다.

이때 $a>0,\ \dfrac{b}{a}<0,\ c<0$이므로 함수 $y=-\sqrt{ax-b}+c$의 그래프는 오른쪽 그림과 같다.

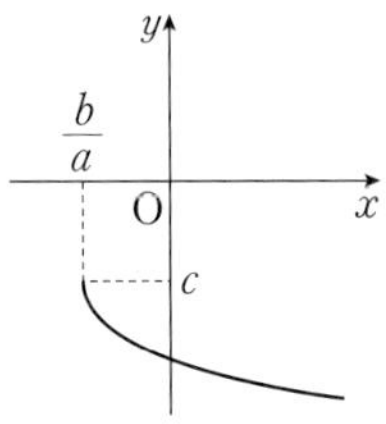

따라서 이 그래프가 지나는 사분면은 제3, 4사분면이다.

답 ③

2-1 $y=a\sqrt{b-cx}=a\sqrt{-c\left(x-\dfrac{b}{c}\right)}$

이므로 함수 $y=a\sqrt{b-cx}$의 그래프는 함수 $y=a\sqrt{-cx}$의 그래프를 x축의 방향으로 $\dfrac{b}{c}$만큼 평행이동한 것이다. 즉, 주어진 그래프에서

$a<0,\ -c<0,\ \dfrac{b}{c}>0$ $\quad\therefore\ a<0,\ b>0,\ c>0$

함수 $y=c\sqrt{x+b}-a$의 그래프는 함수 $y=c\sqrt{x}$의 그래프를 x축의 방향으로 $-b$만큼, y축의 방향으로 $-a$만큼 평행이동한 것이고, $-b<0,\ -a>0$이므로 오른쪽 그림과 같다.

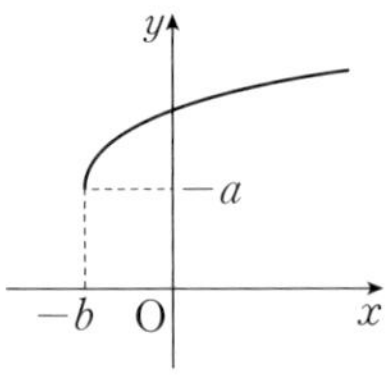

따라서 함수 $y=c\sqrt{x+b}-a$의 그래프는 제3, 4사분면을 지나지 않는다. 답 ⑤

2-2 이차함수 $f(x)=ax^2+bx+c$의 그래프의 꼭짓점의 좌표가 $\left(\dfrac{1}{2},\ \dfrac{9}{2}\right)$이므로

$f(x)=a\left(x-\dfrac{1}{2}\right)^2+\dfrac{9}{2}$

이때 이차함수 $y=f(x)$의 그래프가 점 $(0,\ 4)$를 지나므로

$4=\dfrac{1}{4}a+\dfrac{9}{2}$에서 $\dfrac{1}{4}a=-\dfrac{1}{2}$ $\quad\therefore\ a=-2$

$f(x)=-2\left(x-\dfrac{1}{2}\right)^2+\dfrac{9}{2}=-2x^2+2x+4$이므로

$b=2,\ c=4$

$\therefore\ g(x)=-2\sqrt{x+2}+4$

함수 $g(x)=-2\sqrt{x+2}+4$의 그래프는 함수 $y=-2\sqrt{x}$의 그래프를 x축의 방향으로 -2만큼, y축의 방향으로 4만큼 평행이동한 것이므로 오른쪽 그림과 같다.

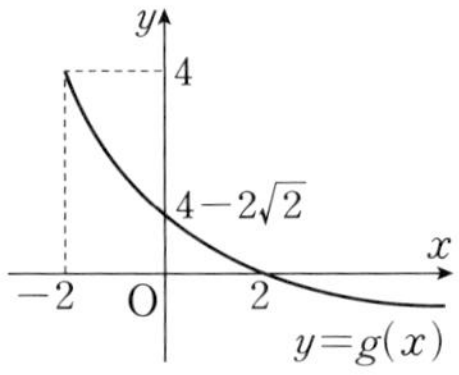

ㄱ. 오른쪽 그림과 같이 무리함수 $y=g(x)$의 정의역은 $\{x|x\geq -2\}$이고, 치역은 $\{y|y\leq 4\}$이다. (참)

ㄴ. 위의 그림과 같이 함수 $y=g(x)$의 그래프는 제3사분면을 지나지 않는다. (거짓)

ㄷ. $f(x)=-2x^2+2x+4=0$에서 $-2(x+1)(x-2)=0$

$\therefore\ x=-1$ 또는 $x=2$

즉, $\alpha=-1,\ \beta=2$이므로 $-1\leq x\leq 2$에서 함수 $g(x)$의 최댓값은

$g(-1)=-2\times 1+4=2$ (참)

따라서 옳은 것은 ㄱ, ㄷ이다. 답 ③

대표문제 3 $-4\leq x\leq -2$에서 두 함수

$y=\dfrac{x-2}{x+1}=-\dfrac{3}{x+1}+1$

과 함수 $y=\sqrt{-2x}+k$의 그래프는 오른쪽 그림과 같다.

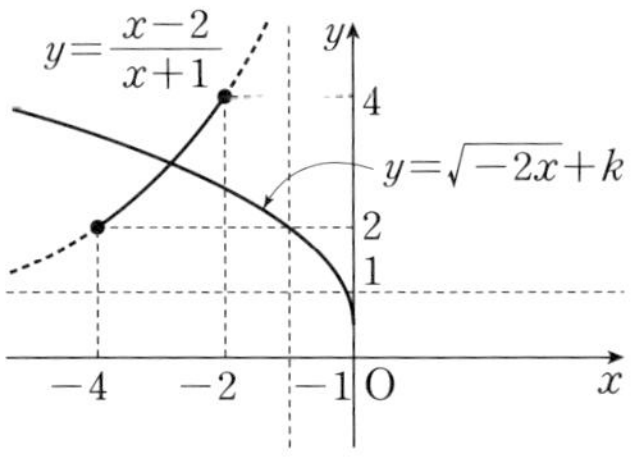

함수 $y=\sqrt{-2x}+k$의 그래프가 점 $(-2, 4)$를 지날 때 실수 k가 최댓값을 가지므로

$4=\sqrt{(-2)\times(-2)}+k$에서 $k=2$

따라서 구하는 실수 k의 최댓값은 2이다. 답 ②

3-1 함수 $y=3-\sqrt{4-x}$에서 $x=0$일 때

$y=3-\sqrt{4-0}=3-2=1$

이므로 함수 $y=3-\sqrt{4-x}$의 그래프의 y절편은 1이다.

즉, 함수 $y=3-\sqrt{4-x}$의 그래프는 오른쪽 그림과 같다.

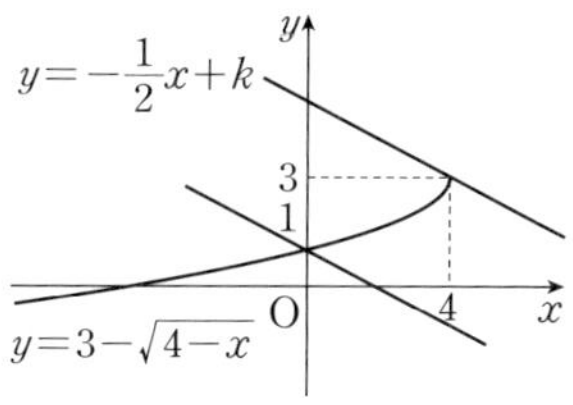

직선 $y=-\frac{1}{2}x+k$가 점 $(0, 1)$을 지날 때

$1=0+k \qquad \therefore k=1$

직선 $y=-\frac{1}{2}x+k$가 점 $(4, 3)$을 지날 때

$3=-2+k \qquad \therefore k=5$

따라서 함수 $y=3-\sqrt{4-x}$의 그래프와 직선 $y=-\frac{1}{2}x+k$가 제1사분면에서 만나도록 하는 k의 값의 범위는 $1<k\le5$이므로 이를 만족시키는 모든 정수 k의 값의 합은

$2+3+4+5=14$ 답 14

3-2 $y=\frac{1}{5}x^2+\frac{1}{5}k\ (x\ge0)$로 놓으면

$x^2=5y-k \qquad \therefore x=\sqrt{5y-k}\ \left(y\ge\frac{k}{5}\right)$

x와 y를 서로 바꾸면 $y=\sqrt{5x-k}\ \left(x\ge\frac{k}{5}\right)$

즉, 두 함수 $f(x)$, $g(x)$는 서로 역함수 관계에 있으므로 두 함수 $y=f(x)$, $y=g(x)$의 그래프의 교점은 함수 $y=f(x)$의 그래프와 직선 $y=x$의 교점과 같다.

$\frac{1}{5}x^2+\frac{1}{5}k=x$에서 $x^2-5x+k=0$

이 이차방정식이 음이 아닌 서로 다른 두 실근을 가져야 하므로 이 이차방정식의 판별식을 D라 하면

$D=(-5)^2-4k>0,\ 25-4k>0 \qquad \therefore k<\frac{25}{4}$

또, 이차방정식의 근과 계수의 관계에 의하여

(두 근의 곱)$=k\ge0$

$\therefore 0\le k<\frac{25}{4}$

따라서 정수 k는 0, 1, 2, $\cdots$, 6의 7개이다. 답 ②

대표문제 4 $y=\sqrt{x+6}$으로 놓고 양변을 제곱하면

$y^2=x+6 \qquad \therefore x=y^2-6\ (y\ge0)$

x와 y를 서로 바꾸면 $y=x^2-6\ (x\ge0)$

즉, 두 함수 $y=f(x)$, $y=g(x)$는 서로 역함수 관계에 있으므로 두 곡선 $y=f(x)$, $y=g(x)$의 교점은 곡선 $y=g(x)$와 직선 $y=x$의 교점과 같다.

$x^2-6=x$에서 $x^2-x-6=0$

$(x+2)(x-3)=0$

이때 $x\ge0$이므로 $x=3$

$\therefore A(3, 3)$

또, 곡선 $y=g(x)$와 직선 $y=-x$의 교점은

$x^2-6=-x$에서 $x^2+x-6=0$

$(x+3)(x-2)=0$

이때 $x\ge0$이므로 $x=2$

$\therefore C(2, -2)$

점 B는 점 C와 직선 $y=x$에 대하여 대칭이므로 $B(-2, 2)$

$\therefore \overline{BC}=\sqrt{\{2-(-2)\}^2+(-2-2)^2}=\sqrt{32}=4\sqrt{2}$

한편, 점 $A(3, 3)$과 직선 $y=-x$, 즉 $x+y=0$ 사이의 거리는

$\frac{|3+3|}{\sqrt{1^2+1^2}}=\frac{6}{\sqrt{2}}=3\sqrt{2}$

따라서 삼각형 ABC의 넓이는

$\frac{1}{2}\times4\sqrt{2}\times3\sqrt{2}=12$ 답 12

4-1 삼각형 OAP의 넓이는 점 P가 직선 OA와 평행한 접선 위의 접점일 때 최대이다.

직선 OA의 방정식은 $y=x$이므로 직선 OA와 평행한 접선의 방정식을 $y=x+k$ (k는 상수)로 놓으면

$\sqrt{3x}=x+k$에서 $3x=x^2+2kx+k^2$

$x^2+(2k-3)x+k^2=0$

이 이차방정식의 판별식을 D라 하면

$D=(2k-3)^2-4k^2=0$

$-12k+9=0 \qquad \therefore k=\frac{3}{4}$

즉, 직선 OA와 평행한 접선의 방정식은 $y=x+\frac{3}{4}$

이때 두 직선 $y=x$, $y=x+\frac{3}{4}$ 사이의 거리는 원점 O에서 직선 $y=x+\frac{3}{4}$, 즉 $4x-4y+3=0$에 이르는 거리와 같으므로

$\frac{|0-0+3|}{\sqrt{4^2+(-4)^2}}=\frac{3}{4\sqrt{2}}=\frac{3\sqrt{2}}{8}$

또, $\overline{OA}=\sqrt{3^2+3^2}=3\sqrt{2}$이므로 삼각형 OAP의 넓이의 최댓값은

$\frac{1}{2}\times3\sqrt{2}\times\frac{3\sqrt{2}}{8}=\frac{9}{8}$ 답 ③

4-2 함수 $y=x^2\ (x<0)$의 그래프는 함수 $y=\sqrt{x}\ (x\ge0)$의 그래프를 직선 $y=x$에 대하여 대칭이동한 후 다시 y축에 대하여 대칭이동한 것과 같다.

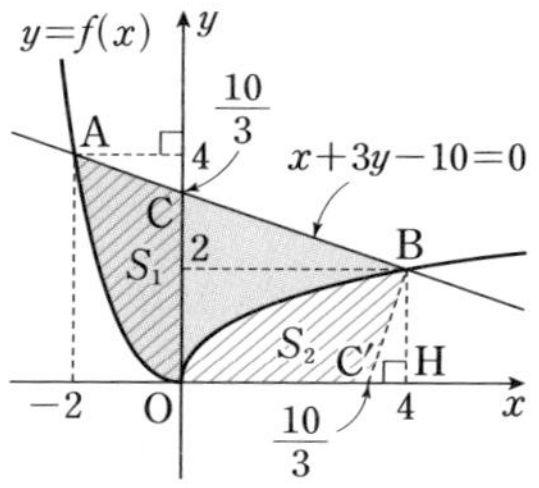

그림에서 직선 $x+3y-10=0$이 y축과 만나는 점을 C라 하면

$C\left(0,\ \frac{10}{3}\right)$

점 C를 직선 $y=x$에 대하여 대칭이동한 점을 C′이라 하면

$C'\left(\frac{10}{3},\ 0\right)$

이때 빗금 친 두 부분 S_1, S_2의 넓이는 서로 같다.

따라서 점 B에서 x축에 내린 수선의 발을 H(4, 0)이라 하면

(구하는 넓이)

=(사다리꼴 COHB의 넓이)−(삼각형 BC′H의 넓이)

$=\frac{1}{2}\times\left(2+\frac{10}{3}\right)\times4-\frac{1}{2}\times\left(4-\frac{10}{3}\right)\times2$

$=\frac{32}{3}-\frac{2}{3}=10$ 답 10

3 STEP 만점 도전 하기

| 본문 54~55쪽 |

01 7	02 ⑤	03 ④	04 ③	05 4	06 ④
07 18	08 13				

01 함수 $y=f(x)$와 함수 $y=g(x)$의 그래프는 다음 그림과 같다.

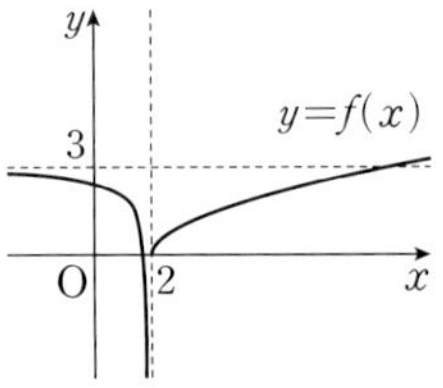

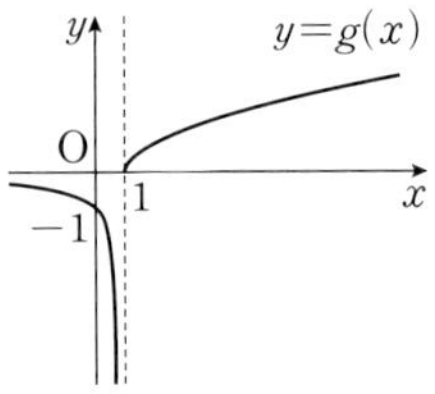

함수 $g(x)$는 정의역이 실수 전체의 집합이고 일대일대응이므로 역함수가 존재한다.

$g^{-1}(0)=k$라 하면

$g(k)=0$에서 $\sqrt{k-1}=0$ $\therefore k=1$

$(f\circ g^{-1})(0)=f(g^{-1}(0))=f(1)=\frac{1}{1-2}+3=2$이므로

$(f\circ g^{-1})(0)\times f(a)=2\times f(a)=4$

$\therefore f(a)=2$

(i) $a\geq2$일 때, $f(a)=\sqrt{a-2}=2$에서

$a-2=4$ $\therefore a=6$

(ii) $a<2$일 때, $f(a)=\frac{1}{a-2}+3=2$에서

$\frac{1}{a-2}=-1$, $a-2=-1$ $\therefore a=1$

따라서 주어진 조건을 만족시키는 모든 실수 a의 값의 합은

$6+1=7$ 답 7

02 $y=f(x)=\frac{ax+2}{bx+c}=\frac{a\left(x+\frac{c}{b}\right)-\frac{ac}{b}+2}{b\left(x+\frac{c}{b}\right)}$

$=\frac{\frac{a}{b}\left(x+\frac{c}{b}\right)-\frac{ac}{b^2}+\frac{2}{b}}{x+\frac{c}{b}}=\frac{\frac{2b-ac}{b^2}}{x+\frac{c}{b}}+\frac{a}{b}$

이므로 점근선의 방정식은 $x=-\frac{c}{b}$, $y=\frac{a}{b}$이고 x절편은 $-\frac{2}{a}$, y절편은 $\frac{2}{c}$

따라서 $-\frac{c}{b}>0$, $\frac{a}{b}<0$, $-\frac{2}{a}<0$, $\frac{2}{c}>0$, $\frac{2b-ac}{b^2}<0$이므로

$a>0$, $b<0$, $c>0$, $2b<ac$ ($\because b^2>0$)

또, $y=g(x)=-\sqrt{dx+e}+f=-\sqrt{d\left(x+\frac{e}{d}\right)}+f$이므로

$d<0$이고 $-\frac{e}{d}<0$, $f>0$ $\therefore d<0$, $e<0$, $f>0$

$\therefore \frac{b\sqrt{f\left(\frac{ac}{b}-2\right)^2}+\sqrt{fa^2c^2}}{\sqrt{\frac{4f}{d^2e^2}}}=\frac{b\sqrt{f\left(\frac{ac}{b}-2\right)^2}+\sqrt{f(ac)^2}}{2\sqrt{\frac{f}{(de)^2}}}$

$=\frac{b\left(2-\frac{ac}{b}\right)\sqrt{f}+ac\sqrt{f}}{\frac{2\sqrt{f}}{de}}$

$\left(\because \frac{ac-2b}{b}<0,\ ac>0,\ de>0\right)$

$=\frac{2b\sqrt{f}}{\frac{2\sqrt{f}}{de}}=bde$ 답 ⑤

03 $f(x)=ax+b$ (a, b는 상수, $a\neq0$)로 놓으면

$y=\sqrt{f(x)}=\sqrt{ax+b}$, $y^2=ax+b$

$ax=y^2-b$ $\therefore x=\frac{y^2-b}{a}$

x와 y를 서로 바꾸면 $y=\frac{x^2-b}{a}$

$\therefore g(x)=\frac{x^2-b}{a}$

이때 점 P(1, 2)가 함수 $y=\sqrt{f(x)}=\sqrt{ax+b}$와 함수 $y=g(x)=\frac{x^2-b}{a}$의 그래프의 교점이므로

$2=\sqrt{a+b}$에서 $a+b=4$ …… ㉠

$2=\frac{1^2-b}{a}$에서 $2a=1-b$ …… ㉡

㉠, ㉡을 연립하여 풀면 $a=-3$, $b=7$

ㄱ. $y=\sqrt{f(x)}=\sqrt{-3x+7}$이므로 함수 $y=\sqrt{f(x)}$의 그래프는 제1, 2사분면을 지난다. (참)

ㄴ. 점 P(1, 2)는 함수 $y=\sqrt{f(x)}$의 그래프 위의 점이므로 점 (2, 1)은 함수 $y=\sqrt{f(x)}$의 역함수 $y=g(x)$의 그래프 위의 점이다.

또, 점 P(1, 2)는 함수 $y=g(x)$의 그래프 위의 점이므로 점 (2, 1)은 함수 $y=g(x)$의 역함수인 $y=\sqrt{f(x)}$의 그래프 위의 점이다.

따라서 점 (2, 1)은 두 함수 $y=g(x)$, $y=\sqrt{f(x)}$의 그래프의 교점이다.

이때 다른 교점을 Q(α, β)라 하면 $\alpha+\beta=3$이다. (거짓)

ㄷ. 방정식 $f(x)=g(x)$에 의하여 $-3x+7=\dfrac{x^2-7}{-3}$

$\therefore x^2-9x+14=0$

즉, 두 근의 곱은 근과 계수의 관계에서 14이다. (참)

따라서 옳은 것은 ㄱ, ㄷ이다. 답 ④

(참고) ㄴ에서 두 함수 $y=g(x)$, $y=\sqrt{f(x)}$의 그래프의 교점 중 하나는 직선 $y=x$ 위에 있으므로

$\dfrac{x^2-7}{-3}$에서 $x^2+3x-7=0$ $\quad\therefore x=\dfrac{-3+\sqrt{37}}{3}$ $(\because x\geq 0)$

따라서 $\alpha=\beta=\dfrac{-3+\sqrt{37}}{2}$이므로 $\alpha+\beta=-3+\sqrt{37}$이지만 항상 $\alpha+\beta=-3+\sqrt{37}$은 아니다.

함수 $y=\sqrt{-3x+7}$과 같이 감소하는 함수의 경우 그 역함수와의 교점이 직선 $y=x$ 위뿐만 아니라 직선 $y=x$ 밖에도 있을 수 있다. 즉, 다른 교점이 있을 수 있음에 유의한다.

04 함수 $y=f(x)$와 함수 $y=g(x)$는 서로 역함수 관계이므로 점 $\mathrm{A}(a, b)$를 지나고 기울기가 -1인 직선이 함수 $y=g(x)$의 그래프와 만나는 점인 점 C의 좌표는 $\mathrm{C}(b, a)$이다.

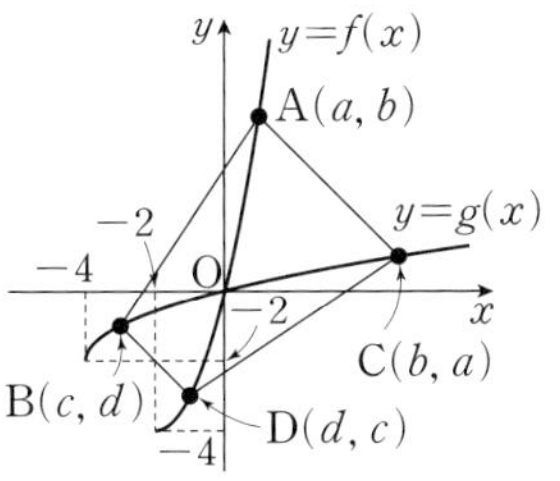

또, 점 $\mathrm{B}(c, d)$를 지나고 기울기가 -1인 직선이 함수 $y=f(x)$의 그래프와 만나는 점인 점 D의 좌표는 $\mathrm{D}(d, c)$이다.

ㄱ. (직선 AC의 기울기)=(직선 BD의 기울기)$=-1$

이므로 직선 AC와 직선 BD는 평행하다.

따라서 $\triangle\mathrm{ABD}=\triangle\mathrm{CBD}$이므로

$\triangle\mathrm{OAB}=\triangle\mathrm{ABD}-\triangle\mathrm{OBD}=\triangle\mathrm{CBD}-\triangle\mathrm{OBD}$

$=\triangle\mathrm{ODC}$ (참)

ㄴ. (직선 AB의 기울기)$=\dfrac{b-d}{a-c}=1$에서 $b-d=a-c$

$\therefore a+d=b+c$ (참)

ㄷ. ㄴ에서 (직선 AB의 기울기)$=\dfrac{b-d}{a-c}=1$이면 직선 CD의 기울기도 $\dfrac{a-c}{b-d}=1$이다.

(직선 AC의 기울기)=(직선 BD의 기울기)$=-1$

(직선 AB의 기울기)=(직선 CD의 기울기)$=1$

이므로 사각형 ABDC는 직사각형이다.

이때 삼각형 OCA의 넓이와 삼각형 OBD의 넓이가 같으려면 원점 O가 직사각형의 대각선의 교점, 즉 직선 AD의 중점과 일치해야 한다.

따라서 점 $\left(\dfrac{a+d}{2}, \dfrac{b+c}{2}\right)$가 점$(0, 0)$이 되어야 한다.

그런데 점 $\mathrm{B}(-3, -1)$, $\mathrm{D}(-1, -3)$,

$\mathrm{A}\left(\dfrac{-3+\sqrt{17}}{2}, \dfrac{1+\sqrt{17}}{2}\right)$이라 하면

(직선 AB의 기울기)$=\dfrac{\dfrac{1+\sqrt{17}}{2}-(-1)}{\dfrac{-3+\sqrt{17}}{2}-(-3)}=1$

인데 직선 AD의 중점은 원점 O와 일치하지 않는다.

즉, 삼각형 OCA의 넓이와 삼각형 OBD의 넓이는 같지 않다. (거짓)

따라서 옳은 것은 ㄱ, ㄴ이다. 답 ③

(참고) ㄱ에서 점 $\mathrm{C}(e, f)$로 놓으면

$\dfrac{b-f}{a-e}=-1$, 즉 $a-e=f-b$ $\quad\cdots\cdots$ ㉢

선분 AC의 중점 $\left(\dfrac{a+e}{2}, \dfrac{b+f}{2}\right)$는 직선 $y=x$ 위의 점이므로

$\dfrac{a+e}{2}=\dfrac{b+f}{2}$에서 $a+e=b+f$ $\quad\cdots\cdots$ ㉣

㉢, ㉣을 연립하여 풀면 $e=b$, $f=a$

ㄷ에서 원점 O가 직사각형의 대각선의 교점, 즉 직선 AD의 중점과 일치하려면 $a=-d$, $b=-c$를 만족시켜야 한다.

따라서

$a=-d=-(\sqrt{c+4}-2)=-(\sqrt{-b+4}-2)$

$=-(\sqrt{-a^2-4a+4}-2)$

를 만족시켜야 하므로

$a-2=-\sqrt{-a^2-4a+4}$

양변을 제곱하면

$a^2-4a+4=-a^2-4a+4$ $\quad\therefore a=0$

즉, 점 A와 점 D가 원점 O와 일치하는 경우뿐이므로 실질적으로 직선 AB의 기울기가 1일 때, 삼각형 OCA의 넓이와 삼각형 OBD의 넓이가 같은 경우는 존재하지 않는다.

05 $f(x)=\begin{cases}\vdots \\ -2 & (-2\leq x<-1) \\ -1 & (-1\leq x<0) \\ 0 & (0\leq x<1) \\ 1 & (1\leq x<2) \\ 2 & (2\leq x<3) \\ \vdots\end{cases}$ 이므로

$|f(x)|=\begin{cases}\vdots \\ 2 & (-2\leq x<-1) \\ 1 & (-1\leq x<0) \\ 0 & (0\leq x<1) \\ 1 & (1\leq x<2) \\ 2 & (2\leq x<3) \\ \vdots\end{cases}$

함수 $y=|f(x)|$의 그래프와 함수 $y=g(x)$의 그래프는 다음 그림과 같다.

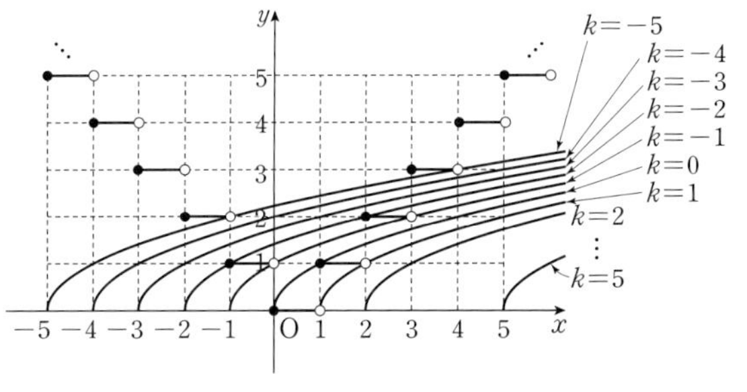

(i) $1\leq k\leq 5$일 때 교점의 개수는 0이므로

$n(1)=n(2)=n(3)=n(4)=n(5)=0$

(ii) $k=0$일 때 교점의 개수는 2이므로 $n(0)=2$

(iii) $k=-1$일 때 교점의 개수는 0이므로 $n(-1)=0$

(iv) $k=-2$일 때 교점의 개수는 2이므로 $n(-2)=2$

(v) $-5\le k\le -3$일 때 교점의 개수는 0이므로

$n(-3)=n(-4)=n(-5)=0$

(i)~(v)에 의하여

$n(-5)+n(-4)+n(-3)+n(-2)+n(-1)$
$+n(0)+n(1)+n(2)+n(3)+n(4)+n(5)$
$=0\times9+2\times2=4$

답 4

06 $f(x)=-\sqrt{kx+2k}+4$, $g(x)=\sqrt{-kx+2k}-4$로 놓자.

ㄱ. $f(-x)=-\sqrt{-kx+2k}+4$
$=-(\sqrt{-kx+2k}-4)$
$=-g(x)$

이므로 $g(x)=-f(-x)$

따라서 두 곡선 $y=-\sqrt{kx+2k}+4$, $y=\sqrt{-kx+2k}-4$는 원점에 대하여 대칭이다. (참)

ㄴ. $k<0$이면 두 곡선은 다음 그림과 같다.

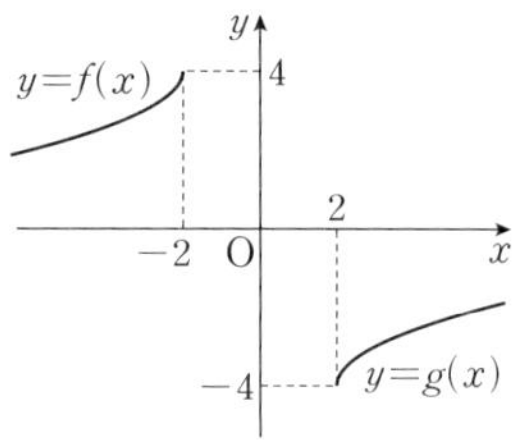

따라서 두 곡선은 만나지 않는다. (거짓)

ㄷ. (i) $k<0$일 때

ㄴ에 의하여 두 곡선은 만나지 않는다.

(ii) $k>0$일 때

ㄱ에서 두 곡선은 원점에 대하여 대칭이고 k의 값이 커질수록 곡선 $y=f(x)$는 직선 $y=4$와 멀어지고 곡선 $y=g(x)$는 직선 $y=-4$와 멀어진다.

따라서 두 곡선이 서로 다른 두 점에서 만나도록 하는 k의 값은 다음 그림과 같이 곡선 $y=f(x)$가 곡선 $y=g(x)$ 위의 점 $(2, -4)$를 지날 때 최대가 된다.

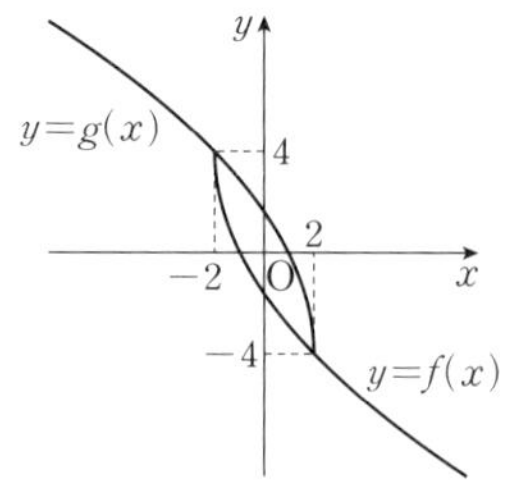

$-4=-\sqrt{2k+2k}+4$

$\sqrt{4k}=8$, $4k=64$ $\quad\therefore k=16$ (참)

따라서 옳은 것은 ㄱ, ㄷ이다.

답 ④

07 두 곡선 $y=2\sqrt{x}$, $y=-\sqrt{x}+6$과 직선 $x=k$로 둘러싸인 영역의 내부 또는 그 경계에 포함되는 점 중 x좌표와 y좌표가 모두 정수인 점의 개수는

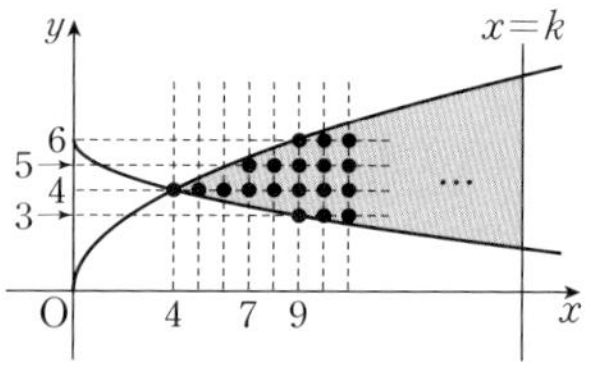

(i) $4\le x<\frac{25}{4}$일 때, 정수인 y좌표는 4뿐이므로 구하는 점의 개수는

$3\times1=3$

(ii) $\frac{25}{4}\le x<9$일 때, 정수인 y좌표는 4, 5이므로 구하는 점의 개수는

$2\times2=4$

(iii) $9\le x<\frac{49}{4}$일 때, 정수인 y좌표는 3, 4, 5, 6이므로 구하는 점의 개수는

$4\times4=16$

(iv) $\frac{49}{4}\le x<16$일 때, 정수인 y좌표는 3, 4, 5, 6, 7이므로 구하는 점의 개수는

$3\times5=15$

(v) $16\le x<\frac{81}{4}$일 때, 정수인 y좌표는 2, 3, 4, 5, 6, 7, 8이므로 구하는 점의 개수는

$5\times7=35$

(i)~(iv)에 의하여 $4\le x<16$일 때, x좌표와 y좌표가 모두 정수인 점의 개수의 합이 38이고, (v)에 의하여 $16\le x\le18$일 때, x좌표와 y좌표가 모두 정수인 점의 개수의 합이 21이다.

따라서 조건을 만족시키는 점의 개수가 59가 되도록 하는 자연수 k의 값은 18이다.

답 18

08 $y=\sqrt{ax-3}+2\left(x\ge\frac{3}{a}\right)$로 놓으면

$y-2=\sqrt{ax-3}$

양변을 제곱하면 $(y-2)^2=ax-3$

$\therefore x=\frac{(y-2)^2}{a}+\frac{3}{a}\ (y\ge2)$

x와 y를 서로 바꾸면

$y=\frac{(x-2)^2}{a}+\frac{3}{a}\ (x\ge2)$

$\therefore f^{-1}(x)=\frac{(x-2)^2}{a}+\frac{3}{a}\ (x\ge2)$

함수 $y=f(x)$의 그래프와 함수 $y=f^{-1}(x)$의 그래프의 개형은 [그림 1]과 같다.

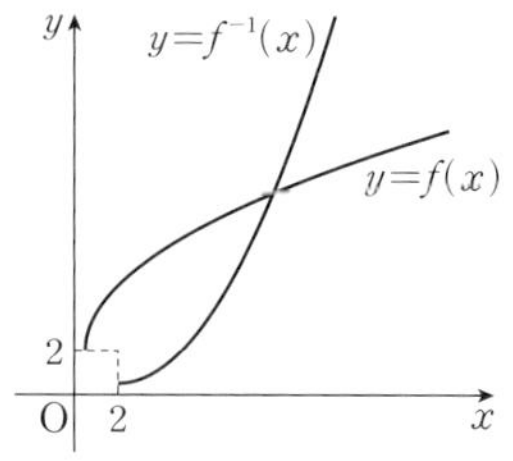

[그림 1]

함수 $g(x)=\begin{cases} f(x) & (f(x)<f^{-1}(x)\text{인 경우}) \\ f^{-1}(x) & (f(x)\geq f^{-1}(x)\text{인 경우}) \end{cases}$는 $x\geq 2$인 실수 x에 대하여 $f(x)$와 $f^{-1}(x)$ 중 크지 않은 값이므로 함수 $y=g(x)$의 그래프의 개형은 [그림 2]와 같다.

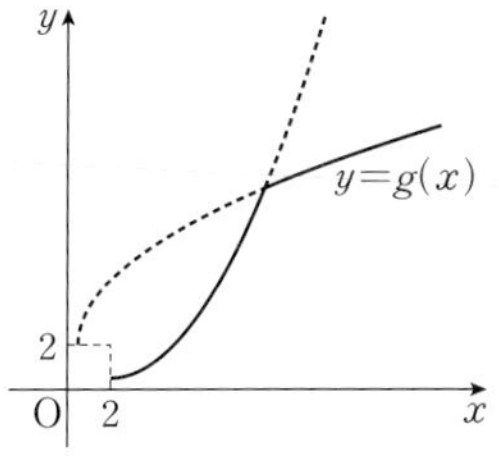

[그림 2]

$f(x)<f^{-1}(x)$인 경우, 자연수 n에 대하여 함수 $y=f(x)$의 그래프와 직선 $y=x-n$이 만나는 서로 다른 점의 개수는 항상 1이다.

따라서 $f(x)\geq f^{-1}(x)$인 경우, 함수 $y=f^{-1}(x)$의 그래프와 직선 $y=x-n$이 만나는 서로 다른 점의 개수와 이에 따른 $h(n)$은 다음과 같다.

(i) 교점의 개수가 1인 경우

[그림 3]과 같이 직선 $y=x-n$이 함수 $y=f^{-1}(x)$의 그래프에 접하는 경우

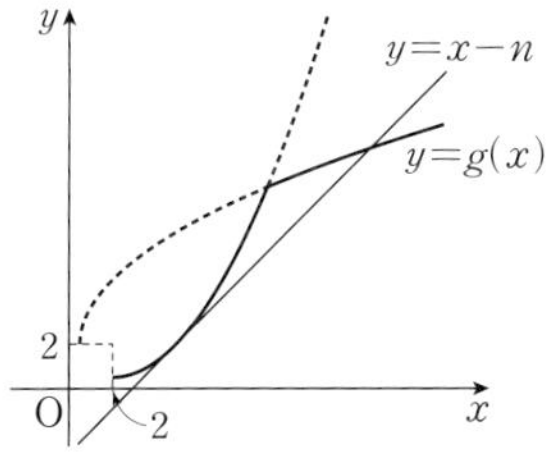

[그림 3]

$\dfrac{(x-2)^2}{a}+\dfrac{3}{a}=x-n$에서 $(x-2)^2+3=ax-an$

$x^2-(a+4)x+an+7=0$

위의 이차방정식의 판별식을 D라 하면

$D=\{-(a+4)\}^2-4(an+7)=0$

$a^2+8a-12-4an=0 \qquad \therefore n=2-\dfrac{3}{a}+\dfrac{a}{4}$

[그림 4]와 같이 함수 $y=f^{-1}(x)$의 그래프 위의 점 $\left(2,\ \dfrac{3}{a}\right)$이 직선 $y=x-n$의 아랫부분에 있는 경우

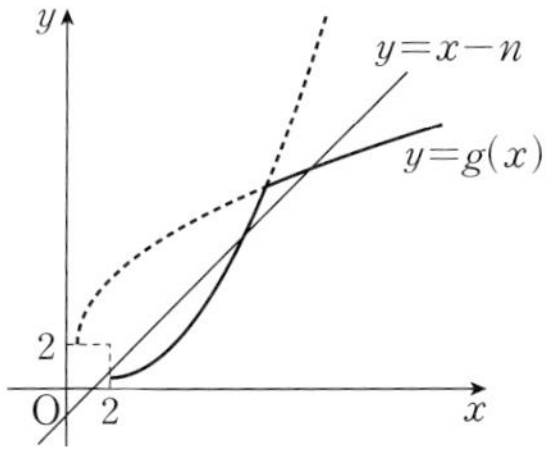

[그림 4]

직선 $y=x-n$ 위의 x좌표가 2인 점의 y좌표인 $2-n$이 $f^{-1}(2)=\dfrac{3}{a}$보다 크므로

$\dfrac{3}{a}<2-n \qquad \therefore n<2-\dfrac{3}{a}$

따라서 함수 $y=f^{-1}(x)$의 그래프와 직선 $y=x-n$이 만나는 서로 다른 점의 개수가 1인 자연수 n의 값의 범위는

$n=2-\dfrac{3}{a}+\dfrac{a}{4}$ 또는 $n<2-\dfrac{3}{a}$

이고 이때 $h(n)=2$이다.

(ii) 교점의 개수가 2인 경우

[그림 5]와 같이 직선 $y=x-n$이 함수 $y=f^{-1}(x)$의 그래프에 접하고 기울기가 1인 직선의 윗부분에 있으면서 직선 $y=x-n$이 함수 $y=f^{-1}(x)$의 그래프 위의 점 $\left(2,\ \dfrac{3}{a}\right)$을 지나거나 점 $\left(2,\ \dfrac{3}{a}\right)$이 직선 $y=x-n$의 윗부분에 있는 경우이다.

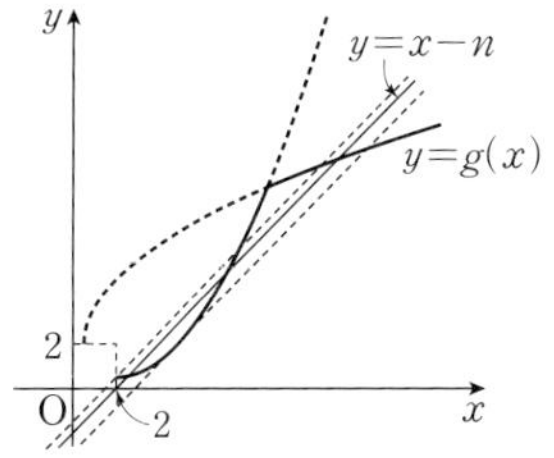

[그림 5]

함수 $y=f^{-1}(x)$의 그래프에 접하고 기울기가 1인 직선 $y=x-2+\dfrac{3}{a}-\dfrac{a}{4}$의 y절편인 $-2+\dfrac{3}{a}-\dfrac{a}{4}$가 직선 $y=x-n$의 y절편인 $-n$보다 작으므로

$-n>-2+\dfrac{3}{a}-\dfrac{a}{4} \qquad \therefore n<2-\dfrac{3}{a}+\dfrac{a}{4}$

직선 $y=x-n$이 함수 $y=f^{-1}(x)$의 그래프 위의 점 $\left(2,\ \dfrac{3}{a}\right)$을 지나면

$\dfrac{3}{a}=2-n \qquad \therefore n=2-\dfrac{3}{a}$

점 $\left(2,\ \dfrac{3}{a}\right)$이 직선 $y=x-n$의 윗부분에 있는 경우는 x좌표가 2일 때 직선 $y=x-n$의 y좌표인 $2-n$이 $f^{-1}(2)=\dfrac{3}{a}$보다 작으므로

$\dfrac{3}{a}>2-n \qquad \therefore n>2-\dfrac{3}{a}$

따라서 함수 $y=f^{-1}(x)$의 그래프와 직선 $y=x-n$이 만나는 서로 다른 점의 개수가 2인 자연수 n의 값의 범위는

$2-\dfrac{3}{a}\leq n<2-\dfrac{3}{a}+\dfrac{a}{4}$

이고 이때 $h(n)=3$이다.

(iii) 교점이 없는 경우

[그림 6]과 같이 직선 $y=x-n$이 함수 $y=f^{-1}(x)$의 그래프에 접하고 기울기가 1인 직선의 아랫부분에 있는 경우이다.

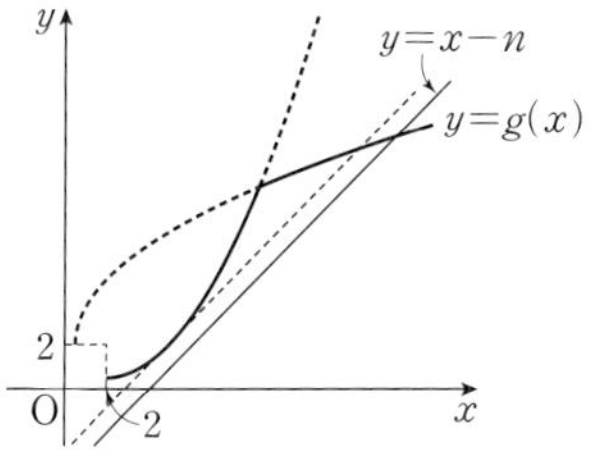

[그림 6]

함수 $y=f^{-1}(x)$의 그래프에 접하고 기울기가 1인 직선

$y=x-2+\frac{3}{a}-\frac{a}{4}$의 y절편인 $-2+\frac{3}{a}-\frac{a}{4}$가 직선

$y=x-n$의 y절편인 $-n$보다 크므로

$-n<-2+\frac{3}{a}-\frac{a}{4}$ $\qquad \therefore n>2-\frac{3}{a}+\frac{a}{4}$

따라서 함수 $y=f^{-1}(x)$의 그래프와 직선 $y=x-n$이 만나는 점이 없는 자연수 n의 값의 범위는

$n>2-\frac{3}{a}+\frac{a}{4}$

이고 이때 $h(n)=1$이다.

(i), (ii), (iii)에 의하여

$$h(n)=\begin{cases} 2 \left(0<n<2-\frac{3}{a}\right) \\ 3 \left(2-\frac{3}{a}\le n<2-\frac{3}{a}+\frac{a}{4}\right) \\ 2 \left(n=2-\frac{3}{a}+\frac{a}{4}\right) \\ 1 \left(n>2-\frac{3}{a}+\frac{a}{4}\right) \end{cases}$$

$h(1)=h(3)<h(2)$를 만족시키려면

$h(1)=2$, $h(3)=2$, $h(2)=3$이어야 한다.

즉,

$0<1<2-\frac{3}{a}$ $\qquad \cdots\cdots$ ㉠

$2-\frac{3}{a}\le 2<2-\frac{3}{a}+\frac{a}{4}$ $\qquad \cdots\cdots$ ㉡

$3=2-\frac{3}{a}+\frac{a}{4}$ $\qquad \cdots\cdots$ ㉢

㉢에서 $\frac{a}{4}-\frac{3}{a}-1=0$

$a^2-4a-12=0$, $(a+2)(a-6)=0$

$\therefore a=6 \left(\because a\ge\frac{3}{2}\right)$

$a=6$을 ㉠에 대입하면

$0<1<2-\frac{3}{6}=\frac{3}{2}$

이므로 ㉠을 만족시키고,

$a=6$을 ㉡에 대입하면

$2-\frac{3}{6}\le 2<2-\frac{3}{6}+\frac{6}{4}$, 즉 $\frac{3}{2}\le 2<3$

이므로 ㉡을 만족시킨다.

따라서 조건을 만족시키는 함수 $g(x)$는 $a=6$일 때인

$$g(x)=\begin{cases} \sqrt{6x-3}+2 & (f(x)<f^{-1}(x)\text{인 경우}) \\ \frac{1}{6}(x-2)^2+\frac{1}{2} & (f(x)\ge f^{-1}(x)\text{인 경우}) \end{cases}$$

이고, 이때 함수 $y=g(x)$의 그래프는 [그림 7]과 같다.

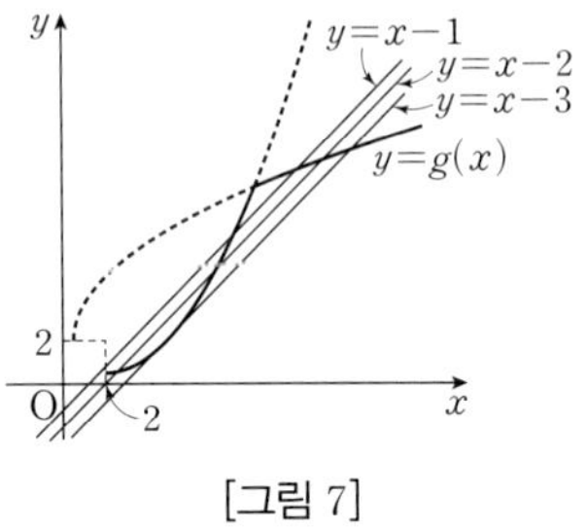

[그림 7]

[그림 8]과 같이 함수 $y=g(x)$의 그래프와 직선 $y=x$의 교점의 x좌표를 k라 하면

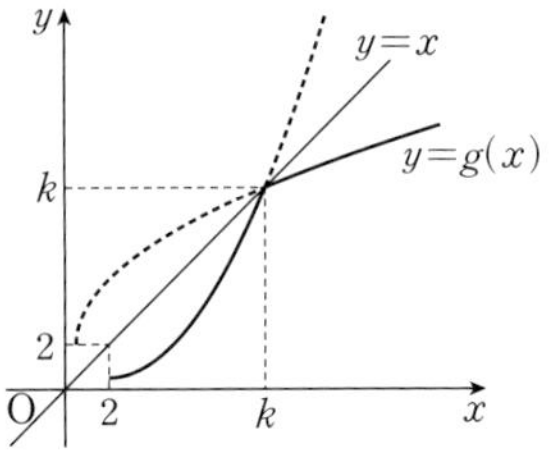

[그림 8]

$\frac{1}{6}(k-2)^2+\frac{1}{2}=k$에서 $k^2-4k+7=6k$

$k^2-10k+7=0$ $\qquad \therefore k=5+3\sqrt{2}$ $(\because k>2)$

따라서 함수 $g(x)$는

$$g(x)=\begin{cases} \sqrt{6x-3}+2 & (x>5+3\sqrt{2}) \\ \frac{1}{6}(x-2)^2+\frac{1}{2} & (2\le x\le 5+3\sqrt{2}) \end{cases}$$

이므로

$g(4)=\frac{1}{6}(4-2)^2+\frac{1}{2}=\frac{7}{6}$

따라서 $p=6$, $q=7$이므로

$p+q=6+7=13$

답 13

08강 순열과 조합

기본 다지기

| 본문 56쪽 |

1 ⑤ 2 12 3 ④ 4 ③ 5 30
6 40

1 남학생을 대표로 뽑는 경우의 수는 4
여학생을 대표로 뽑는 경우의 수는 5
따라서 구하는 경우의 수는
$4+5=9$ 답 ⑤

2 빵을 1개 택하는 경우의 수는 3
그 각각에 대하여 음료수를 1개 택하는 경우의 수는 4
따라서 구하는 경우의 수는
$3\times4=12$ 답 12

3 ${}_6P_2=6\times5=30$ 답 ④

4 A와 B를 한 묶음으로 생각하여 4명을 일렬로 세우는 경우의 수는
$4!=4\times3\times2\times1=24$
각 경우에 대하여 A와 B가 자리를 바꾸는 경우의 수는
$2!=2\times1=2$
따라서 구하는 경우의 수는
$24\times2=48$ 답 ③

5 ${}_5P_2+{}_5C_2=5\times4+\frac{5\times4}{2\times1}=20+10=30$ 답 30

6 남학생 4명 중에서 대표 1명을 뽑는 경우의 수는
${}_4C_1=4$
여학생 5명 중에서 대표 2명을 뽑는 경우의 수는
${}_5C_2=\frac{5\times4}{2\times1}=10$
따라서 구하는 경우의 수는
$4\times10=40$ 답 40

1 STEP 필수 유형 다지기

| 본문 57~59쪽 |

01 ④ 02 ④ 03 189 04 20 05 ④ 06 ②
07 54 08 9 09 ④ 10 100 11 ③ 12 ③
13 3600 14 ② 15 ⑤ 16 ④ 17 ① 18 44
19 54 20 ② 21 ⑤

01 1부터 100까지의 자연수 중에서 3으로 나누어떨어지는 수는 33개, 5로 나누어떨어지는 수는 20개이다.
이때 3과 5로 모두 나누어떨어지는 수, 즉 15로 나누어떨어지는 수는 6개이다.
따라서 구하는 자연수의 개수는
$33+20-6=47$ 답 ④

02 (i) $a=1$일 때
$2b\le10$에서 $b\le5$이므로 $a\in A$, $b\in B$인 순서쌍 (a, b)는
$(1, 1)$, $(1, 2)$, $(1, 3)$, $(1, 4)$, $(1, 5)$의 5개
(ii) $a=2$일 때
$3b\le10$에서 $b\le\frac{10}{3}$이므로 $a\in A$, $b\in B$인 순서쌍 (a, b)는 $(2, 1)$, $(2, 2)$ $(2, 3)$의 3개
(iii) $a=3$일 때
$4b\le10$에서 $b\le\frac{5}{2}$이므로 $a\in A$, $b\in B$인 순서쌍 (a, b)는 $(3, 1)$, $(3, 2)$의 2개
(i), (ii), (iii)에 의하여 구하는 순서쌍의 개수는
$5+3+2=10$ 답 ④

03 세 수의 곱이 짝수인 경우는 세 수 중 적어도 하나가 짝수인 경우이므로 서로 다른 3개의 주사위를 동시에 던져서 나오는 세 눈의 수의 곱이 짝수인 경우의 수는 전체 경우의 수에서 나오는 세 눈의 수가 모두 홀수인 경우의 수를 뺀 것과 같다.
3개의 주사위를 던져서 나올 수 있는 모든 경우의 수는
$6\times6\times6=216$ ········❶
주사위에서 홀수의 눈은 1, 3, 5로 3가지이므로 나오는 세 눈의 수가 모두 홀수인 경우의 수는
$3\times3\times3=27$ ········❷
따라서 구하는 경우의 수는
$216-27=189$ ········❸
답 189

단계	채점 기준	배점
❶	모든 경우의 수 구하기	40 %
❷	세 눈의 수의 곱이 홀수인 경우의 수 구하기	40 %
❸	세 눈의 수의 곱이 짝수인 경우의 수 구하기	20 %

04 A 지점에서 D 지점으로 가는 경로는 다음과 같다.
(i) A → B → D로 가는 경우
A 지점에서 B 지점으로 가는 방법이 3가지, B 지점에서 D 지점으로 가는 방법이 4가지이므로 A 지점에서 B 지점을 거쳐 D 지점으로 가는 경우의 수는 $3\times4=12$
(ii) A → C → D로 가는 경우
A 지점에서 C 지점으로 가는 방법이 4가지, C 지점에서 D 지점으로 가는 방법이 2가지이므로 A 지점에서 C 지점을 거쳐 D 지점으로 가는 경우의 수는 $4\times2=8$

(i), (ii)에 의하여 구하는 경우의 수는

$12+8=20$

답 20

05 다른 영역과 가장 많이 이웃하고 있는 영역인 B에 칠하는 색을 먼저 정한다.

B에 칠할 수 있는 색은 4가지

A에 칠할 수 있는 색은 B에 칠한 색을 제외한 3가지

E에 칠할 수 있는 색은 A와 B에 칠한 색을 제외한 2가지

D에 칠할 수 있는 색은 B와 E에 칠한 색을 제외한 2가지

C에 칠할 수 있는 색은 B와 D에 칠한 색을 제외한 2가지

따라서 구하는 경우의 수는

$4\times3\times2\times2\times2=96$

답 ④

06 공약수는 최대공약수의 약수이므로 두 자연수 180, 450의 양의 공약수는 두 수의 최대공약수인 90의 양의 약수의 개수와 같다.

90을 소인수분해하면 $90=2\times3^2\times5$

2의 양의 약수는 1, 2의 2개

3^2의 양의 약수는 1, 3, 3^2의 3개

5의 양의 약수는 1, 5의 2개

따라서 구하는 양의 약수의 개수는

$2\times3\times2=12$

답 ②

Core 특강

자연수의 양의 약수의 개수

자연수 N이

$N=a^m\times b^n$ (a와 b는 서로 다른 소수, m, n은 자연수)

으로 소인수분해될 때, N의 양의 약수의 개수는

$(m+1)\times(n+1)$

07 500원짜리 동전 2개로 지불하는 금액과 1000원짜리 지폐 1장으로 지불하는 금액이 같으므로 1000원짜리 지폐 4장을 500원짜리 동전 8개로 바꾸면 지불할 수 있는 금액의 수는 100원짜리 동전 4개, 500원짜리 동전 10개로 지불하는 방법의 수와 같다.

100원짜리 동전 4개로 지불할 수 있는 금액은

0원, 100원, 200원, 300원, 400원

의 5가지

500원짜리 동전 10개로 지불할 수 있는 금액은

0원, 500원, 1000원, 1500원, ⋯, 5000원

의 11가지

이때 0원을 지불하는 경우는 제외하므로 구하는 금액의 수는

$5\times11-1=54$

답 54

Core 특강

지불 방법의 수와 지불 금액의 수

(1) 지불 방법의 수: 0원을 지불하는 경우를 제외하고 500원짜리 동전 a개, 100원짜리 동전 b개, 10원짜리 동전 c개로 지불하는 방법의 수는

$(a+1)(b+1)(c+1)-1$

(2) 지불 금액의 수: 금액이 다른 동전(지폐)으로 지불할 수 있는 금액이 같으면 금액이 큰 동전(지폐)을 금액이 작은 동전(지폐)으로 바꾸어 생각한다.

08 네 학생 A, B, C, D의 답안지를 각각 a, b, c, d라 하면 자신의 답안지가 아닌 다른 사람의 답안지를 채점하는 경우는 오른쪽과 같다.

따라서 구하는 경우의 수는 9이다.

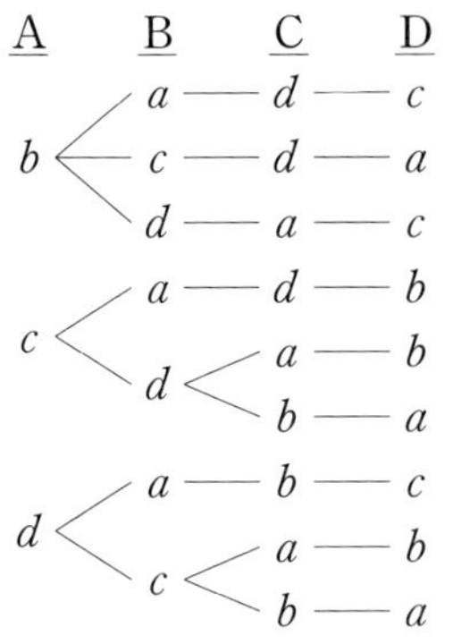

답 9

09 주어진 숫자 카드로 만들 수 있는 네 자리 자연수 중 짝수는 $\square\square\square0$, $\square\square\square2$, $\square\square\square4$인 경우이다.

(i) $\square\square\square0$인 경우

나머지 세 자리에 올 수 있는 숫자는 일의 자리에 온 0을 제외한 5개 중 3개이므로 이때의 짝수의 개수는

${}_5P_3=5\times4\times3=60$

(ii) $\square\square\square2$ 또는 $\square\square\square4$인 경우

천의 자리에 올 수 있는 숫자는 0과 일의 자리에 온 숫자를 제외한 4개, 백의 자리와 십의 자리에 올 수 있는 숫자는 천의 자리와 일의 자리에 온 숫자를 제외한 4개 중 2개이므로 이때의 짝수의 개수는

$2\times(4\times{}_4P_2)=2\times4\times4\times3=96$

(i), (ii)에 의하여 구하는 네 자리 짝수의 개수는

$60+96=156$

답 ④

10 주어진 숫자로 만들 수 있는 네 자리 자연수 중 3000보다 작은 홀수는 일의 자리 숫자가 1 또는 3 또는 5이고, 천의 자리 숫자는 1 또는 2인 수이므로

$1\square\square3$, $1\square\square5$, $2\square\square1$, $2\square\square3$, $2\square\square5$

의 5가지이다.

이때 각 경우에서 백의 자리와 십의 자리에 올 수 있는 숫자는 천의 자리와 일의 자리에 사용한 2개의 숫자를 제외하고 남은 5개의 숫자 중 2개이므로 백의 자리와 십의 자리에 올 수 있는 숫자를 정하는 경우의 수는

${}_5P_2=5\times4=20$

따라서 구하는 경우의 수는

$5\times20=100$

답 100

11 남학생을 한 묶음으로 생각하여 5명을 일렬로 세우는 경우의 수는

$5!=5\times4\times3\times2\times1=120$

남학생끼리 자리를 바꾸는 경우의 수는

$3!=3\times2\times1=6$

따라서 구하는 경우의 수는

$120\times6=720$

답 ③

12 로즈메리 화분 3개를 일렬로 나열하는 경우의 수는

$3!=3\times2\times1=6$

라벤더 화분 3개를 일렬로 나열하는 경우의 수는

$3!=3\times2\times1=6$

로즈메리 화분과 라벤더 화분을 번갈아 놓는 경우는

로 라 로 라 로 라 또는 라 로 라 로 라 로

의 2가지이다.

따라서 구하는 경우의 수는

$6\times6\times2=72$ 답 ③

13 여학생 5명을 일렬로 세우는 경우의 수는

$5!=5\times4\times3\times2\times1=120$

여학생들의 양 끝과 사이사이의 6개의 자리에 남학생 2명을 세우는 경우의 수는

${}_6P_2=6\times5=30$

따라서 구하는 경우의 수는

$120\times30=3600$ 답 3600

(다른 풀이) 남학생 2명, 여학생 5명을 일렬로 세우는 전체 경우의 수에서 남학생끼리 이웃하게 세우는 경우의 수를 빼어서 구할 수도 있다.

남학생 2명, 여학생 5명의 7명을 일렬로 세우는 경우의 수는 $7!$

남학생 2명을 한 묶음으로 생각하여 6명을 일렬로 세우는 경우의 수는 $6!$

이때 남학생 2명이 자리를 바꾸는 경우의 수는 2

따라서 구하는 경우의 수는

$7!-6!\times2=3600$

14 전체 경우의 수에서 양 끝에 모두 자음이 오는 경우의 수를 빼어서 구하면 된다.

6개의 문자를 일렬로 나열하는 경우의 수는

$6!=6\times5\times4\times3\times2\times1=720$

자음은 P, R, N, C의 4개이므로 양 끝에 모두 자음이 오도록 나열하는 경우의 수는

${}_4P_2\times4!=4\times3\times4\times3\times2\times1=288$

따라서 구하는 경우의 수는

$720-288=432$ 답 ②

15 만들 수 있는 전체 네 자리 자연수의 개수에서 6의 약수가 하나도 포함되지 않은 네 자리 자연수의 개수를 빼어서 구하면 된다.

8장의 카드 중에서 4장의 카드를 택하여 만들 수 있는 네 자리 자연수의 개수는

${}_8P_4=8\times7\times6\times5=1680$

6의 약수가 아닌 4, 5, 7, 8이 적힌 4장의 카드를 택하여 만들 수 있는 네 자리 자연수의 개수는

$4!=4\times3\times2\times1=24$

따라서 구하는 자연수의 개수는

$1680-24=1656$ 답 ⑤

16 1학년 학생 5명 중에서 1명을 뽑는 경우의 수는

${}_5C_1=5$

2학년 학생 7명 중에서 2명을 뽑는 경우의 수는

${}_7C_2=\dfrac{7\times6}{2\times1}=21$

뽑은 3명의 토론 순서를 정하는 경우의 수는

$3!=3\times2\times1=6$

따라서 구하는 경우의 수는

$5\times21\times6=630$ 답 ④

Core 특강

뽑아서 나열하는 경우의 수

m개 중에서 a개, n개 중에서 b개를 뽑아 일렬로 나열하는 경우의 수

→ ${}_mC_a\times{}_nC_b\times(a+b)!$

17 남학생 대표 1명, 여학생 대표 2명을 뽑는 경우의 수는

${}_nC_1\times{}_{8-n}C_2=30$이므로

$n\times\dfrac{(8-n)(7-n)}{2}=30$

$n^3-15n^2+56n-60=0$

$(n-2)(n^2-13n+30)=0$

$(n-2)(n-3)(n-10)=0$

2	1	−15	56	−60
		2	−26	60
	1	−13	30	0

$\therefore n=2$ 또는 $n=3$ ($\because 1\le n\le6$)

따라서 조건을 만족시키는 모든 자연수 n의 값의 합은

$2+3=5$ 답 ①

18 1부터 9까지의 자연수 중에서 홀수는 1, 3, 5, 7, 9, 짝수는 2, 4, 6, 8이다.

이때 서로 다른 6장의 카드를 선택하여 그 합이 홀수인 경우는 카드에 적혀 있는 수가 홀수인 것 3장과 짝수인 것 3장, 홀수인 것 5장과 짝수인 것 1장일 때이다.

(i) 홀수가 3장, 짝수가 3장인 경우의 수

$${}_5C_3\times{}_4C_3={}_5C_2\times{}_4C_1=\frac{5\times4}{2\times1}\times4=40$$

(ii) 홀수가 5장, 짝수가 1장인 경우의 수

$${}_5C_5\times{}_4C_1=1\times4=4$$

(i), (ii)에 의하여 구하는 경우의 수는 $40+4=44$ 답 44

19 각 가로줄에 진열하는 모자의 개수를 정하는 경우의 수는

$3!=3\times2\times1=6$ ❶

하나의 가로줄 3칸에 모자를 1개 진열하는 경우의 수는 ${}_3C_1=3$

2개 진열하는 경우의 수는 ${}_3C_2={}_3C_1=3$

3개를 진열하는 경우의 수는 ${}_3C_3=1$ ❷

따라서 구하는 경우의 수는 $6\times3\times3\times1=54$ ❸

답 54

단계	채점 기준	배점
❶	세 가로줄에 진열하는 모자의 개수를 정하는 경우의 수 구하기	40 %
❷	가로줄 세 칸에 모자를 진열하는 경우의 수 구하기	40 %
❸	조건을 만족시키는 경우의 수 구하기	20 %

20 (i) 직선 l 위의 점 1개, 직선 m 위의 점 2개를 택하여 만들 수 있는 삼각형의 개수는 ${}_3C_1 \times {}_4C_2 = 3 \times \frac{4 \times 3}{2 \times 1} = 18$

(ii) 직선 l 위의 점 2개, 직선 m 위의 점 1개를 택하여 만들 수 있는 삼각형의 개수는 ${}_3C_2 \times {}_4C_1 = 3 \times 4 = 12$

(i), (ii)에 의하여 구하는 삼각형의 개수는 $18+12=30$ 답 ②

다른 풀이 7개의 점 중에서 3개의 점을 택하는 경우의 수는 ${}_7C_3$

이때 한 직선 위의 3개의 점으로는 삼각형을 만들 수 없다.

직선 l 위의 3개의 점을 택하는 경우의 수는 ${}_3C_3$

직선 m 위의 3개의 점을 택하는 경우의 수는 ${}_4C_3$

따라서 구하는 삼각형의 개수는

${}_7C_3 - ({}_3C_3 + {}_4C_3) = 35 - (1+4) = 30$

21 가로로 놓인 7개의 평행선 중에서 2개, 세로로 놓인 4개의 평행선 중에서 2개를 택하면 하나의 평행사변형이 만들어진다.

따라서 구하는 평행사변형의 개수는

${}_7C_2 \times {}_4C_2 = \frac{7 \times 6}{2 \times 1} \times \frac{4 \times 3}{2 \times 1} = 126$ 답 ⑤

2 STEP 출제 유형 PICK

| 본문 60~61쪽 |

대표 문제 1 ②	1-1 ③	
대표 문제 2 ④	2-1 ③	2-2 157
대표 문제 3 ②	3-1 20	3-2 60
대표 문제 4 30	4-1 36	4-2 ②

대표 문제 1 인접한 영역이 가장 많은 영역인 E부터 색을 칠한다. 또, A와 C, B와 D는 인접하지 않으므로 같은 색을 칠할 수 있다.

즉, E, A, B, C, D의 순서로 색을 칠한다.

E에 칠할 수 있는 색은 5가지,

A에 칠할 수 있는 색은 E에 칠한 색을 제외한 4가지,

B에 칠할 수 있는 색은 E, A에 칠한 색을 제외한 3가지이다.

(i) C에 A와 같은 색을 칠하는 경우

C에 칠할 수 있는 색은 1가지,

D에 칠할 수 있는 색은 E, A에 칠한 색을 제외한 3가지이므로 C와 D를 칠하는 경우의 수는

$1 \times 3 = 3$

(ii) C에 A와 다른 색을 칠하는 경우

C에 칠할 수 있는 색은 E, A, B에 칠한 색을 제외한 2가지,

D에 칠할 수 있는 색은 E, A, C에 칠한 색을 제외한 2가지이므로 C와 D를 칠하는 경우의 수는

$2 \times 2 = 4$

(i), (ii)에 의하여 구하는 경우의 수는

$5 \times 4 \times 3 \times (3+4) = 420$ 답 ②

1-1 주어진 조건에 의하여 1, 6이 적힌 정사각형에 색을 칠한 후 2, 3, 5, 4가 적힌 정사각형의 순서로 색을 칠하면 된다.

1이 적힌 정사각형에 칠할 수 있는 색은 4가지,

6이 적힌 정사각형에 칠할 수 있는 색은 조건 (가)에 의하여 1이 적힌 정사각형에 칠한 색과 같으므로 1가지,

2가 적힌 정사각형에 칠할 수 있는 색은 1이 적힌 정사각형에 칠한 색을 제외한 3가지,

3이 적힌 정사각형에 칠할 수 있는 색은 2, 6이 적힌 정사각형에 칠한 색을 제외한 2가지,

5가 적힌 정사각형에 칠할 수 있는 색은 2, 6이 적힌 정사각형에 칠한 색을 제외한 2가지,

4가 적힌 정사각형에 칠할 수 있는 색은 1, 5가 적힌 정사각형에 칠한 색을 제외한 2가지이다.

따라서 구하는 경우의 수는

$4 \times 1 \times 3 \times 2 \times 2 \times 2 = 96$ 답 ③

대표 문제 2 5□□□□□ 꼴인 자연수의 개수는 $5! = 120$

45□□□□ 꼴인 자연수의 개수는 $4! = 24$

43□□□□ 꼴인 자연수의 개수는 $4! = 24$

42□□□□ 꼴인 자연수의 개수는 $4! = 24$

415□□□ 꼴인 자연수의 개수는 $3! = 6$

따라서 543210부터 415023까지의 자연수의 개수는

$120+24+24+24+6=198$

이므로 구하는 수는 413520, 413502, …, 102345에서 413502이다. 답 ④

2-1 A□□□□ 꼴인 문자열의 개수는 $4! = 24$

B□□□□ 꼴인 문자열의 개수는 $4! = 24$

C□□□□ 꼴인 문자열의 개수는 $4! = 24$

DA□□□ 꼴인 문자열의 개수는 $3! = 6$

이때 $24+24+24+6=78$이므로 80번째로 나타나는 문자열은 DB□□□ 꼴인 문자열 중 2번째 문자열이다.

DBACE, DBAEC, …, EDCBA

따라서 80번째로 나타나는 문자열은 DBAEC이므로 이 문자열의 마지막 문자는 C이다. 답 ③

2-2 한 자리의 자연수의 개수는 4

두 자리의 자연수의 개수는 $4 \times {}_4P_1 = 4 \times 4 = 16$

세 자리의 자연수의 개수는 $4 \times {}_4P_2 = 4 \times 12 = 48$

1□□□ 꼴인 자연수의 개수는 ${}_4P_3 = 24$

2□□□ 꼴인 자연수의 개수는 ${}_4P_3 = 24$

3□□□ 꼴인 자연수의 개수는 ${}_4P_3 = 24$

40□□ 꼴인 자연수의 개수는 ${}_3P_2 = 6$

41□□ 꼴인 자연수의 개수는 ${}_3P_2 = 6$

420□ 꼴인 자연수의 개수는 $_2P_1=2$

421□ 꼴인 자연수의 개수는 $_2P_1=2$

4230

따라서 4231보다 작은 자연수의 개수는

$4+16+48+24+24+24+6+6+2+2+1=157$ 답 157

대표문제 3 조건 (가), (나)에 의하여 $f(3)$의 값이 될 수 있는 수는 3, 4, 5이다.

(i) $f(3)=3$일 때

$f(1)=1$, $f(2)=2$, $3<f(4)<f(5)$이어야 하므로 공역의 원소 4, 5, 6, 7 중에서 서로 다른 2개를 택하여 작은 수부터 차례대로 정의역의 원소 4, 5에 대응시키면 된다.

따라서 이 경우의 수는 $_4C_2=6$

(ii) $f(3)=4$일 때

$f(1)<f(2)<4$, $4<f(4)<f(5)$이어야 하므로 공역의 원소 1, 2, 3 중에서 서로 다른 2개를 택하여 작은 수부터 차례대로 정의역의 원소 1, 2에 대응시키고, 5, 6, 7 중에서 서로 다른 2개를 택하여 작은 수부터 차례대로 정의역의 원소 4, 5에 대응시키면 된다.

따라서 이 경우의 수는

$_3C_2\times{}_3C_2=3\times3=9$

(iii) $f(3)=5$일 때

$f(1)<f(2)<5$, $f(4)=6$, $f(5)=7$이어야 하므로 공역의 원소 1, 2, 3, 4 중에서 서로 다른 2개를 택하여 작은 수부터 차례대로 정의역의 원소 1, 2에 대응시키면 된다.

따라서 이 경우의 수는 $_4C_2=6$

(i), (ii), (iii)에 의하여 구하는 함수 f의 개수는

$6+9+6=21$ 답 ②

3-1 $7=1+1+1+4=1+1+2+3=1+2+2+2$

(i) $f(1)$, $f(2)$, $f(3)$, $f(4)$의 값이 1, 1, 1, 4인 경우

정의역의 원소 중에서 함숫값 4에 대응시킬 원소를 택하는 경우의 수는 $_4C_1=4$이고 나머지 원소는 모두 1에 대응시키면 되므로 이 경우의 수는

$4\times1=4$

(ii) $f(1)$, $f(2)$, $f(3)$, $f(4)$의 값이 1, 1, 2, 3인 경우

정의역의 원소 중에서 함숫값 2, 3에 대응시킬 원소를 택하는 경우의 수는 $_4P_2=12$이고 나머지 원소는 모두 1에 대응시키면 되므로 이 경우의 수는

$12\times1=12$

(iii) $f(1)$, $f(2)$, $f(3)$, $f(4)$의 값이 1, 2, 2, 2인 경우

정의역의 원소 중에서 함숫값 1에 대응시킬 원소를 택하는 경우의 수는 $_4C_1=4$이고 나머지 원소는 모두 2에 대응시키면 되므로 이 경우의 수는

$4\times1=4$

(i), (ii), (iii)에 의하여 구하는 함수 f의 개수는

$4+12+4=20$ 답 20

3-2 조건 (나)를 만족시키는 a의 값이 될 수 있는 X의 세 원소를 a_1, a_2, a_3이라 하고, 나머지 두 원소를 b_1, b_2라 하자.

X의 세 원소 a_1, a_2, a_3을 택하는 경우의 수는

$_5C_3={}_5C_2=10$

한편, 조건 (가)를 만족시키려면 b_1, b_2 중 한 개를 택하여 $f(b_1)=b_2$ 또는 $f(b_2)=b_1$이 되도록 대응시켜야 하므로 이 경우의 수는

$_2C_1=2$

남은 한 개의 원소에 대한 함숫값은 a_1, a_2, a_3 중 하나가 되어야 하므로 이 경우의 수는

$_3C_1=3$

따라서 구하는 함수 f의 개수는

$10\times2\times3=60$ 답 60

대표문제 4 10개의 점으로 만들 수 있는 지름은 5개이고, 오른쪽 그림과 같이 1개의 지름에 대하여 8개의 직각삼각형을 만들 수 있으므로 만들 수 있는 직각삼각형의 개수는

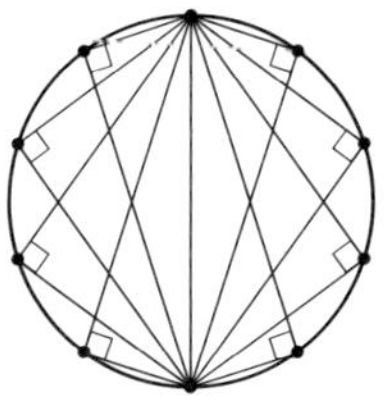

$5\times8=40$

원에 내접하는 직사각형의 두 대각선의 교점은 원의 중심이고, 오른쪽 그림과 같이 2개의 지름에 대하여 1개의 직사각형을 만들 수 있으므로 만들 수 있는 직사각형의 개수는

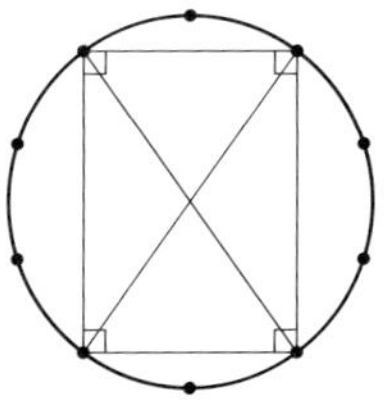

$_5C_2=10$

따라서 $a=40$, $b=10$이므로

$a-b=40-10=30$ 답 30

4-1 오른쪽 그림과 같이 주어진 도형의 가로줄을 위에서부터 차례로 a, b, c, d라 하면 직사각형의 윗변과 아랫변을 택하는 경우에 따라 다음과 같이 나누어 생각할 수 있다.

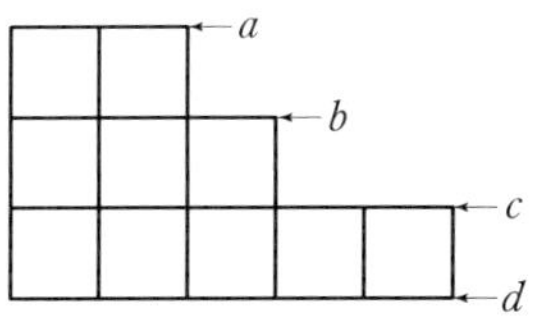

(i) 직사각형의 윗변과 아랫변이 각각 a, b인 경우

택할 수 있는 세로줄은 3개이고 그중 2개를 택하면 직사각형을 만들 수 있으므로 만들어지는 직사각형의 개수는

$_3C_2=3$

(ii) 직사각형의 윗변과 아랫변이 각각 a, c인 경우

택할 수 있는 세로줄은 3개이고 그중 2개를 택하면 직사각형을 만들 수 있으므로 만들어지는 직사각형의 개수는

$_3C_2=3$

(iii) 직사각형의 윗변과 아랫변이 각각 a, d인 경우

택할 수 있는 세로줄은 3개이고 그중 2개를 택하면 직사각형을 만들 수 있으므로 만들어지는 직사각형의 개수는

$_3C_2=3$

(iv) 직사각형의 윗변과 아랫변이 각각 b, c인 경우
택할 수 있는 세로줄은 4개이고 그중 2개를 택하면 직사각형을 만들 수 있으므로 만들어지는 직사각형의 개수는
$_4C_2=6$

(v) 직사각형의 윗변과 아랫변이 각각 b, d인 경우
택할 수 있는 세로줄은 4개이고 그중 2개를 택하면 직사각형을 만들 수 있으므로 만들어지는 직사각형의 개수는
$_4C_2=6$

(vi) 직사각형의 윗변과 아랫변이 각각 c, d인 경우
택할 수 있는 세로줄은 6개이고 그중 2개를 택하면 직사각형을 만들 수 있으므로 만들어지는 직사각형의 개수는
$_6C_2=15$

(i) ~ (vi)에 의하여 구하는 직사각형의 개수는
$3+3+3+6+6+15=36$ 답 36

4-2 주어진 삼각형을 포함하는 사각형의 한 꼭짓점은 반드시 원점 $(0, 0)$이어야 하고, 나머지 세 꼭짓점은 각각 다음과 같은 점 중에서 택해야 한다.
(i) x축 위의 점 $(4, 0)$, $(8, 0)$ 중에서 1개
(ii) y축 위의 점 $(0, 4)$, $(0, 8)$ 중에서 1개
(iii) 제1사분면 위의 점 $(4, 4)$, $(4, 8)$, $(8, 4)$, $(8, 8)$ 중에서 1개

(i), (ii), (iii)에서 원점을 제외한 나머지 세 꼭짓점을 택하는 방법의 수는
$_2C_1\times{}_2C_1\times{}_4C_1=2\times2\times4=16$
그런데 네 점 $(0, 0)$, $(8, 0)$, $(4, 4)$, $(0, 8)$을 택하면 사각형을 만들 수 없으므로 구하는 사각형의 개수는
$16-1=15$ 답 ②

3STEP 만점 도전 하기

| 본문 62~63쪽 |

01 20 **02** ② **03** ⑤ **04** 288 **05** ④ **06** 64
07 396 **08** 960 **09** 9

01 $U=\{1, 2, 3, 4, 5, 6, 7\}$의 부분집합을 $A=\{a, b, c\}$ $(a<b<c)$라 할 때, $c\le4$이면 $a+b+c\le9$이므로 $a+b+c\ge12$이려면 $c\ge5$이어야 한다. 즉, 집합 A는 5, 6, 7 중 하나 이상을 원소로 가져야 한다.
(i) $A=\{5, 6, 7\}$일 경우 원소의 합이 $5+6+7=18$로 주어진 조건을 만족시킨다.
(ii) 5, 6, 7 중 2개가 집합 A의 원소일 경우
집합 A의 남은 하나의 원소는 1, 2, 3, 4 중 어느 것이어도 원소의 합이 12 이상이 되므로 집합 A의 개수는
$_3C_2\times{}_4C_1=3\times4=12$
(iii) 5, 6, 7 중 1개가 집합 A의 원소일 경우
㉠ $5\in A$, $6\notin A$, $7\notin A$일 때
집합 A의 남은 두 원소는 3, 4가 되어야만 원소의 합이 12 이상이 되므로 집합 A의 개수는 1
㉡ $6\in A$, $5\notin A$, $7\notin A$일 때
4는 반드시 집합 A의 원소가 되어야 하고 남은 하나의 원소는 2 또는 3이 되어야 하므로 집합 A의 개수는 2
㉢ $7\in A$, $5\notin A$, $6\notin A$, $4\in A$일 때
집합 A의 남은 하나의 원소는 1, 2, 3 중 어느 것이어도 원소의 합이 12 이상이 되므로 집합 A의 개수는 3
㉣ $7\in A$, $5\notin A$, $6\notin A$, $4\notin A$일 때
집합 A의 남은 두 원소는 2, 3이 되어야 원소의 합이 12 이상이 되므로 집합 A의 개수는 1

(i), (ii), (iii)에 의하여 조건을 만족시키는 부분집합의 개수는
$1+12+1+2+3+1=20$ 답 20

02 $f: X \longrightarrow Y$가 일대일함수가 되려면 $n(X)\le n(Y)$를 만족시켜야 한다.
그런데 $n(X-Y)+n(Y)=n(U)$에서
$n(X-Y)=1$, $n(U)=4$이므로 $n(Y)=3$
따라서 $n(X)=1$ 또는 $n(X)=2$ 또는 $n(X)=3$이다.
(i) $n(X)=1$인 경우
$n(X\cap Y)=0$, $n(X-Y)=1$, $n(Y-X)=3$이고 함수 $f: X \longrightarrow Y$가 일대일함수이므로
$_4C_0\times{}_4C_1\times{}_3C_3\times{}_3P_1=1\times4\times1\times3=12$
(ii) $n(X)=2$인 경우
$n(X\cap Y)=1$, $n(X-Y)=1$, $n(Y-X)=2$이고 함수 $f: X \longrightarrow Y$가 일대일함수이므로
$_4C_1\times{}_3C_1\times{}_2C_2\times{}_3P_2=4\times3\times1\times6=72$
(iii) $n(X)=3$인 경우
$n(X\cap Y)=2$, $n(X-Y)=1$, $n(Y-X)=1$이고 함수 $f: X \longrightarrow Y$가 일대일함수이므로
$_4C_2\times{}_2C_1\times{}_1C_1\times{}_3P_3=6\times2\times1\times6=72$

(i), (ii), (iii)에 의하여 함수 $f: X \longrightarrow Y$가 일대일함수가 되도록 하는 함수 f의 개수는 $12+72+72=156$ 답 ②

03 같은 방향으로 움직이는 사람끼리는 만나지 않고 다른 방향으로 움직이는 사람과는 2번 만나게 된다.
(i) 모든 사람이 같은 방향으로 움직이는 경우
처음 자기 위치로 돌아올 때까지 어느 누구도 만나지 않는다.
(ii) 다섯 사람 중 한 사람만 다른 방향으로 움직이는 경우
같은 방향으로 움직이는 네 사람끼리는 만나지 않고, 4명의 사람이 다른 방향으로 움직이는 한 사람과 각각 2번씩 만나게 되므로 총 만난 횟수는
$4\times2=8$

(iii) 다섯 사람 중 두 사람이 다른 방향으로 움직이는 경우
(예를 들어 세 사람이 시계 방향으로 움직이고 다른 두 사람은 시계 반대 방향으로 움직이는 경우)
시계 방향으로 움직이는 사람끼리는 만나지 않고 시계 반대 방향으로 움직이는 사람끼리는 만나지 않는다. 따라서 시계 반대 방향으로 움직이는 두 사람은 각각 시계 방향으로 움직이는 세 사람과 2번씩 만나게 되므로 모든 사람 사이에 만난 총 횟수는
$3\times2\times2=12$

따라서 (iii)과 같이 움직이는 경우의 수는 5명 중에서 다른 방향으로 움직이는 사람 2명을 뽑고 그 사람이 시계 방향 또는 시계 반대 방향으로 움직일 수 있으므로
${}_5C_2\times2=20$ 답 ⑤

04 B팀이 A팀에 게임 스코어 2 : 1로 승리하려면 A팀에서 2명, B팀에서 2명의 선수가 경기에 출전해야 하므로 각 팀에서 경기에 출전하는 선수를 정하는 경우의 수는
${}_4C_2\times{}_4C_2=6\times6=36$
B팀이 A팀에 게임 스코어 2 : 1로 승리하는 경우를 나누어 보면 다음과 같다.

	제1경기 승리 팀	제2경기 승리 팀	제3경기 승리 팀
㉠	B	A	B
㉡	A	B	B

㉠의 경우
A팀에서 경기에 출전한 선수 두 명 중 제1경기에 출전한 선수와 제2, 3경기에 출전한 선수를 구분하고, B팀에서 경기에 출전한 선수 두 명 중 제1, 2경기에 출전한 선수와 제3경기에 출전한 선수를 구분하는 경우의 수는
$2!\times2!=4$
㉡의 경우도 ㉠과 마찬가지이므로 모든 경우의 수는
$2\times36\times4=288$ 답 288

(다른 풀이) B팀이 A팀에 게임 스코어 2 : 1로 승리하려면 A팀에서 두 명의 선수가, B팀에서도 두 명의 선수가 경기에 출전해야 하고 출전 순서를 정해야 하므로 이 경우의 수는
${}_4P_2\times{}_4P_2=12\times12=144$
B팀이 A팀에 게임 스코어 2 : 1로 승리하는 경우는 다음과 같이 두 가지 경우가 있다.

	제1경기 승리 팀	제2경기 승리 팀	제3경기 승리 팀
㉠	B	A	B
㉡	A	B	B

따라서 구하는 경우의 수는
$2\times144=288$

05 조건 ㈏에서 $a\le b<c\le12$이므로 $a-1<b<c\le12$
또, 조건 ㈎에서 $a+b+c$는 짝수이므로 $(a-1)+b+c$는 홀수이다.
$a-1=a'$ $(a'\ge0)$이라 하면 구하는 순서쌍 (a, b, c)의 개수는 아래와 같이 변경된 조건에서 정수 a', b, c의 순서쌍 (a', b, c)의 개수를 구하는 것과 같다.

> ㈎ $a'+b+c$는 홀수다. ㈏ $0\le a'<b<c\le12$

$a'+b+c$가 홀수인 경우는 다음과 같이 2가지 경우가 있다.
(i) a', b, c가 모두 홀수인 경우
0 이상 12 이하의 홀수 1, 3, 5, 7, 9, 11에서 3개를 뽑아 크기 순서대로 각각 a', b, c라 하면 조건 ㈏를 만족시키므로 순서쌍 (a', b, c)의 개수는 ${}_6C_3=20$
(ii) a', b, c 중 2개는 짝수이고 1개는 홀수인 경우
0 이상 12 이하의 짝수 0, 2, 4, 6, 8, 10, 12에서 2개를 뽑고 0 이상 12 이하의 홀수 1, 3, 5, 7, 9, 11에서 1개를 뽑아 크기 순서대로 각각 a', b, c라 하면 조건 ㈏를 만족시키므로 순서쌍 (a', b, c)의 개수는 ${}_7C_2\times{}_6C_1=126$
(i), (ii)에 의하여 구하는 순서쌍의 개수는
$20+126=146$ 답 ④

06 조건 ㈎에서 $|f(x)+f(-x)|=1$이므로
$f(x)+f(-x)=1$ 또는 $f(x)+f(-x)=-1$
$x>0$인 X의 원소 x에 대하여 다음이 성립한다.
(i) $f(x)=1$일 때, $f(-x)=-2$
(ii) $f(x)=2$일 때, $f(-x)=-3$ 또는 $f(-x)=-1$
(iii) $f(x)=3$일 때, $f(-x)=-2$
따라서 $f(1)$과 $f(-1)$을 대응시키는 경우의 수는 4이고, $f(2)$와 $f(-2)$를 대응시키는 경우의 수와 $f(3)$과 $f(-3)$을 대응시키는 경우의 수는 각각 4이므로 조건을 만족시키는 함수 $f(x)$의 개수는
$4\times4\times4=64$ 답 64

07 각 분단에는 같은 학급 학생이 3명 올 수 없으므로 1분단에는 A학급 학생이 2명 또는 1명이 배정된다.
1분단에 A학급 학생 2명이 배정되는 경우를 먼저 생각하자.
(단, 빈 좌석에는 B학급 학생을 배정한다.)
(i) 첫째 줄에 A학급 학생이 앉지 않는 경우

C	
A	C
	A
A	

㉠

	C
A	
C	A
A	

㉡

	C
A	
	A
A	C

㉢

(ii) 둘째 줄에 A학급 학생이 앉지 않는 경우

A	
	C
A	
C	A

㉣

A	C
C	
	A
A	

㉤

A	
	C
C	A
A	

㉥

(iii) 셋째 줄에 A학급 학생이 앉지 않는 경우

A	
C	A
	C
A	

ㅅ

A	
	A
C	
A	C

ㅇ

C	A
A	
	C
A	

ㅈ

(iv) 넷째 줄에 A학급 학생이 앉지 않는 경우

A	
C	A
A	
	C

ㅊ

A	
	A
A	C
C	

ㅋ

A	C
	A
A	
	C

ㅌ

ㄷ과 ㅌ의 경우 C학급 학생이 같은 분단에 배정되어 학급 번호가 작은 학생이 항상 앞줄에 앉기 때문에 C학급 학생이 배정되는 방법의 수는 1이다.

ㄱ, ㄴ, ㄹ, ㅁ, ㅂ, ㅅ, ㅇ, ㅈ, ㅊ, ㅋ의 경우 C학급 학생이 서로 다른 분단에 배정되는 방법의 수는 2이다.

그러므로 C학급 학생이 배정되는 모든 방법의 수는

$1\times2+2\times10=22$

A학급 학생이 배정되는 방법의 수는 3

B학급 학생이 배정되는 방법의 수는 3

1분단에 A학급 학생 2명이 배정되는 경우 학생이 배정되는 방법의 수는 $22\times3\times3=198$

2분단에 A학급 학생이 2명 배정되는 경우의 수는 1분단에 A학급 학생이 2명 배정되는 경우의 수와 같으므로

구하는 방법의 수는

$198\times2=396$ 답 396

08 (i) 1명의 학생이 초콜릿 2개를 받는 경우

초콜릿 2개를 받는 학생을 정하는 경우의 수는 5이고, 나머지 4명의 학생에게 꽃을 각각 한 송이씩 나누어 주는 경우의 수는

$4!=24$

이므로 1명의 학생이 초콜릿 2개를 받는 경우의 수는

$5\times24=120$

(ii) 1명의 학생이 꽃 2송이를 받는 경우

4송이의 꽃 중에서 2송이의 꽃을 고르는 경우의 수는

${}_4C_2=6$

이고, 이 2송이의 꽃을 받는 학생을 정하는 경우의 수는 5, 남은 두 송이의 꽃을 줄 학생을 정하는 경우의 수는

${}_4P_2=12$

이고, 꽃을 받지 못한 2명의 학생에게 초콜릿을 각각 1개씩 주는 경우의 수가 1이므로 1명의 학생이 꽃 2송이를 받는 경우의 수는

$6\times5\times12\times1=360$

(iii) 1명의 학생이 꽃 1송이와 초콜릿 1개를 받는 경우

4송이의 꽃을 4명의 학생에게 각각 1송이씩 주는 경우의 수는

${}_5P_4=5\times4\times3\times2=120$

이고, 꽃을 받지 못한 학생에게 초콜릿 1개를 주고 꽃을 받은 학생 중 1명을 택해 남은 초콜릿 1개를 주는 경우의 수는

${}_4C_1=4$

이므로 1명의 학생이 꽃 1송이와 초콜릿 1개를 받는 경우의 수는

$120\times4=480$

(i), (ii), (iii)에 의하여 구하는 경우의 수는

$120+360+480=960$ 답 960

09 A 지점에서 출발하여 B 지점에 도착할 때, 가로 방향으로 이동한 길이의 합이 4이고 전체 이동한 길이가 12가 되려면 세로 방향으로 이동한 길이의 합이 8이어야 한다.

(i) 길이가 2인 세로 방향의 도로 4개를 지나가는 경우

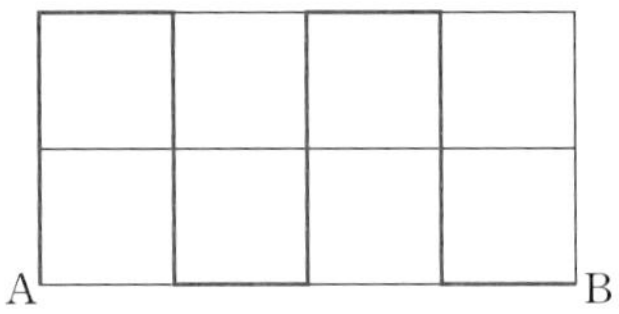

길이가 2인 세로 방향의 도로 4개를 지나가는 경우의 수는 위의 그림과 같이 길이가 2인 세로 방향의 도로 5개 중 4개를 선택하는 경우의 수와 같으므로 ${}_5C_4=5$

(ii) 길이가 2인 세로 방향의 도로 3개를 지나가는 경우

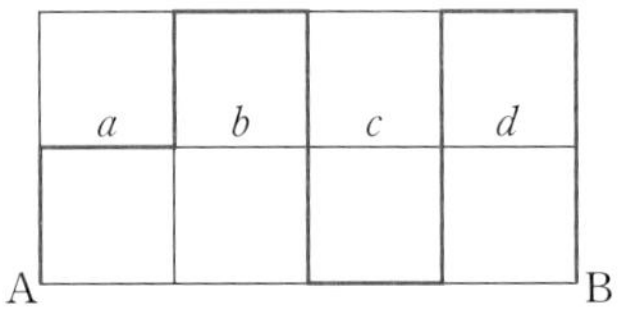

길이가 2인 세로 방향의 도로 3개를 지나가는 경우의 수는 위의 그림과 같이 가로 방향의 도로 a, b, c, d 중 1개를 택하는 경우의 수와 같으므로 ${}_4C_1=4$

따라서 구하는 경우의 수는 $5+4=9$ 답 9

실전 모의고사 1회

| 본문 64~67쪽 |

01 ④	02 ③	03 ⑤	04 ②	05 ⑤	06 ②
07 ④	08 ③	09 ③	10 ②	11 ②	12 ③
13 ⑤	14 ③	15 ②	16 ⑤	17 ①	18 22
19 32	20 81	21 18	22 13	23 −3	24 −63
25 32					

01 $x^2+x-2\le 0$에서 $(x+2)(x-1)\le 0$

$\therefore -2\le x\le 1$

따라서 $A=\{-2, -1, 0, 1\}$이므로

$n(A)=4$ 답 ④

02 $A=\{1, 2, 4, 8, 16\}$이므로 집합 A의 원소 중 홀수는 1뿐이다. 따라서 집합 A의 부분집합 중 모든 원소의 합이 홀수인 부분집합은 홀수 1을 반드시 원소로 가져야 하므로 구하는 부분집합의 개수는

$2^{5-1}=2^4=16$ 답 ③

03 두 집합 A, B의 원소가 같아야 하므로

$a-1=1$ 또는 $a-1=4-a$

(i) $a-1=1$일 때

$a=2$이므로

$A=\{1, 2\}$, $B=\{1, 2\}$

$\therefore A=B$

(ii) $a-1=4-a$일 때

$2a=5$에서 $a=\frac{5}{2}$이므로

$A=\left\{1, \frac{3}{2}\right\}$, $B=\left\{\frac{3}{2}, \frac{17}{4}\right\}$

$\therefore A\ne B$

(i), (ii)에 의하여 $a=2$ 답 ⑤

04 $A=\{2, 4, 6, 8, 10, 12, 14, 16, 18, 20\}$,

$B=\{3, 6, 9, 12, 15, 18\}$이므로

$A\cap B^C=A-B=\{2, 4, 8, 10, 14, 16, 20\}$

$\therefore n(A\cap B^C)=7$ 답 ②

다른 풀이 집합 $A\cap B^C=A-B$는 집합 A의 원소 중 6의 배수를 뺀 것과 같다. 이때 20 이하의 2의 배수의 개수는 10, 20 이하의 6의 배수의 개수는 3이므로

$n(A\cap B^C)=10-3=7$

05 조건 (가)에서 $A\cap B=\{5, 8\}$이므로 집합 A는 5, 8을 원소로 갖는다.

집합 $A=\{5, 8, a, b\}$라 하면 $B=\{5-k, 8-k, a-k, b-k\}$

집합 A의 모든 원소의 합이 37이므로

$5+8+a+b=37$

$\therefore a+b=24$ ······ ㉠

조건 (나)에서 집합 $A\cup B$의 모든 원소의 합은 49이므로

(집합 $A\cup B$의 모든 원소의 합)

=(집합 A의 모든 원소의 합)+(집합 B의 모든 원소의 합)

−(집합 $A\cap B$의 모든 원소의 합)

$49=37+(37-4k)-13$, $4k=12$

$\therefore k=3$

$B=\{2, 5, a-3, b-3\}$이고, $A\cap B=\{5, 8\}$이므로 집합 B의 두 원소 $a-3$, $b-3$ 중 하나가 8이어야 한다.

$a-3=8$일 때, $a=11$, $b=13$ ($\because$ ㉠)

$b-3=8$일 때, $b=11$, $a=13$ ($\because$ ㉠)

따라서 $B=\{2, 5, 8, 10\}$이므로 집합 B의 모든 원소의 곱은

$2\times 5\times 8\times 10=800$ 답 ⑤

06 $A\cup(A^C-B^C)=A\cup\{A^C\cap(B^C)^C\}$

$=A\cup(A^C\cap B)$

$=(A\cup A^C)\cap(A\cup B)$

$=U\cap(A\cup B)=A\cup B$ 답 ②

07 $n(A\cap B^C)=n(A-B)=9$

$n(A^C\cup B^C)=n((A\cap B)^C)=22$이므로

$n(A\cap B)=n(U)-n((A\cap B)^C)=30-22=8$

$\therefore n(A\cup B)=n(A-B)+n(B-A)+n(A\cap B)$

$=9+10+8=27$ 답 ④

08 두 수학 문제 A, B를 맞힌 학생의 집합을 각각 A, B라 하면

$n(U)=30$, $n(A)=13$, $n(B)=16$

두 문제를 모두 틀린 학생의 집합은 $A^C\cap B^C$이므로

$n(A^C\cap B^C)=7$

두 문제 중 하나 이상 맞힌 학생의 집합은 $A\cup B$이므로

$n(A\cup B)=n(U)-n((A\cup B)^C)$

$=n(U)-n(A^C\cap B^C)$

$=30-7=23$

두 문제를 모두 맞힌 학생의 집합은 $A\cap B$이므로

$n(A\cup B)=n(A)+n(B)-n(A\cap B)$에서

$23=13+16-n(A\cap B)$

$\therefore n(A\cap B)=6$ 답 ③

09 주어진 명제가 참이므로 $x=a$일 때 등식 $(x+2)^2=2ax+a$가 성립한다.

$(a+2)^2=2a^2+a$에서 $a^2-3a-4=0$

$(a+1)(a-4)=0$

$\therefore a=-1$ 또는 $a=4$

따라서 모든 실수 a의 값의 합은 3이다. 답 ③

참고 a에 대한 이차방정식 $a^2-3a-4=0$은 서로 다른 두 실근을 갖고, 이차방정식의 근과 계수의 관계에 의하여 모든 실근의 합은 3이다.

10 $x=0$일 때, $0\le a$

$x=1$일 때, $2-3=-1\le a$

$x=2$일 때, $8-6=2\le a$

따라서 어떤 x에 대하여 $2x^2-3x\le a$가 참이 되도록 하는 정수 a의 최솟값은 -1이다. 답 ②

11 ① $p \Longrightarrow q$이므로 $P\subset Q$

③ $\sim p \Longrightarrow r$이므로 $P^C\subset R$

④ $R^C\subset P$, $P\subset Q$이므로 $R^C\subset Q$

⑤ $\sim p \Longrightarrow r$에서 $\sim r \Longrightarrow p$이므로 $R^C\subset P$

따라서 옳지 않은 것은 ②이다. 답 ②

12 ① 대우: $x<|x|$이면 $x+|x|=0$이다. (참)

$x<|x|$이면 $x<0$이므로 $x+|x|=x-x=0$이다.

즉, 대우가 참이므로 주어진 명제도 참이다.

② 대우: $|x-1|+|y-1|=0$이면 $x+y=2$이다. (참)

$|x-1|+|y-1|=0$이면 $x-1=0$, $y-1=0$, 즉 $x=1$, $y=1$이므로 $x+y=2$이다.

즉, 대우가 참이므로 주어진 명제도 참이다.

③ 명제: $x+y>2$이면 $xy>1$이다. (거짓)

[반례] $x=\frac{1}{2}$, $y=2$이면 $x+y>2$이지만 $xy\le 1$이다.

④ 명제: $x^3>1$이면 $x>1$이다. (참)

$x^3-1=(x-1)(x^2+x+1)$에서

$x^2+x+1=\left(x+\frac{1}{2}\right)^2+\frac{3}{4}>0$이므로 $x^3>1$이면 $x-1>0$, 즉 $x>1$이다.

⑤ 대우: $x^2+2xy+2y^2=0$이면 $x+y=0$이다. (참)

$x^2+2xy+2y^2=(x+y)^2+y^2=0$이면

$x+y=0$, $y=0$, 즉 $x=0$, $y=0$이므로 $x+y=0$이다.

즉, 대우가 참이므로 주어진 명제도 참이다.

따라서 거짓인 명제는 ③이다. 답 ③

Core 특강

명제와 대우의 참, 거짓

명제가 참이면 그 대우도 참이고, 명제가 거짓이면 그 대우도 거짓이다.

→ 주어진 명제의 참, 거짓을 판별하기 어려운 경우에는 그 대우를 이용하여 참, 거짓을 판별하면 편리하다.

13 ㄱ. $p \longrightarrow q$: $x=y=0$이면 $x+y=0$이다. (참)

$q \longrightarrow p$: $x+y=0$이면 $x=y=0$이다. (거짓)

[반례] $x=-1$, $y=1$이면 $x+y=0$이지만 $x\ne 0$, $y\ne 0$이다.

즉, p는 q이기 위한 충분조건이지만 필요조건은 아니다.

ㄴ. $p \longrightarrow q$: $xy=|xy|$이면 $x>0$, $y>0$이다. (거짓)

[반례] $x=-1$, $y=-2$이면 $xy=|xy|$이지만 $x<0$, $y<0$이다.

$q \longrightarrow p$: $x>0$, $y>0$이면 $xy=|xy|$이다. (참)

즉, p는 q이기 위한 필요조건이지만 충분조건은 아니다.

ㄷ. $p \longrightarrow q$: $xy>0$이면 $|x+y|=|x|+|y|$이다. (참)

$xy>0$이면 $xy=|xy|$이므로

$|x+y|^2-(|x|+|y|)^2$

$=x^2+2xy+y^2-(x^2+|2xy|+y^2)$

$=2(xy-|xy|)=0$

즉, $|x+y|^2=(|x|+|y|)^2$에서

$|x+y|>0$, $|x|+|y|>0$ ($\because xy\ne 0$)이므로

$|x+y|=|x|+|y|$

$q \longrightarrow p$: $|x+y|=|x|+|y|$이면 $xy>0$이다. (거짓)

[반례] $x=0$, $y=0$이면 $|x+y|=|x|+|y|$이지만 $xy=0$이다.

즉, p는 q이기 위한 충분조건이지만 필요조건은 아니다.

따라서 p가 q이기 위한 충분조건이지만 필요조건이 아닌 것은 ㄱ, ㄷ이다. 답 ⑤

14 $|x-a|\le 2$에서 $-2\le x-a\le 2$

$\therefore a-2\le x\le a+2$

$a-2\le x\le a+2$는 $x^2-8x+b\le 0$이기 위한 필요충분조건이므로 이차방정식 $x^2-8x+b=0$의 두 근이 $a-2$, $a+2$이어야 한다.

이차방정식의 근과 계수의 관계에 의하여

(두 근의 합)$=(a-2)+(a+2)=8$

$2a=8$ $\quad\therefore a=4$

(두 근의 곱)$=(a-2)(a+2)=b$

$a^2-4=b$ $\quad\therefore b=12$

$\therefore a+b=4+12=16$ 답 ③

15 주어진 명제의 대우는

'a, b, c가 모두 [홀수]이면 $a^2+b^2\ne c^2$이다.'

이다.

a, b, c가 모두 [홀수]이면 a^2, b^2, c^2은 모두 [홀수]이므로 a^2+b^2은 [짝수]이고 c^2은 [홀수]이다.

즉, $a^2+b^2\ne c^2$이다.

따라서 주어진 명제의 대우가 참이므로 주어진 명제도 참이다.

$\therefore$ (가) 홀수 (나) 홀수 (다) 짝수 (라) 홀수 답 ②

16 $a>0$, $b>0$에서 $ab>0$이므로 산술평균과 기하평균의 관계에 의하여

$$\left(a+\frac{1}{b}\right)\left(b+\frac{9}{a}\right)=ab+9+1+\frac{9}{ab}$$

$$=ab+\frac{9}{ab}+10$$

$$\ge 2\sqrt{ab\times\frac{9}{ab}}+10$$

$$=2\sqrt{9}+10=16$$

$\left(\text{단, 등호는 } ab=\frac{9}{ab}\text{, 즉 } ab=3\text{일 때 성립}\right)$

따라서 $p=3$, $q=16$이므로

$p+q=3+16=19$ 답 ⑤

17 $a+b+c=4$에서 $b+c=4-a$ …… ㉠

$a^2+b^2+c^2=16$에서 $b^2+c^2=16-a^2$ …… ㉡

b, c는 실수이므로 코시-슈바르츠의 부등식에 의하여

$(1^2+1^2)(b^2+c^2)\geq(b+c)^2$ (단, 등호는 $b=c$일 때 성립) …… ㉢

㉢에 ㉠, ㉡을 대입하면

$2(16-a^2)\geq(4-a)^2$, $32-2a^2\geq16-8a+a^2$

$3a^2-8a-16\leq0$, $(3a+4)(a-4)\leq0$

$\therefore -\frac{4}{3}\leq a\leq4$

따라서 $M=4$, $m=-\frac{4}{3}$이므로

$M-3m=4-3\times\left(-\frac{4}{3}\right)=8$ 답 ①

18 $B=\{2, 3, 5, 7\}$이고

$(A\cup B)\cup(A^C\cup B^C)^C=(A\cup B)\cup(A\cap B)$

$=A\cup B$

$=\{1, 2, 3, 4, 5, 7\}$

따라서 구하는 모든 원소의 합은

$1+2+3+4+5+7=22$ 답 22

19 $X\cup A=X$에서 $A\subset X$, $X\cap B^C=X$에서 $X\subset B^C$

즉, $A\subset X\subset B^C$

이때 $A=\{1, 2, 3\}$, $B^C=\{1, 2, 3, 6, 7, 8, 9, 10\}$이므로

집합 X의 개수는 집합 B^C의 부분집합 중 집합 A의 원소 1, 2, 3을 반드시 원소로 갖는 집합의 개수와 같다.

$\therefore 2^{8-3}=2^5=32$ 답 32

20 $a_k=2$인 부분집합의 개수는 1 ← $\{1, 2\}$

$a_k=3$인 부분집합의 개수는 1 ← $\{1, 2, 3\}$

$a_k=4$인 부분집합의 개수는 1, 2, 4는 반드시 원소로 갖고 5, 6은 원소로 갖지 않는 부분집합의 개수와 같으므로

$2^{6-3-2}=2$

$a_k=5$인 부분집합의 개수는 1, 2, 5는 반드시 원소로 갖고 6은 원소로 갖지 않는 부분집합의 개수와 같으므로

$2^{6-3-1}=2^2=4$

$a_k=6$인 부분집합의 개수는 1, 2, 6을 반드시 원소로 갖는 부분집합의 개수와 같으므로

$2^{6-3}=2^3=8$

$\therefore a_1+a_2+a_3+\cdots+a_{16}=2\times1+3\times1+4\times2+5\times4+6\times8$

$=2+3+8+20+48=81$ 답 81

21 이 학급 학생 전체의 집합을 U, A 프로그램을 좋아하는 학생의 집합을 A, B 프로그램을 좋아하는 학생의 집합을 B라 하면

$n(U)=30$, $n(A)=n(B)+6$

두 프로그램을 모두 좋아하는 학생의 집합은 $A\cap B$,

두 프로그램을 모두 좋아하지 않는 학생의 집합은

$A^C\cap B^C=(A\cup B)^C$이므로

$n(A\cap B)=n((A\cup B)^C)=5$

$\therefore n(A\cup B)=n(U)-n((A\cup B)^C)=30-5=25$

$n(A\cup B)=n(A)+n(B)-n(A\cap B)$에서

$25=n(A)+n(A)-6-5$

$2\times n(A)=36$ $\therefore n(A)=18$

따라서 A프로그램을 좋아하는 학생 수는 18이다. 답 18

22 $U=\{-9, -8, -7, \cdots, -1, 0, 1, \cdots, 7, 8, 9\}$

$x+2|x-1|\leq10$에서

(i) $x\geq1$일 때, $|x-1|=x-1$이므로

$x+2(x-1)\leq10$

$3x\leq12$ $\therefore x\leq4$

이때 $x\geq1$이므로 $1\leq x\leq4$

(ii) $x<1$일 때, $|x-1|=-(x-1)$이므로

$x-2(x-1)\leq10$ $\therefore x\geq-8$

이때 $x<1$이므로 $-8\leq x<1$

(i), (ii)에 의하여 $-8\leq x\leq4$

따라서 진리집합 $P=\{-8, -7, \cdots, 3, 4\}$이므로

$n(P)=13$ 답 13

23 조건 'p: $x<-2$ 또는 $x\geq2$'에서 $\sim p$: $-2\leq x<2$

두 조건 p, q의 진리집합을 각각 P, Q라 하면

$P^C=\{x|-2\leq x<2\}$, $Q=\{x|a-1<x\leq a+5\}$

명제 $\sim p\rightarrow q$가 참이 되려면 $P^C\subset Q$이어야 하므로

오른쪽 그림에서

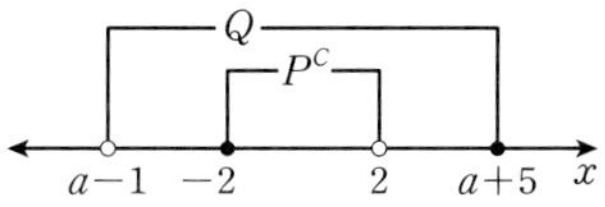

$a-1<-2$이고 $a+5\geq2$

즉, $a<-1$이고 $a\geq-3$

$\therefore -3\leq a<-1$

따라서 a의 최솟값은 -3이다. 답 -3

24 p는 q이기 위한 필요조건이므로 명제 $q\longrightarrow p$가 참이다.

$|x-1|=2$에서 $x-1=-2$ 또는 $x-1=2$

$\therefore x=-1$ 또는 $x=3$

-1, 3이 방정식 $x^3+ax^2+b=0$의 근이므로 $x^3+ax^2+b=0$에

$x=-1$을 대입하면 $-1+a+b=0$ …… ㉠

$x=3$을 대입하면 $27+9a+b=0$ …… ㉡

㉠, ㉡을 연립하여 풀면

$a=-\frac{7}{2}$, $b=\frac{9}{2}$

$\therefore 4ab=4\times\left(-\frac{7}{2}\right)\times\frac{9}{2}=-63$ 답 -63

25 두 점 A(8, 0), B(0, 16)을 지나는 직선의 방정식은

$y-0=\frac{16-0}{0-8}(x-8)$, 즉 $2x+y=16$

점 $P(a, b)$는 직선 $2x+y=16$ 위의 점이므로

$2a+b=16$ (단, $a>0$, $b>0$)

이때 $a>0$, $b>0$이므로 산술평균과 기하평균의 관계에 의하여

$2a+b\geq 2\sqrt{2a\times b}$ (단, 등호는 $2a=b$, 즉 $a=4$, $b=8$일 때 성립)

$16\geq 2\sqrt{2ab}$

$\sqrt{2ab}\leq 8$

양변을 제곱하면

$2ab\leq 64$ $\therefore ab\leq 32$

따라서 ab의 최댓값은 32이다. 답 32

Core 특강

두 점을 지나는 직선의 방정식

(1) 서로 다른 두 점 (x_1, y_1), (x_2, y_2)를 지나는 직선의 방정식은

$y-y_1=\frac{y_2-y_1}{x_2-x_1}(x-x_1)$ (단, $x_1\neq x_2$)

(2) x절편이 a, y절편이 b인 직선의 방정식은 ─ 두 점 $(a, 0)$, $(0, b)$를 지나는 직선

$\frac{x}{a}+\frac{y}{b}=1$ (단, $ab\neq 0$)

실전 모의고사 2회

| 본문 68~71쪽 |

01 ②	02 ②	03 ①	04 ④	05 ③	06 ③
07 ③	08 ②	09 ③	10 ③	11 ②	12 ③
13 ⑤	14 ⑤	15 ③	16 ③	17 ④	18 7
19 3	20 9	21 13	22 3	23 −6	24 98
25 72					

01 조건 (가)에서 $f(1)=1$ 또는 $f(1)=2$

조건 (나)에서 함수 f는 일대일함수이다.

$f(1)$의 값이 될 수 있는 것은 1, 2의 2개

$f(2)$의 값이 될 수 있는 것은 $f(1)$의 값을 제외한 3개

$f(3)$의 값이 될 수 있는 것은 $f(1)$, $f(2)$의 값을 제외한 2개

$f(4)$의 값이 될 수 있는 것은 $f(1)$, $f(2)$, $f(3)$의 값을 제외한 1개이다.

따라서 함수 f의 개수는

$2\times 3\times 2\times 1=12$ 답 ②

02 $(f\circ f)(x)=f(f(x))=f(-x+2)$

$=-(-x+2)+2=x$

$\therefore (f\circ f\circ f)(x)=(f\circ (f\circ f))(x)$

$=f(x)=-x+2$

따라서 $(f\circ f\circ f)(a)=-a+2=3$이므로

$a=-1$ 답 ②

03 $(f\circ (g\circ f)^{-1}\circ f)(2)=(f\circ f^{-1}\circ g^{-1}\circ f)(2)$

$=(g^{-1}\circ f)(2)$

$=g^{-1}(f(2))$ ← $f(2)=2^2-1=3$

$=g^{-1}(3)$

$g^{-1}(3)=k$라 하면 $g(k)=3$

$2k-1=3$에서 $k=2$

$\therefore (f\circ (g\circ f)^{-1}\circ f)(2)=2$ 답 ①

04 함수 $y=f(x)$와 그 역함수 $y=f^{-1}(x)$의 그래프는 직선 $y=x$에 대하여 대칭이므로 오른쪽 그림과 같다.

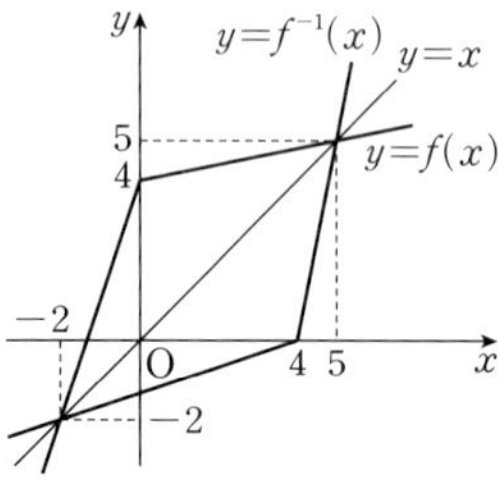

함수 $y=f(x)$의 그래프와 직선 $y=x$의 교점의 x좌표를 구하면

(i) $x\geq 0$일 때

$\frac{1}{5}x+4=x$, $\frac{4}{5}x=4$

$\therefore x=5$

(ii) $x<0$일 때

$3x+4=x$, $2x=-4$

$\therefore x=-2$

이때 두 함수 $y=f(x)$와 $y=f^{-1}(x)$의 그래프로 둘러싸인 부분의 넓이는 함수 $y=f(x)$의 그래프와 직선 $y=x$로 둘러싸인 부분의 넓이의 2배이다.

따라서 구하는 넓이는

$2\times\left(\frac{1}{2}\times 4\times 5+\frac{1}{2}\times 4\times 2\right)=28$ 답 ④

05 $y=|x-2|$에서 $y=\begin{cases} x-2 & (x\geq 2) \\ -x+2 & (x<2)\end{cases}$

$y=|x-2|$의 그래프는 오른쪽 그림과 같고, 직선

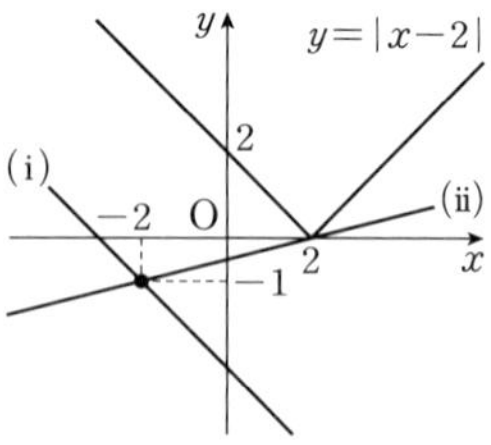

$y=m(x+2)-1$ …… ㉠

은 m의 값에 관계없이 점 $(-2, -1)$을 지난다.

(i) 직선 ㉠이 직선 $y=-x+2$와 평행할 때

$m=-1$

(ii) 직선 ㉠이 점 (2, 0)을 지날 때

$0=4m-1$ $\therefore m=\frac{1}{4}$

(i), (ii)에 의하여 두 그래프가 만나도록 하는 m의 값의 범위는

$m<-1$ 또는 $m\geq\frac{1}{4}$

따라서 m의 값으로 적당하지 않은 것은 ③이다. 답 ③

Core 특강

절댓값 기호를 포함한 식의 그래프

(1) $y=|f(x)|$의 그래프

→ $y=f(x)$의 그래프에서 $y<0$인 부분을 x축에 대하여 대칭이동한다.

(2) $y=f(|x|)$의 그래프

→ $y=f(x)$의 그래프에서 $x<0$인 부분은 $x\geq0$인 부분을 y축에 대하여 대칭이동한다.

(3) $|y|=f(x)$의 그래프

→ $y=f(x)$의 그래프에서 $y<0$인 부분은 $y\geq0$인 부분을 x축에 대하여 대칭이동한다.

(4) $|y|=f(|x|)$의 그래프

→ $y=f(x)$의 그래프에서 $x\geq0$, $y\geq0$인 부분을 x축, y축, 원점에 대하여 각각 대칭이동한다.

예

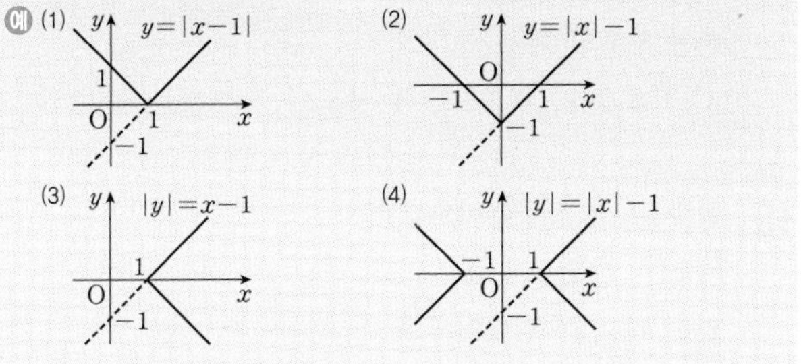

06 $\frac{1}{1^2+1}+\frac{1}{2^2+2}+\frac{1}{3^2+3}+\frac{1}{4^2+4}+\frac{1}{5^2+5}$

$=\frac{1}{1+1}+\frac{1}{2(2+1)}+\frac{1}{3(3+1)}+\frac{1}{4(4+1)}+\frac{1}{5(5+1)}$

$=\frac{1}{1\times2}+\frac{1}{2\times3}+\frac{1}{3\times4}+\frac{1}{4\times5}+\frac{1}{5\times6}$

$=\left(1-\frac{1}{2}\right)+\left(\frac{1}{2}-\frac{1}{3}\right)+\left(\frac{1}{3}-\frac{1}{4}\right)+\left(\frac{1}{4}-\frac{1}{5}\right)+\left(\frac{1}{5}-\frac{1}{6}\right)$

$=1-\frac{1}{6}=\frac{5}{6}$

따라서 $p=6$, $q=5$이므로

$p+q=6+5=11$ 답 ③

07 $y=\frac{3x-1}{x-2}=\frac{3(x-2)+5}{x-2}=\frac{5}{x-2}+3$

즉, 함수 $y=\frac{3x-1}{x-2}$의 그래프는 함수 $y=\frac{5}{x}$의 그래프를 x축의 방향으로 2만큼, y축의 방향으로 3만큼 평행이동한 것이다. 이때 $3<y\leq8$에서 그 그래프는 오른쪽 그림과 같다.

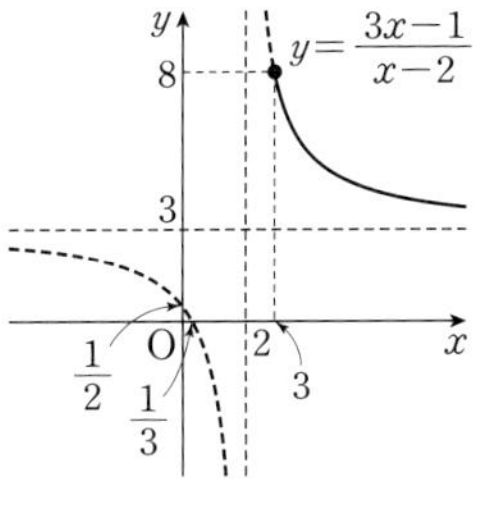

$y=8$일 때, $8=\frac{3x-1}{x-2}$에서 $8x-16=3x-1$

$5x=15$ $\therefore x=3$

따라서 함수 $y=\frac{3x-1}{x-2}$의 치역이 $\{y|3<y\leq8\}$일 때 정의역은 $\{x|x\geq3\}$ 답 ③

08 $y=\frac{ax+1}{x+b}=\frac{a(x+b)+1-ab}{x+b}=\frac{1-ab}{x+b}+a$

이므로 점근선의 방정식은 $x=-b$, $y=a$

주어진 함수의 그래프는 두 점근선의 교점 $(-b,\ a)$를 지나고 기울기가 1 또는 -1인 직선에 대하여 대칭이다.

즉, 점 $(-b,\ a)$가 두 직선 $y=x+1$, $y=-x-5$ 위의 점이므로

$a=-b+1$, $a=b-5$

두 식을 연립하여 풀면 $a=-2$, $b=3$

$\therefore ab=-2\times3=-6$ 답 ②

09 $f(x)=\sqrt{x}+\sqrt{x-1}$에서

$\frac{1}{f(x)}=\frac{1}{\sqrt{x}+\sqrt{x-1}}=\frac{\sqrt{x}-\sqrt{x-1}}{(\sqrt{x}+\sqrt{x-1})(\sqrt{x}-\sqrt{x-1})}$

$=\sqrt{x}-\sqrt{x-1}$

$\therefore \frac{1}{f(2)}+\frac{1}{f(3)}+\frac{1}{f(4)}+\cdots+\frac{1}{f(9)}$

$=(\sqrt{2}-1)+(\sqrt{3}-\sqrt{2})+(\sqrt{4}-\sqrt{3})+\cdots+(\sqrt{9}-\sqrt{8})$

$=\sqrt{9}-1=3-1=2$ 답 ③

10 함수 $y=\sqrt{ax}$의 그래프를 x축의 방향으로 -3만큼, y축의 방향으로 2만큼 평행이동하면

$y=\sqrt{a(x+3)}+2$

이 그래프를 y축에 대하여 대칭이동하면

$y=\sqrt{a(-x+3)}+2$, 즉 $y=\sqrt{-ax+3a}+2$

이 그래프가 함수 $y=\sqrt{-5x+b}+c$의 그래프와 일치하므로

$a=5$, $b=3a=15$, $c=2$

$\therefore a+b+c=5+15+2=22$ 답 ③

11 함수 $y=\sqrt{-3x+a}+3$은 x의 값이 증가할 때 y의 값이 감소하므로 $x=-6$일 때 최댓값, $x=2$일 때 최솟값을 갖는다.

$x=-6$일 때 최댓값이 8이므로

$\sqrt{18+a}+3=8$에서 $\sqrt{18+a}=5$

$18+a=25$ $\therefore a=7$

따라서 주어진 함수는 $y=\sqrt{-3x+7}+3$이므로 $x=2$일 때 최솟값은

$\sqrt{-6+7}+3=4$ 답 ②

12 주어진 유리함수의 그래프의 점근선의 방정식이 $x=-1$, $y=2$이므로 함수의 식을

$y=\frac{k}{x+1}+2\ (k\neq0)$

로 놓을 수 있다. 이 그래프가 점 $(0,\ 1)$을 지나므로

$1=\frac{k}{0+1}+2$ $\therefore k=-1$

즉, $y=-\frac{1}{x+1}+2=\frac{2x+1}{x+1}$이므로

$a=1$, $b=2$, $c=1$

따라서 함수 $y=\sqrt{x+2}-1$의 그래프는 오른쪽 그림과 같으므로 제1사분면, 제2사분면, 제3사분면을 지난다.

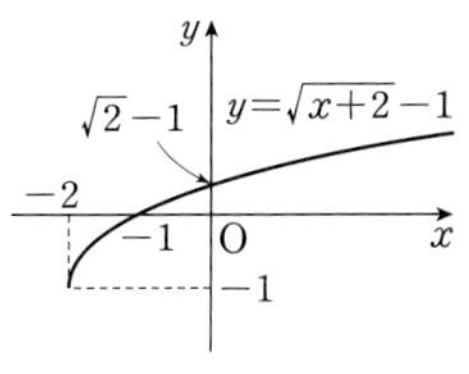

답 ③

13 $ab+b^2=b(a+b)$가 짝수이려면 b 또는 $a+b$ 중 하나가 짝수이어야 한다.

(i) b가 홀수일 때

$a+b$가 짝수이어야 하므로 a는 홀수이어야 한다.

따라서 a, b가 모두 홀수인 순서쌍 (a, b)의 개수는

$3\times3=9$

(ii) b가 짝수일 때

$ab+b^2$은 항상 짝수이므로 a는 홀수, 짝수 모두 가능하다.

따라서 b가 짝수인 순서쌍 (a, b)의 개수는

$6\times3=18$

(i), (ii)에 의하여 구하는 순서쌍 (a, b)의 개수는

$9+18=27$ 답 ⑤

14 900을 소인수분해하면 $900=2^2\times3^2\times5^2$

2의 배수는 2를 소인수로 가지므로 900의 양의 약수 중 2의 배수의 개수는 $2\times3^2\times5^2$의 양의 약수의 개수와 같다.

따라서 2의 배수의 개수는

$(1+1)\times(2+1)\times(2+1)=18$ 답 ⑤

다른 풀이 900을 소인수분해하면 $900=2^2\times3^2\times5^2$

900의 양의 약수의 개수는

$(2+1)(2+1)(2+1)=27$

이 중 2의 배수가 아닌 약수의 개수는 $3^2\times5^2$의 양의 약수의 개수와 같으므로

$(2+1)(2+1)=9$

따라서 2의 배수의 개수는

$27-9=18$

15 남학생을 한 묶음, 여학생을 한 묶음으로 생각하여 2명을 일렬로 세우는 경우의 수는

$2!=2\times1=2$

남학생끼리 자리를 바꾸는 경우의 수는

$3!=3\times2\times1=6$

여학생끼리 자리를 바꾸는 경우의 수는

$3!=3\times2\times1=6$

따라서 구하는 경우의 수는

$2\times6\times6=72$ 답 ③

16 구하는 부분집합의 개수는 전체 부분집합의 개수에서 원소의 개수가 2 이하인 부분집합의 개수를 뺀 것과 같다.

집합 A의 원소의 개수가 8이므로 집합 A의 부분집합의 개수는

$2^8=256$

원소의 개수가 0인 부분집합의 개수는

${}_8C_0=1$

원소의 개수가 1인 부분집합의 개수는

${}_8C_1=8$

원소의 개수가 2인 부분집합의 개수는

${}_8C_2=\frac{8\times7}{2\times1}=28$

따라서 구하는 부분집합의 개수는

$256-(1+8+28)=219$ 답 ③

17 1부터 20까지의 짝수 중 3으로 나누었을 때 나머지가 0, 1, 2인 수의 집합을 각각 A_0, A_1, A_2라 하면

$A_0=\{6, 12, 18\}$, $A_1=\{4, 10, 16\}$, $A_2=\{2, 8, 14, 20\}$

두 수의 합이 3의 배수가 되려면 집합 A_0의 원소 중 2개를 택하거나 두 집합 A_1, A_2의 원소 중 각각 1개씩 택하면 되므로 구하는 경우의 수는

${}_3C_2+{}_3C_1\times{}_4C_1=3+3\times4=15$ 답 ④

18 함수 g는 항등함수이므로

$g(x)=x$ (단, $x\in X$)

함수 h는 상수함수이므로

$h(x)=c$ (단, $c\in X$)

라 하자.

조건 (가)에서 $f(1)=3+c$이고 $f(1)\le4$이어야 하므로

$3+c\le4$ $\quad\therefore c=1$

$\therefore f(1)=4$

조건 (나)에서 $g(1)=1$, $h(1)=1$이므로

$f(2)<1+1<f(3)$, 즉 $f(2)<2<f(3)$

이때 함수 f는 일대일대응이고 $f(1)=4$이므로

$f(2)=1$, $f(3)=3$, $f(4)=2$

$\therefore f(4)+g(4)+h(4)=2+4+1=7$ 답 7

19 $f(x)=\begin{cases}2x+ax & (x\ge0)\\-2x+ax & (x<0)\end{cases}$

$=\begin{cases}(a+2)x & (x\ge0)\\(a-2)x & (x<0)\end{cases}$

함수 $f(x)$의 역함수가 존재하려면 $f(x)$는 일대일대응이어야 하므로 $x\ge0$일 때와 $x<0$일 때의 직선 $y=f(x)$의 기울기의 부호가 서로 같아야 한다. 즉,

$(a+2)(a-2)>0$

$\therefore a<-2$ 또는 $a>2$

따라서 자연수 a의 최솟값은 3이다. 답 3

20 $y=\frac{-2x+a}{x-3}=\frac{-2(x-3)+a-6}{x-3}=\frac{a-6}{x-3}-2$

즉, 함수 $y=\frac{-2x+a}{x-3}$의 그래프는 함수 $y=\frac{2}{x}$의 그래프를 x축의 방향으로 3만큼, y축의 방향으로 -2만큼 평행이동한 것이므로

$a-6=2$, $b=3$, $c=-2$

$a-6=2$에서 $a=8$

$\therefore a+b+c=8+3+(-2)=9$ 답 9

21 두 함수 $y=f(x)$와 $y=f^{-1}(x)$의 그래프가 모두 점 $(1,\ 3)$을 지나므로

$f(1)=3,\ f^{-1}(1)=3$, 즉 $f(1)=3,\ f(3)=1$

$f(1)=3$에서 $\dfrac{-2+a}{1+b}=3$

$-2+a=3+3b$

$\therefore\ a-3b=5$ ⋯⋯ ㉠

$f(3)=1$에서 $\dfrac{-6+a}{3+b}=1$

$-6+a=3+b$

$\therefore\ a-b=9$ ⋯⋯ ㉡

㉠, ㉡을 연립하여 풀면 $a=11,\ b=2$

$\therefore\ a+b=11+2=13$ 답 13

22 함수 $y=\sqrt{x-2}+1$의 그래프는 함수 $y=\sqrt{x}$의 그래프를 x축의 방향으로 2만큼, y축의 방향으로 1만큼 평행이동한 것이고 직선 $y=x+k$는 기울기가 1이고 y절편이 k인 직선이다.

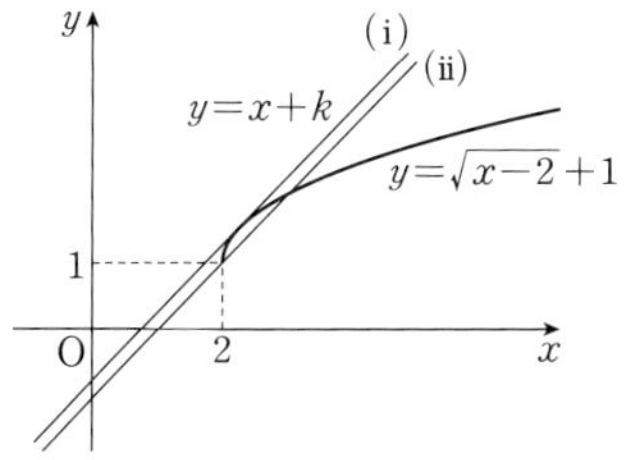

(i) 함수 $y=\sqrt{x-2}+1$의 그래프와 직선 $y=x+k$가 접할 때

$\sqrt{x-2}+1=x+k$에서 $\sqrt{x-2}=x+k-1$

양변을 제곱하여 정리하면

$x^2+(2k-3)x+k^2-2k+3=0$

이 이차방정식의 판별식을 D라 하면 $D=0$이어야 하므로

$D=(2k-3)^2-4(k^2-2k+3)=0$

$4k^2-12k+9-4k^2+8k-12=0$

$-4k-3=0 \qquad \therefore\ k=-\dfrac{3}{4}$

(ii) 직선 $y=x+k$가 점 $(2,\ 1)$을 지날 때

$1=2+k \qquad \therefore\ k=-1$

(i), (ii)에 의하여 함수 $y=\sqrt{x-2}+1$의 그래프와 직선 $y=x+k$가 서로 다른 두 점에서 만나기 위한 k의 값의 범위는

$-1\le k<-\dfrac{3}{4}$

따라서 $a=-1,\ b=-\dfrac{3}{4}$이므로

$4ab=4\times(-1)\times\left(-\dfrac{3}{4}\right)=3$ 답 3

23 $(f\circ(f\circ f)^{-1})(0)=(f\circ f^{-1}\circ f^{-1})(0)=f^{-1}(0)$

$f^{-1}(0)=k$로 놓으면 $f(k)=0$

$-\sqrt{4-2k}+2=0$에서 $\sqrt{4-2k}=2$

$4-2k=4 \qquad \therefore\ k=0$

또, $f^{-1}(-2)=t$로 놓으면 $f(t)=-2$

$-\sqrt{4-2t}+2=-2$에서 $\sqrt{4-2t}=4$

$4-2t=16,\ 2t=-12$

$\therefore\ t=-6$

$\therefore\ (f\circ(f\circ f)^{-1})(0)+f^{-1}(-2)=0+(-6)$

$=-6$ 답 -6

24 (i) 지불할 수 있는 방법의 수

10000원짜리 지폐를 지불할 수 있는 방법은

0장, 1장, 2장

의 3가지

5000원짜리 지폐를 지불할 수 있는 방법은

0장, 1장, 2장, 3장

의 4가지

1000원짜리 지폐를 지불할 수 있는 방법은

0장, 1장, 2장, 3장, 4장

의 5가지

이때 0원을 지불하는 경우는 제외해야 하므로

$a=3\times4\times5-1=59$

(ii) 지불할 수 있는 금액의 수

5000원짜리 지폐 2장으로 지불할 수 있는 금액은 10000원짜리 지폐 1장으로 지불할 수 있는 금액과 같으므로 10000원짜리 지폐 2장을 5000원짜리 지폐 4장으로 바꾸면 5000원짜리 지폐 7장과 1000원짜리 지폐 4장으로 지불할 수 있는 금액의 수와 같다.

5000원짜리 지폐로 지불할 수 있는 금액은

0원, 5000원, 10000원, ⋯, 35000원

의 8가지

1000원짜리 지폐로 지불할 수 있는 금액은

0원, 1000원, 2000원, 3000원, 4000원

의 5가지

이때 0원을 지불하는 경우는 제외하므로

$b=8\times5-1=39$

(i), (ii)에 의하여 $a+b=59+39=98$ 답 98

25 9개의 점 중에서 3개를 택하는 경우의 수는

${}_9C_3=\dfrac{9\times8\times7}{3\times2\times1}=84$

이때 각 변에 놓인 4개의 점 중에서 3개를 택하는 경우의 수는

${}_4C_3\times3=4\times3=12$

각 변에 놓인 4개의 점 중에서 3개의 점을 택하면 삼각형을 만들 수 없으므로 구하는 삼각형의 개수는

$84-12=72$ 답 72

Memo

Memo

단기핵심공략서
SPURT CORE

스코어

SPURT 스퍼트

고등 수학(하)